Medizinische Informatik und Statistik

Band 1: Medizinische Informatik 1975. Frühjahrstagung des Fachbereiches Informatik der GMDS. Herausgegeben von P. L. Reichertz. VII, 277 Seiten. 1976.

Band 2: Alternativen medizinischer Datenverarbeitung. Fachtagung München-Großhadern 1976. Herausgegeben von H. K. Selbmann, K. Überla und R. Greiller. VI, 175 Seiten. 1976.

Band 3: Informatics and Medecine. An Advanced Course. Edited by P. L. Reichertz and G. Goos. VIII, 712 pages. 1977.

Band 4: Klartextverarbeitung. Frühjahrstagung, Gießen, 1977. Herausgegeben von F. Wingert. V, 161 Seiten. 1978.

Band 5: N. Wermuth, Zusammenhangsanalysen Medizinischer Daten. XII, 115 Seiten. 1978.

Band 6: U. Ranft, Zur Mechanik und Regelung des Herzkreislaufsystems. Ein digitales Simulationsmodell. XV, 192 Seiten. 1978.

Band 7: Langzeitstudien über Nebenwirkungen Kontrazeption – Stand und Planung. Symposium der Studiengruppe „Nebenwirkungen oraler Kontrazeptiva – Entwicklungsphase", München 1977. Herausgegeben von U. Kellhammer. VI, 254 Seiten. 1978.

Band 8: Simulationsmethoden in der Medizin und Biologie. Workshop, Hannover, 1977. Herausgegeben von B. Schneider und U. Ranft. XI, 496 Seiten. 1978.

Band 9: 15 Jahre Medizinische Statistik und Dokumentation. Herausgegeben von H.-J. Lange, J. Michaelis und K. Überla. VI, 205 Seiten. 1978.

Band 10: Perspektiven der Gesundheitssystemforschung. Frühjahrstagung, Wuppertal, 1978. Herausgegeben von W. van Eimeren. V, 171 Seiten. 1978.

Band 11: U. Feldmann, Wachstumskinetik. Mathematische Modelle und Methoden zur Analyse altersabhängiger populationskinetischer Prozesse. VIII, 137 Seiten. 1979.

Band 12: Juristische Probleme der Datenverarbeitung in der Medizin. GMDS/GRVI Datenschutz-Workshop 1979. Herausgegeben von W. Kilian und A. J. Porth. VIII, 167 Seiten. 1979.

Band 13: S. Biefang, W. Köpcke und M. A. Schreiber, Manual für die Planung und Durchführung von Therapiestudien. IV, 92 Seiten. 1979.

Band 14: Datenpräsentation. Frühjahrstagung, Heidelberg 1979. Herausgegeben von J. R. Möhr und C. O. Köhler. XVI, 318 Seiten. 1979.

Band 15: Probleme einer systematischen Früherkennung. 6. Frühjahrstagung, Heidelberg 1979. Herausgegeben von W. van Eimeren und A. Neiß. VI, 176 Seiten, 1979.

Band 16: Informationsverarbeitung in der Medizin -Wege und Irrwege-. Herausgegeben von C. Th. Ehlers und R. Klar. XI, 796 Seiten. 1979.

Band 17: Biometrie – heute und morgen. Interregionales Biometrisches Kolloquium 1980. Herausgegeben von W. Köpcke und K. Überla. X, 369 Seiten. 1980.

Band 18: R.-J. Fischer, Automatische Schreibfehlerkorrektur in Texten. Anwendung auf ein medizinisches Lexikon. X, 89 Seiten. 1980.

Band 19: H. J. Rath, Peristaltische Strömungen. VIII, 119 Seiten. 1980.

Band 20: Robuste Verfahren. 25. Biometrisches Kolloquium der Deutschen Region der Internationalen Biometrischen Gesellschaft, Bad Nauheim, März 1979. Herausgegeben von H. Nowak und R. Zentgraf. V, 121 Seiten. 1980.

Band 21: Betriebsärztliche Informationssysteme. Frühjahrstagung, München, 1980. Herausgegeben von J. R. Möhr und C. O. Köhler. (vergriffen)

Band 22: Modelle in der Medizin. Theorie und Praxis. Herausgegeben von H. J. Jesdinsky und V. Weidtman. XIX, 786 Seiten. 1980.

Band 23: Th. Kriedel, Effizienzanalysen von Gesundheitsprojekten. Diskussion und Anwendung auf Epilepsieambulanzen. XI, 287 Seiten. 1980.

Band 24: G. K. Wolf, Klinische Forschung mittels verteilungsunabhängiger Methoden. X, 141 Seiten. 1980.

Band 25: Ausbildung in Medizinischer Dokumentation, Statistik und Datenverarbeitung. Herausgegeben von W. Gaus. X, 122 Seiten. 1981.

Band 26: Explorative Datenanalyse. Frühjahrstagung, München, 1980. Herausgegeben von N. Victor, W. Lehmacher und W. van Eimeren. V, 211 Seiten. 1980.

Band 27: Systeme und Signalverarbeitung in der Nuklearmedizin. Frühjahrstagung, München, März 1980. Proceedings. Herausgegeben von S. J. Pöppl und D. P. Pretschner. IX, 317 Seiten. 1981.

Band 28: Nachsorge und Krankheitsverlaufsanalyse. 25. Jahrestagung der GMDS, Erlangen, September 1980. Herausgegeben von L. Horbach und C. Duhme. XII, 697 Seiten. 1981.

Band 29: Datenquellen für Sozialmedizin und Epidemiologie. Herausgegeben von R. Brennecke, E. Greiser, H. A. Paul und E. Schach. VIII, 277 Seiten. 1981.

Band 30: D. Möller, Ein geschlossenes nichtlineares Modell zur Simulation des Kurzzeitverhaltens des Kreislaufsystems und seine Anwendung zur Identifikation. XV, 225 Seiten. 1981.

Band 31: Qualitätssicherung in der Medizin. Probleme und Lösungsansätze. GMDS-Frühjahrstagung, Tübingen, 1981. Herausgegeben von H. K. Selbmann, F. W. Schwartz und W. van Eimeren. VII, 199 Seiten. 1981.

Band 32: Otto Richter, Mathematische Modelle für die klinische Forschung: enzymatische und pharmakokinetische Prozesse. IX, 196 Seiten, 1981.

Band 33: Therapiestudien. 26. Jahrestagung der GMDS, Gießen, September 1981. Herausgegeben von N. Victor, J. Dudeck und E. P. Broszio. VII, 600 Seiten. 1981.

Medizinische Informatik und Statistik

Herausgeber: S. Koller, P. L. Reichertz und K. Überla

55

Kurt Vanselow
Dietfrid Proppe

Mit einem Beitrag von K. Wolschendorf
Unter wissenschaftlicher Mitarbeit von: D. Ackermand,
K.-H. Mahrt, B. Stallbaum, K. H. Vanselow

Grundlagen der quantitativen Röntgen-Bildauswertung

Springer-Verlag
Berlin Heidelberg GmbH

Reihenherausgeber
S. Koller P. L. Reichertz K. Überla

Mitherausgeber
J. Anderson G. Goos F. Gremy H.-J. Jesdinsky H.-J. Lange
B. Schneider G. Segmüller G. Wagner

Autoren

Kurt Vanselow
Direktor des Instituts für angewandte Physik der Universität Kiel
Physikzentrum Haus N 61 a
Olshausenstraße/Leibnizstraße, 2300 Kiel 1

Dietfrid Proppe
Abtlg. Spezielle Nephrologie und Dialyse
I. Medizinische Klinik der Universität Kiel
Schittenhelmstraße 12, 2300 Kiel

Kap. 6-10
Knut Wolschendorf
Institut für Angewandte Physik der Universität Kiel
Physikzentrum Haus N 61 a
Olshausenstraße/Leibnizstraße, 2300 Kiel 1

Wissenschaftliche Mitarbeiter

Dietrich Ackermand, Mineralogisch-Petrographisches Institut (Kap. 7)
Karl-Heinz Mahrt, Institut für Angewandte Physik (Kap. 7)
Björn Stallbaum, Institut für Angewandte Physik (Kap. 6.9)
Klaus Heinrich Vanselow, Institut für Angewandte Physik (Kap. 6.9)

CIP-Kurztitelaufnahme der Deutschen Bibliothek. Vanselow, Kurt: Grundlagen der
quantitativen Röntgen-Bildauswertung / Kurt Vanselow; Dietfrid Proppe. Mit e. Beitr.
von K. Wolschendorf. Unter wiss. Mitarb. von D. Ackermand ... – Berlin; Heidelberg;
New York; Tokyo: Springer, 1984.
(Medizinische Informatik und Statistik; 55)

ISBN 978-3-540-13868-6   ISBN 978-3-642-70088-0 (eBook)
DOI 10.1007/978-3-642-70088-0

NE: Proppe, Dietfrid:; GT

V o r w o r t

In der Radiologie wurde schon seit ihren Anfängen nach Methoden gesucht, in der Röntgenaufnahme hervortretende Substanzen wie Kalksalze
der Knochengewebe, Röntgenkontrastmittel in den Blutgefäßen oder
Luft in der Lunge hinsichtlich ihrer Verteilung, Konzentration oder
Raumerfüllung quantitativ zu bestimmen. Zur Lösung dieser Aufgaben
wurde schon immer eine interdisziplinäre Zusammenarbeit mit den
Physikern gesucht. Deshalb hatte sich der damals in der I. Medizinischen Klinik in Kiel und heute im Katharinenhospital Stuttgart tätige
Röntgenologe Herr Prof. Dr. Friedrich Heuck an das Institut für
Angewandte Physik, Kiel, gewandt, um sich in physikalischen Fragen
diesbezüglich beraten zu lassen. Als Folge dieses Kontaktes entstand
seit 1960 eine langjährige Zusammenarbeit mit mir, in deren Verlauf
ich von ihm mit großer Geduld in die klinische Anwendung densitometrischer Meßverfahren eingeführt wurde. Während der Mediziner naturgemäß
mehr die Diagnosemöglichkeiten im Mittelpunkt seines Interesses sieht,
lag meine Aufmerksamkeit bei den physikalischen Grundlagen einer
Röntgenaufnahme und deren densitometrischer Auswertung. Ich sah die
Problematik in der richtigen Anwendung bekannter Verfahren. Die
physikalische Seite galt in der Literatur als erschöpfend behandelt;
andererseits blieben beim Literaturstudium viele Fragen, die unter
Klinikbedingungen auftreten, ungeklärt, oder sie wurden gar nicht behandelt. Ihre Klärung war nur in mühsamer Kleinarbeit möglich, die
einen Klinikbetrieb zu sehr störte. Ende 1978 ergab sich eine dies
ermöglichende Zusammenarbeit mit Herrn Prof. Dr. W. Niedermayer,
Abtlg. Spezielle Nephrologie und Dialyse der I. Medizinischen Klinik
in Kiel. Er bot mir in Zusammenarbeit mit Herrn Dr. med. D. Proppe als
Habilitant die Möglichkeit, noch offene Fragen experimentell zu
untersuchen, um so ausstehende Entscheidungen für die theoretische
Analyse herbeizuführen. Es stellte sich heraus, daß die Klärung der
in dieser Arbeit behandelten Fragen unabdingbar war: Wie kommt der
Meßvorgang zustande, welche Physik steckt dahinter, welche Größen
sind in dem Meßergebnis unter verschiedenen Meßbedingungen enthalten?
Erst nach deren Klärung ist es möglich, den Einsatzbereich des densitometrischen Meßverfahrens anzugeben und so fehlerhafte Messungen
durch unwissentlich falsche Anwendung zu vermeiden. Ich hoffe, daß
mit Hilfe dieser Arbeit die Densitometrie die ihr zukommende Bedeutung erhält.

An diesem Projekt haben viele mitgewirkt. Detailfragen wurden in
einer Reihe von Examensarbeiten geklärt. An der Durchsicht und Text-
überarbeitung der Kap. 2 bis 5 hat der wissenschaftliche Direktor
Herr Dr. F. Dröge mitgewirkt. Frau H. Kock hat unter Mitwirkung von
Frau A. Kaiser den Text mitdenkend geschrieben. Die zum Teil umfangreichen Abbildungen sowie einige Tabellen wurden mit Geschick von
Frau E. Götting angefertigt. Das Korrekturlesen hat mit großer Geduld meine Frau besorgt. Ihnen allen danke ich an dieser Stelle für
ihre Mitarbeit.

Kiel, den 24. Juli 1984   Kurt Vanselow

<u>Inhaltsverzeichnis</u>

1 <u>Übersicht</u>

Die Röntgenaufnahme ist als Hilfsmittel in der medizinischen Diagnostik weit verbreitet. Sie ist ein billiger Informationsspeicher mit großem Informationsgehalt, der allerdings bisher nur in sehr geringem Ausmaß quantitativ genutzt wird. Immer wieder wird die Frage gestellt, wie sicher die aus der Röntgenaufnahme gewonnenen quantitativen Aussagen sind.

Die Gewinnung medizinischer Daten aus Röntgenaufnahmen ist ein physikalisches Meßproblem. Nahezu alle physikalischen Meßverfahren enthalten systematische Fehler, das sind Apparatekonstante, die in Betrag und Vorzeichen meßbar und fast immer berechenbar sind und bei der Messung berücksichtigt werden müssen. Meistens werden sie vom Hersteller der Meßgeräte in der Meßwertanzeige intern berücksichtigt, so daß das Meßergebnis frei von diesen Größen ist.

Entsprechen die Meßergebnisse eines neuen Meßverfahrens den Erwartungen, so wird es oft als in Ordnung angesehen, andernfalls oft als untauglich. Daß dann berücksichtigbare Apparatekonstante übersehen worden sind, wird meist nicht erkannt.

Eine ins Detail gehende Meßwertanalyse bzw. eine Analyse dessen, was überhaupt gemessen wird, ist kompliziert, zeitraubend und geldaufwendig und wird gern unterlassen, bis sie unumgänglich wird. Der Anwender von Meßverfahren meint nämlich meistens genau zu wissen, was er mißt, und so gibt es für ihn nicht das Bedürfnis, der Frage nachzugehen, welche Größen in sein Meßergebnis eingehen. Speziell für die Röntgenaufnahme gilt, daß sie für die subjektive qualitative Auswertung nach physiologischen Kriterien durchaus eine gute Aufnahme sein kann, für die quantitative, nach objektiven Kriterien erfolgende Auswertung zugleich aber eine unbrauchbare Aufnahme. Dies alles erklärt, warum die quantitative Röntgenbildauswertung bis jetzt nicht den Stellenwert bekam, der ihr zukommen müßte.

Um die Physik der quantitativen Röntgenbildauswertung behandeln zu können, muß man von den physikalischen Vorgängen ausgehen, die am Aufbau einer Röntgenaufnahme beteiligt sind. Das Bestreben des Physikers ist, diese Zusammenhänge zu erkennen, sie in eine mathematische Form zu bringen und die daraus gewonnenen theoretischen Ergebnisse mit Meßergebnissen zu vergleichen, um so festzustellen, ob die den Berechnungen zugrundeliegenden Annahmen richtig sind. Bei Nichtübereinstimmung müssen die Annahmen solange überprüft und korrigiert werden, bis sie die Meßgegebenheiten richtig wiedergeben. Nur so können die physikalischen Gegebenheiten, die an dem Aufbau der Schwärzung einer Röntgenaufnahme beteiligt sind, erarbeitet und verstanden werden.

Die grundsätzlichen physikalischen Zusammenhänge der Entstehung und des Aufbaues einer Röntgenaufnahme sind Allgemeinwissen. Bei der quantitativen Auswertung von Röntgenaufnahmen kommt es zusätzlich auf Feinheiten an, die bei Nichtbeachtung Anlaß zu erheblichen Fehlern sein können. Bei der Lektüre dieses Buches wird man überrascht sein, daß diese für die quantitative Röntgenbildauswertung sehr wichtigen Feinheiten in der Röntgendiagnostik seit Entdeckung der Röntgenstrahlen nicht gesehen, nicht beschrieben und daher bisher nicht berücksichtigt worden sind.

Unter Berücksichtigung des eben Beschriebenen wird im Folgenden eine einführende Übersicht für die Benutzung dieses Buches gegeben:

Voraussetzung für jeglichen quantitativen Ansatz ist die Frage, wie die polychromatische Röntgenstrahlung (Kap. 3.1.2.4) und wie die Streustrahlung (Kap. 3.1.2.3) mathematisch behandelt werden können. Die quantitative Beschreibung der physikalischen Vorgänge, die zu dem Aufbau der Schwärzung einer Röntgenaufnahme führen (Kap. 3.2 und 4), geht der Frage nach, welche Größen daran beteiligt sind und wie sich die Schwärzung des Röntgenfilmes ändert, wenn jede dieser Größen, getrennt, um einen kleinen Betrag geändert wird.

In Kapitel 5 werden aus den Röntgenaufnahmen einer Aluminiumtreppe, einer knochengleichen Referenztreppe und einer Referenztreppe mit Röntgenkontrastmittel eine Reihe von physikalischen Daten mit Hilfe der vorher hergeleiteten Gleichungen und graphischen Darstellungen gewonnen.

Sind die physikalischen Zusammenhänge quantitativ erfaßt, das heißt mathematisch beschrieben, können die meßanordnungsbedingten Konstanten als systematische Fehler des Meßergebnisses in Betrag und Vorzeichen berechnet werden (Kap. 6). Für diese Berechnungen wurden die Messungen des Mineralgehaltes M in mg/cm^3 des spongiösen Knochens herangezogen, weil hier alle untersuchten und berechneten Einflüsse auf das Meßergebnis vorkommen und die densitometrisch gewonnenen Werte mit den ent-

sprechenden physikalischen und chemischen Werten (Kap. 7) am selben
Gegenstand verglichen werden können.

Im Folgenden wird ein Überblick über die durch die Meßanordnung bedingten Einflüsse auf das Meßergebnis gegeben. Der Mineralgehalt M des spongiösen Knochens wird durch diese Einflüsse um ΔM in mg/cm^3 verändert. Dieser setzt sich aus den Einzeleinflüssen, den "Fehlern" ΔM_i additiv zusammen:

$$\Delta M = \sum \Delta M_i \; .$$

Für die zahlenmäßige Berechnung der einzelnen ΔM_i wurden in die entsprechenden Gleichungen, wie aus den nachfolgenden Kapiteln detailliert hervorgeht, folgende Werte eingesetzt:

$\lg e \;\; = 0.4343$

$\rho_A = 3 \; g/cm^3$, spezifische Masse des Apatit

$M \;\; = 0.250 \; g/cm^3$, Mineralgehalt

$d \;\; = 3 \; cm$, Knochendurchmesser

$D_W = 10 \; cm$, Schichtdicke des Wasserbades zum Ausgleich der Weichteile
des Calcaneus

$D_{Al} = 1 \; cm$, Gesamtfilterung in Aluminiumäquivalentwerten

$\gamma \;\; = 3$, Gradation des Röntgenfilmes

$U_o \;\; = 9 \; V$, Versorgungsspannung des Quotientendensitometers

$r \;\; = 0.7$, Konstante des Photowiderstandes

$A \;\; = 75 \; cm$, Film-Fokus-Abstand

$a \;\; = 7.5 \; cm$, Abstand des Referenzsystems vom Zentralstrahl, Meßgegenstand befindet sich im Zentralstrahl

$\varphi \;\; = 5.7^o$, Winkel zwischen Meßgegenstand (Zentralstrahl) und
Referenzsystem, $\cos\varphi \;\; = A/\sqrt{A^2+a^2}$

$\Delta M_T = 4 \; mg/cm^3$, Differenz zwischen angegebenem Mineralgehalt der Referenztreppe und tatsächlichem

$\Delta d_{SP} = 0.05 \; cm$, Durchmesser der Spongiosabälkchen

$\Delta d_K = 0.1 \; cm$, Unsicherheit in der Knochendurchmesserbestimmung

$\Delta S \;\; = 0.01$, kleinste auflösbare Filmschwärzung

$\Delta U \;\; = 0.01 \; V$, kleinste auflösbare Densitometerspannung

$\Delta it/it = 0.01$, Unsicherheit in der mAs-Bestimmung bei mehreren Aufnahmen

$I_W/I = 0.99$, Winkelabhängigkeit der aus der Röntgenröhre austretenen
Intensität der Röntgenstrahlung

$I_{nn}/I_n = 0.99$ Intensitätsschwankungen durch ungleiche Lamellenabstände der Rasterblende

Schwächungskoeffizienten μ:

	$\mu_A - \mu_{KM}$	$\mu_P - \mu_W$	μ_W	μ_{AL}
30 keV	1.2 cm^{-1}	-0.045	0.37	2.3
42 keV	0.5	0	0.255	1.38
54 keV	0.3	+0.013	0.212	0.87

Die Mineralgehaltsabweichung ΔM_i beträgt für die einzelnen Ursachen i
bei den drei effektiven Strahlenhärten und bei den vorgegebenen Werten:

$$\Delta M_1 = \frac{\rho_A}{(\mu_A - \mu_{KM})d} \ln \cos^2\varphi$$

, Einfluß des quadratischen Abstandsgesetzes (Kap. 6.3.2).

30 keV: -8 mg/cm^3; 42 keV: -20 mg/cm^3; 54 keV: -33 mg/cm^3 .

$$\Delta M_2 = \frac{\rho_A}{(\mu_A - \mu_{KM})d} \ln \cos\varphi$$

, Projektion der Strahlung auf den Film (Kap. 6.3.2).

30 keV: -4 mg/cm^3; 42 keV: -10 mg/cm^3; 54 keV: -17 mg/cm^3 .

$$\Delta M_3 = \frac{\rho_A}{(\mu_A - \mu_{KM})d} \ln \frac{1 - e^{-\frac{\mu_L x_L}{\cos\varphi}}}{1 - e^{-\mu_L \mu_L}} ,$$

unterschiedliche Filmschwärzung in Abhängigkeit vom Einfallswinkel
der Strahlung und stark abhängig von den Absorptionseigenschaften
der Verstärkerfolie und des Röntgenfilmes (Kap. 6.3.3).
30 keV: 0 bis +4 mg/cm^3; 42 keV: 0 bis +10 mg/cm^3;
54 keV: 0 bis +17 mg/cm^3 .

$$\Delta M_4 = \left(\frac{1}{\cos\varphi} - 1 \right) M_T$$

, längerer Weg bei schräg durchtretender Strahlung beim Knochenmineral (Kap. 6.3.4). Unabhängig von der effektiven Strahlenhärte:
stets: 1 mg/cm^3 .

$$\Delta M_5 = \left(\frac{1}{\cos\varphi} - 1 \right) \frac{\rho_A}{(\mu_A - \mu_{KM})d} \, \mu_W \, D_W \, , \text{ längerer Weg bei schräg}$$

durchtretender Strahlung beim Wasserbad zum Ausgleich des Weichteilgewebes (Kap. 6.3.4).
30 keV: 15 mg/cm^3; 42 keV: 25 mg/cm^3; 54 keV: 35 mg/cm^3 .

$$\Delta M_6 = \left(\frac{1}{\cos\varphi} - 1 \right) \frac{\rho_A}{(\mu_A - \mu_{KM})d} \, \mu_{Al} \, D_{Al} \, , \text{ längerer Weg bei schräg}$$

durchtretender Strahlung bei der Gesamtfilterung vor und nach dem Untersuchungsobjekt mit Wasserbad (Kap. 6.3.4).
30 keV: 9.5 mg/cm^3; 42 keV: 13.7 mg/cm^3; 54 keV: 14.4 mg/cm^3 .

$$\Delta M_7 = \left(\frac{1}{\cos\varphi} - 1 \right) \frac{\rho_A}{(\mu_A - \mu_{KM})d} \, (\mu_P - \mu_W) \, d \, , \text{ längerer Weg bei schräg}$$

durchtretender Strahlung bei dem Einbettungsmaterial für das Knochenmineral der Treppe (Kap. 6.3.4).
30 keV: -0.6 mg/cm^3; 42 keV: 0 mg/cm^3; 54 keV: +0.6 mg/cm^3 .

$$\Delta M_8 = \frac{\rho_A}{(\mu_A - \mu_{KM})} \, (\mu_P - \mu_{KM}) \, , \quad \text{Schwächungskoeffizienten der Mehrkompo-}$$

nentensysteme Calcaneus und Referenztreppe stimmen nicht überein, in diesem Falle Vergußmasse μ_P und Knochenmarkgewebe μ_{KM} (Kap. 6.4).
30 keV: -113 mg/cm^3; 42 keV: 0 mg/cm^3; 54 keV: +130 mg/cm^3 .

$$\Delta M_9 = \frac{1}{2} \, (\mu_A - \mu_{KM}) \, M_T \, \Delta d_{SP} \, , \text{ Einfluß der Durchmesser der Spongiosa-}$$

bälkchen (Kapt. 6.5). Die Gleichung ist stark vereinfacht. Bei 30 keV ist der wahre Wert merklich größer als der hier berechnete.
30 keV: 8 mg/cm^3 ; 42 keV: 3 mg/cm^3 ; 54 keV: 2 mg/cm^3 .

$$\Delta M_{10} = \frac{\rho_A}{(\mu_A - \mu_{KM})d} \, \ln \frac{I_W}{I} \, , \text{ winkelabhängige Intensität } I_W \text{ aus der}$$

Röntgenröhre, der Zentralstrahl habe die Intensität I (Kap. 6.2.2).
30 keV: -8 mg/cm^3 ; 42 keV: -20 mg/cm^3 ; 54 keV: -34 mg/cm^3 .

$$\Delta M_{11} = \frac{\rho_A}{(\mu_A - \mu_{KM})d} \ln \frac{I_{Run}}{I_{Rn}}$$, ungleiche Lamellenabstände der Raster-

blende. Die Röntgenstrahlung verläßt die Rasterblende statt mit der normalen Intensität I_{Rn} mit einer geringeren Intensität I_{Run} (Kap. 6.2.2).
30 keV: -8 mg/cm^3 ; 42 keV: -20 mg/cm^3 ; 54 keV: -34 mg/cm^3 .

$$\Delta M_{12} = -M_K \frac{\Delta d_K}{d}$$, Abweichung des gemessenen Calcaneusdurchmessers

vom richtigen Wert um Δd_K (Kap. 6.7). Unabhängig von der effektiven Strahlenhärte: stets $|$ -8 mg/cm^3 .

$$\Delta M_{13} = \frac{\rho_A \cdot \Delta S}{(\mu_A - \mu_{KM})\gamma d \lg e}$$, Schwankungen der Filmschwärzung oder Un-

sicherheit in der Messung der Filmschwärzung (Kap. 6.8.1).
30 keV: 6 mg/cm^3 ; 42 keV: 15 mg/cm^3 ; 54 keV: 26 mg/cm^3 .

$$\Delta M_{14} = \frac{4\,\rho_A\,\Delta U}{U_o r \gamma (\mu_A - \mu_{KM})d}$$, Schwankungen der Densitometerspannung oder

Unsicherheit in der Messung der Densitometerspannung (Kap. 6.8.2).
30 keV: 2 mg/cm^3 ; 42 keV: 4 mg/cm^3 ; 54 keV: 7 mg/cm^3 .

$$\Delta M_{15} = \frac{\rho_A \lg\left(1 + \Delta(it)/it\right)}{(\mu_A - \mu_{KM})d \lg e}$$, Unsicherheit des mAs-Wertes, wenn Calca-

neus und Referenzsystem sich auf verschiedenen Röntgenaufnahmen befinden (Kap. 6.8.3).
30 keV: 8 mg/cm^3 ; 42 keV: 20 mg/cm^3 ; 54 keV: 33 mg/cm^3 .

$\Delta M_{16} = \Delta_{MT}$, Differenz zwischen angegebenem Mineralgehalt der Re-
ferenztreppe und tatsächlichem (Kap. 6.2.2). Die Abweichung ist unabhängig von der effektiven Strahlenhärte: in diesem Fall
(Kap. 7.1) -4 mg/cm^3 .

Negative Werte bedeuten, daß der densitometrisch bestimmte Mineralgehalt zu groß ist, und positive Werte bedeuten, daß der Mineralgehalt
zu niedrig gemessen worden ist.

Die Meßanordnung ist nicht die einzige Fehlerquelle. Eine nicht kor-
rekte Vorstellung über den zu messenden Gegenstand, zum Beispiel über
die Blutströmung, kann eine weitere Ursache für ein falsches Meßergebnis sein. Wird der Einfluß der Pulsation des Blutes auf die registrier-
te Kurve nicht richtig interpretiert, kommt es zusätzlich zu falschen
Meßergebnissen (Kap. 6.9 und 6.10).

Mit Hilfe der hier gegebenen sehr ausführlichen Analyse der systematischen Fehler aber dürfte es jetzt möglich werden, die Röntgenbilddensitometrie zu einem der genauesten und verläßlichsten Verfahren
zu machen.

2. Anlaß und Hintergrund

2.1 Einleitung

Die Schwärzung eines Röntgenfilms stellt ihrem Wesen nach das dokumen-
tierte und gespeicherte Ergebnis einer Photonen-Messung dar. Allerdings
werden davon in der ärztlichen Diagnostik bis auf den heutigen Tag ihre
rein morphologischen Möglichkeiten, ihre qualitativen Proportionen und
Relationen weitaus bevorzugt, während die auch gegebenen Möglichkeiten
quantitativer Analysen aus dem Zusammenhang zwischen Röntgenstrahlung,
durchstrahlter Materie und Filmschwärzung wie der sogenannten "nicht
invasiven" oder "zerstörungsfreien" Konzentrationsbestimmung geeigneter Elemente im Gewebe des lebenden Organismus vergleichsweise sehr
vernachlässigt erscheinen. Indessen besteht unzweifelhaft ein erheb-
liches klinisches Interesse an der quantitativen Aussage aus dem Röntgenbild. Äußerungen zum Mineralgehalt des Knochenskeletts, zum Grad der
"Anfärbung" der Hohlsysteme kontrastmittelausscheidender Organe anläß-
lich der klinischen Röntgendemonstration durch den Radiologen gehören
zur Tagesordnung.

Die Grenzen der konventionellen visuellen Beurteilung des Röntgenbildes werden hier jedoch sehr rasch an den Kriterien der Reproduzierbarkeit [81, 105] und quantitativen Sensitivität deutlich, wie das Beispiel eines Aussageversuchs über den Mineralgehalt des Knochens zeigt:
Im allgemeinen ist eine diffuse Entkalkung des Skeletts erst bei einer
Verminderung des Mineralgehalts von mindestens 30%, in der Regel von
50 bis 60% röntgenologisch erkennbar [7, 8, 73, 119, 120, 238, 262].
Diese Situation führte zwar frühzeitig zu Versuchen, mit Hilfe von Re-
ferenzsystemen über den Schwärzungsvergleich und durch Photometrie der
Filmschwärzung - die Methode der quantitativen Photodensitometrie oder
radiographic absorptiometry (photodensitometry) (Übersichten siehe
[43, 87, 93]) - die Genauigkeit der Aussage zu erhöhen. Aber die
Methode der Röntgendensitometrie konnte sich dennoch nicht allgemein
durchsetzen. In modernen Lehrbüchern der medizinischen Strahlenkunde
(z.B. [147, 195, 212]) wie auch in mancher neueren Übersichtsarbeit
[39, 40] findet sie keine Erwähnung. Sie gilt als zu langsam für den
klinischen Routinebetrieb und hat den Ruf nicht ausreichender Reproduzierbarkeit [213]. Sie ist weitgehend durch andere Methoden, vor
allem die Gamma-Absorptions-Densitometrie oder photon-absorptiometry
mit Hilfe von Radioisotopen verdrängt worden (Übersichten bei [23. 93,
136]).

Weitere Methoden zur quantitativen Bestimmung biologischer Gewebsdichten mittels der Compton-Streuung, Computer-Tomometrie mit Röntgen- und Isotopenstrahlung, Neutronen- und Protonen-Aktivierungsanalyse sind in der Entwicklung zum Teil schon weit fortgeschritten [37. 93]. Im Vergleich zur Gamma-Absorptiometrie (unter 10 mrem) ist jedoch die Strahlenbelastung durch Compton-Streuungs-Messung, Röntgen-Computer-Tomometrie und Neutronen-Aktivierungsanalyse etwa 100 bis 300fach höher [39, 98, 134, 135, 177, 213, 246]. Bei der Röntgendensitometrie eines Extremitätenknochens, wie beispielsweise des Calcaneus, läßt sich dagegen die Strahlenbelastung unter Verwendung höchstverstärkender Folien noch um etwa das Zehnfache unter die Dosis der Gamma-Absorptiometrie senken (vgl. [24, 49, 102, 110, 247]).

Die moderne, für die Medizin in Konkurrenz zur Röntgen-Computertomographie in der Entwicklung stehende Methode der Kernspinresonanz- (Nuclear Magnetic Resonance-, NMR-) Computertomographie [123, 204], ist zur Diagnostik des Knochenminerals nicht geeignet, da Calcium als ein Atom mit gerader Protonen- und Neutronenzahl kein magnetisches Moment hat, und das Kernspinresonanzsignal von Phosphor wahrscheinlich zu gering ist [166].

Als wesentliche klinische Vorteile der Röntgendensitometrie sind neben der sich gerade bei Verlaufskontrollen vergleichsweise positiv auswirkenden sehr niedrigen Strahlenbelastung sowie der überall verfügbaren notwendigen technischen Grundausstattung auch die Möglichkeit der sofortigen visuellen Beurteilung des biologischen Meßobjektes zu nennen. Die vergleichsweise genaue räumliche Charakterisierung der Meßstelle sowie das Erkennen von Störungen, welche die Meßwerte verfälschen, darf nicht unterschätzt werden. Alle diese Vorteile wirken sich insbesondere bei quantitativen Untersuchungen des Kreislaufsystems, bei Organdurchblutungen und Organfunktionen(beispielsweise der Nieren) mit Röntgenkontrastmitteln aus [51, 64, 84, 88, 94, 167, 190]. Derartige Untersuchungen sind mit der Gamma-Absorptions-Densitometrie aus technischen Gründen , vor allem wegen zu geringer Intensität der verfügbaren Isotopenstrahlung, nicht möglich. Die quantitative Beurteilung von Reparationsvorgängen nach Knochenfrakturen - hier besteht ein großes Interesse von Seiten der Traumatologie - ist ohnehin an das Röntgenbild gebunden. Grundsätzlich bietet der Röntgenfilm nicht nur wesentlich umfangreichere Informationsmöglichkeiten als die Gamma-Absorptiometrie, er ist auch universeller und flexibler anwendbar.

Dies gilt in gleicher Weise für die auf ähnlichen Prinzipien beruhende
Videodensitometrie der Röntgen-Fernsehtechnik. Hier hat indessen der
Röntgenfilm neben seiner Billigkeit folgende große Vorteile in die
Waagschale zu werfen: seinen hohen, dauerhaften, jederzeit zur Verfügung stehenden Informationswert, der unabhängig von elektronischen
Anlagen und deren Anfälligkeit und Alterung ist. Dazu kommen eine große
unaufwendige Speicherkapazität, einfache und kostengünstige Archivierung
und ein besseres Signal-Rauschverhältnis im Vergleich zur Fernsehtechnik.
Darüberhinaus sind densitometrische Untersuchungen mit Hilfe der Videotechnik unter anderem infolge des beschränkten Dynamikumfangs von etwa
anderthalb Dekaden (Film etwa 3 Dekaden) und vor allem wegen des sogenannten Nachleuchtens der Videoaufnahmeröhren mit konsekutiver Phasen-
verschiebung bewegter Kontrastkanten bzw. Verzerrung zeitlicher Ab-
läufe problematisch [107].

Das große klinische Interesse an nicht-invasiven Methoden zur quantitativen Bestimmung gerade des Knochenmineralgehalts steht außer Zweifel. Die Notwendigkeit der Kontrolle des Einflusses der Schwerelosigkeit auf das Knochenskelett bei Raumflügen führte bereits in den 6Oer
Jahren zu einer entschiedenen Förderung der Entwicklung derartiger
Methoden durch die National Aeronautics and Space Administration (NASA)
[255, 256], ohne daß hier ein Abschluß der Entwicklung sichtbar würde.
Obwohl eine Reihe von methodischen Problemen der nichtinvasiven Mineralgehaltsbestimmung des Knochens bisher nicht zufriedenstellend gelöst
werden konnte [38, 39, 4O, 42, 135], schreibt inzwischen die Federal
Drug Administration (FDA) ihre Anwendung bei der klinischen Wirksamkeitskontrolle von Medikamenten zur Behandlung der Osteoporose vor
[39, 67].

Ein praktisches Interesse an der gestellten Aufgabe ergibt sich außer
aus den vorhin aufgeführten Vorteilen der Röntgendensitometrie allein
schon aus ökonomischer Sicht. Die Lösung der Aufgabe einer zuverlässigen röntgendensitometrischen Konzentrationsbestimmung geeigneter Elemente im Organismus - hierzu sind auch quantitative Funktionsmessungen
mit Röntgenkontrastmitteln zu zählen, wie sie bis jetzt nur mit unmittelbar in den Körper gebrachten Radioisotopen möglich sind - würde
unter allen konkurrierenden Verfahren neben Erfüllung der Forderung
nach "high precision and few obstacles to serial measurement (including
radiation dose, or patient discomfort)" [135] zur bei weitem billigsten
Methode führen. Eine Lösung dieser Probleme wird insbesondere unter Einsatz der elektronischen Datenverarbeitung in Analogie zu den komplexen

Algorithmen der Computer-Tomographie-Verfahren möglich sein.

2.2 Bestandsaufnahme wegen neuer Erkenntnisse

Ein äußerer Anlaß für das Aufgreifen der vorliegenden Thematik ist in
der derzeitigen klinischen Notwendigkeit zu sehen, über eine Methode
der kontinuierlichen "nicht-invasiven" quantitativen Kontrolle des
Verhaltens der Knochenmasse zu verfügen. Dies verlangt ein infolge der
modernen apparativen wie operativen medizinischen Entwicklung ge-
wachsenes und zunehmend an Umfang gewinnendes Patientenkollektiv, das
hinsichtlich der Strukturerhaltung des Knochenskeletts außerordentlich
gefährdet ist. Die Röntgendensitometrie ist klinisch im Vergleich zu
den übrigen Methoden der nicht-invasiven Mineralgehaltsbestimmung des
Knochens von besonderem Interesse, weil sie nicht nur auf die osteo-
logische, sondern darüber hinaus auf die kardiologische, angiographische,
urographische und unter Umständen auch cholegraphische Funktionsdiag-
nostik mit Röntgenkontrastmitteln anwendbar ist. Auch von anderer
Seite wurde die Vernachlässigung der Röntgendensitometrie im Vergleich
zu anderen Methoden sowohl im Hinblick auf die Empfindlichkeit, als auch
Unkompliziertheit, Schnelligkeit und leichte klinische Handhabung als
nicht gerechtfertigt bezeichnet, ihre hohe Genauigkeit in der Lokali-
sation der Meßstelle betont und ihre erneute methodische Untersuchung
gefordert [171]. Den unmittelbaren Anstoß zu einer grundlegenden theoretischen und erneuten experimentellen Analyse der röntgendensitometrischen Methode der Mineralgehaltsbestimmung des Knochens waren bisher nicht bekannte und zunächst schwer zu deutende Befunde.

Der Befund nicht übereinstimmender Absorptionsverhältnisse bei gleichen
Flächenmassen der zu untersuchenden Vergleichssubstanz ließ sich durch
Nachprüfung einer Reihe von veröffentlichten Absorptionsmessungen von
Mehrkomponenten-Referenzsystemen zur röntgendensitometrischen Konzen-
trationsmessung von Röntgenkontrastmitteln [84, 94, 163, 190] wie auch
Mineralgehaltsbestimmung des Knochens [85, 168, 172, 211] als ein in
der Röntgendensitometrie verbreitetes, methodisch offensichtlich in-
härentes, bisher allerdings nicht erkanntes Problem nachweisen.

Veröffentlichungen über systematische Meßabweichungen bei röntgendensitometrischen Mineralgehaltsbestimmungen des Knochens sind bisher
nur von PESCH et al. (1979) bekannt geworden, die allerdings als Ursache für die (negativen) Abweichungen anatomische, von den Eigen-

schaften der benutzten durchdringenden Strahlung unabhängige Gegebenheiten verantwortlich machten. Noch zu Beginn der Ära der bemannten
Weltraumflüge Mitte bis Ende der 60er Jahre war die Röntgenfilmdensitometrie die zur Mineralgehaltsbestimmung des Knochens bei weitem am
häufigsten und die bei den Astronauten (Gemini-, Soyuz- und Apollo 7
und 8-Flüge) ausschließlich angewandte Methode [19, 127, 128].Im Rahmen der Apollo 14, 15 und 16- sowie Skylab 2, 3 und 4-Weltraumflüge
wandte sich die NASA dann allerdings ausschließlich der Gamma-Absorptiometrie zu [233, 235, 236]. Gleichzeitig fand diese Methode (Gamma-Absorptions-Densitometrie bzw. Photon-Absorptiometrie) auch allgemein
ein starkes, wachsendes Interesse. Dieser Trend ließ sich bereits einige Zeit vorher an der Zahl der wissenschaftlichen Veröffentlichungen
über Methoden zur nicht-invasiven Mineralgehaltsbestimmung des Knochens
in Fachzeitschriften ablesen [42]. Heute ist die Röntgenfilmdensitometrie, gemessen an der Häufigkeit ihrer Erwähnung auf internationalen
Kongressen über Knochenmineral-Messung, in den Hintergrund getreten.

Die Kritik an der Röntgenfilmdensitometrie nennt als Ursachen ihrer
beschränkten Anwendbarkeit und Vertrauenswürdigkeit - oft als "inher-
ent limitations" bezeichnet [135] - ihre Schwierigkeit, den Einfluß
des den Knochen umgebenden Weichteilgewebes auf das Meßergebnis zu eli-
minieren, weiterhin die Aufhärtung des niederenergetischen polychromatischen Röntgenspektrums durch den zu messenden Gegenstand sowie die
Ungleichmäßigkeit der Feldintensität und -energie des Strahlenfeldes,
die Streustrahlung und schließlich die Nicht-Reproduzierbarkeit des
Energiespektrums und der Filmantwort. Dies führe zu einem systematischen
Meßfehler der Methode von 10 bis 30%; wohingegen Gamma-Absorptiometrie
und Computer-Tomometrie die Knochenmasse mit einem Fehler von nur 3%
bestimmen könnten. Die meisten dieser Probleme könnten durch die Benutzung monoenergetischer Strahlenquellen wie bei der Gamma-Absorptiometrie vermindert oder eliminiert werden [38, 135]. Als weiterer wesentlicher Punkt der Kritik wird schließlich noch die völlig ungenügende Entwicklung geeigneter mathematischer Modelle für die Röntgendensitometrie genannt [42].

Es ist hier darauf hinzuweisen, daß die Problematik des Weichteilgewebes, der Streustrahlung und Strahlenaufhärtung in gleicher Weise
für die Computer-Tomometrie besteht [39, 135]. Auch die Ansicht, mono-
energetische Strahlenquellen seien der Röntgendensitometrie schon von
Natur aus durch das Fehlen der aufgezählten Probleme überlegen, ist
nicht unwidersprochen geblieben [171].

Streustrahlung und Weichteilgewebe beeinträchtigen ebenfalls die Ergebnisse der Gamma-Absorptiometrie [174, 264], und selbst diese Methode ist nicht frei von Aufhärtungsproblemen. Dies zeigt sich bei dem
am häufigsten benutzten Isotop ^{125}I [260] und gilt auch für ^{153}Gd. Ungleichmäßigkeit der Feldintensität und -energie lassen sich dagegen auf
dem Röntgenfilm durch geeignete Maßnahmen erfassen und beseitigen, und
Nicht-Reproduzierbarkeit des Energiespektrums und der Filmantwort werden in einem vertretbaren Schwankungsbereich durch synchrone Durchstrahlung von Untersuchungs- und Referenzobjekt eliminiert [87, 93].
Der Einfluß des Weichteilgewebes und der Streustrahlung auf das Meßergebnis wurde vielfach untersucht (Übersichten [87, 93, 222]), nicht
hingegen das Problem der Strahlenaufhärtung. Auf der anderen Seite wird
in der Röntgendensitometrie auch die Ansicht einer voraussetzungslosen
Anwendbarkeit des Lambert-Beerschen Gesetzes auf die polychromatische
Bremsstrahlung vertreten [43]. In ähnlicher Weise gilt in der Röntgendensitometrie seit dem vielzitierten grundlegenden Werk von OMNELL
(1957), der einen Fokus-Film-Abstand von 92 cm benutzte, bis heute [43]
die irrtümliche Ansicht, daß bei "ausreichendem" Fokus-Film-Abstand von
einer Parallelität der Röntgenstrahlen ausgegangen werden könnte (z.B.
[9, 190]).

2.3 Klinische Bedeutung der Mineralgehaltsbestimmung

Zunächst möge bei der Frage nach dem Sinn einer möglichst genauen und
zuverlässigen Mineralgehaltsbestimmung des Knochens in Erinnerung ge-
rufen werden, daß man bereits seit der Veröffentlichung der Untersuchungen von RAUBER (1876) von der Proportionalität zwischen der Festigkeit des Knochens und seinem Kalksalzgehalt überzeugt war [109], wie
sie später immer wieder nachgewiesen wurde [31, 44, 112, 141, 159, 160,
244, 245].

Nicht minder wesentlich als die vorherrschende Vorstellung der Funktion
des Knochengerüsts als einer mechanischen Leistung erscheint die Ansicht der "funktionellen Gestalt" des Skeletts [108] als eines Ionen-
pools mit einer Oberfläche seiner Hydroxylapatit-Kristallnadeln (Größe
25-40 x 200-400 Å) von 100 bis 300 m^2/g Mineral oder 400 000 m^2 für den
ganzen Menschen [155, 152, 209]. Tatsächlich stehen allerdings nur
weniger als 1% dieser Fläche an den Knochenoberflächen für den raschen
Calcium-Austausch zur Verfügung. Über 99% des Körper-Calciums und fast

90% des Phosphats sind im Skelett gespeichert [70]; doch stehen (unabhängig von der sehr viel langsameren Tätigkeit der Osteozyten) nur etwa 1% des Knochen-Calciums (6 bis 7g beim Erwachsenen; [181, 186]) und -Phosphats den extrazellulären Körperflüssigkeiten rasch zur Verfügung, ausreichend jedoch, Änderungen des Ca^{++} und P_i des Extrazellulärraums zu puffern [151]. In der Tat läßt sich ein erheblicher ständiger Calcium- und Phosphat-Ionenflux zwischen Blut und Knochen nachweisen [153, 156, 193].

Indessen spielt das Knochenskelett nicht nur im Calcium- und Phosphat- (und auch Magnesium-) Stoffwechsel des Körpers eine wesentliche Rolle; es bildet auch ein akut verfügbares Reservoir für Natrium, Kalium und Karbonat [17]. 48% des gesamten Körpernatriums sind - davon ein Teil rasch austauschbar - im Knochenmineral gespeichert [158].

"Vom klinischen Standpunkt aus" konnte BARTELHEIMER (1957) daher mit Recht sagen, "verdienen Vorgänge, die zu einem Mineralverlust des Skeletts führen, die weitaus größte Aufmerksamkeit".

Nicht weit entfernt von dem in der konventionellen visuellen Beurteilung des Röntgenbildes gerade eben durch den versierten Radiologen erkennbaren Mineralverlust des Skeletts von 30 bis 40% überschreitet der Kalziumverlust das für die strukturelle Integrität des Knochens unabdingbare Maß, drohen Knochenbrüche schon bei normaler Belastung allein durch die Schwere des Körpers [113]. Derartige Entkalkungen des Körperskeletts können bei endokrinen und metabolischen Osteopathien verschiedener Ätiologie auftreten; es sei neben den bekannten Folgen von Vitamin D-Mangel und Immobilität nur an Hyperkortizismus, die Therapie mit Kortikosteroiden A [218], Phenytoin, Methotrexat [134] und Phenolphthalein [71], Neoplasmen [217], Schilddrüsenfunktionsstörungen, Hyperparathyreoidismus, Diabetes mellitus, Alkoholismus, Malnutrition, Malabsorption, Altersinvolution und Nierenfunktionsstörungen erinnert [115, 116, 179]. Verständlicherweise besteht ein hohes klinisches Interesse, hierbei auftretende Demineralisationen frühzeitig durch nichtinvasive Techniken zuverlässig zu erfassen und den Erfolg therapeutischer Maßnahmen durch sie zu kontrollieren [40, 178].

Nicht von ungefähr waren es daneben aber insbesondere die bemannten Weltraumunternehmungen der NASA der USA, von denen in den 60er Jahren neue Impulse zur Entwicklung und Verbesserung von Techniken zur nicht invasiven Bestimmung des Knochenmineralgehalts ausgingen [256].

Während der Weltraumflüge mit der Röntgendensitometrie gemessene Ver-
minderungen des Knochenmineralgehalts der Astronauten korrelierten mit
der vermehrten Calciumausscheidung während der Flüge [216]. Der Cal-
ciumverlust im Zustand der Schwerelosigkeit beträgt, wie kontinuierliche Messungen der Calciumausscheidung der Astronauten ergeben haben,
etwa 4g/Monat [255]. Die Demineralisation des Skeletts unter dem Einfluß der Schwerelosigkeit ist - neben dem Verlust an Muskelgewebe und
dem unter Umständen auftretenden Problem der Wasserumverteilung im
Körper - absolut limitierend hinsichtlich der Dauer der Flüge [255].

Derartige Bestimmungen des Knochenmineralgehalts werden fast ausschließlich an den Extremitäten und in der Regel in deren distalem Bereich
durchgeführt. Es besteht allgemein jedoch eine gute Korrelation der
dort gemessenen Mineralgehalte zum Mineralgehalt des axialen Skeletts
[45, 79, 99, 140, 197, 201, 203, 205, 214, 259] wie auch zum Gesamt-
Körpercalcium, das mit der Neutronen-Aktivierungsanalyse [5, 32, 130,
139, 207, 263] oder durch Analyse ganzer Skelette [33] gemessen wurde,
und zwischen peripherem Knochenmineralgehalt und Belastbarkeit des
axialen Skeletts [31, 203, 259] sowie röntgenologischen Zeichen einer
Osteopenie der Wirbelsäule bei verschiedenen zu systemischer Demineralisation führenden Erkrankungen [12].

Aufgrund der dargestellten Zusammenhänge kann die Messung des Mineralgehalts peripherer Knochen unter Umständen zur Schätzung des Gesamt-
Körpercalciums herangezogen werden [34, 35]. Ebenso ist die Messung des
Mineralgehalts peripherer Knochen mit Hilfe der Absorptionsmessung
durchdringender Strahlung zur Verlaufs- und Therapiekontrolle krank-
hafter systemischer Mineralisationsstörungen des Skeletts in der Regel
gut geeignet [45, 104, 179, 196, 202]. Allerdings scheinen bei der
primären Osteoporose, die sich klinisch überwiegend an der Wirbelsäule manifestiert [219], Mineralgehaltsmessungen verschiedener Ex-
tremitätenknochen offensichtlich unterschiedlich gut mit entsprechenden
Röntgenbefunden der Wirbelsäule korreliert zu sein [79], und es
scheint bei diesem Krankheitsbild von einem peripheren Mineralgehaltsverlust nicht unbedingt auf einen Mineralgehaltsverlust des Gesamt-
skeletts oder der Wirbelsäule geschlossen werden zu können [5, 114, 129]
In einer neueren Studie konnte allerdings bei der Osteoporose keine
bevorzugte "Demineralisation" der Wirbelsäule gefunden werden [137].
Diese diagnostischen Schwierigkeiten bestehen bei der Osteomalazie
nicht, die im Gegensatz zur Osteoporose durch eine defekte Kalzifi-
zierung der Knochenmatrix

charakterisiert ist, wohingegen bei der Osteoporose die Mineralisation
der Matrix zwar normal, die Matrix selbst jedoch rarefiziert ist.

An dieser Stelle würde eine Diskussion über die zur Mineralgehaltsbestimmung des Knochens am besten geeignete Meßstelle anstehen [33, 47,
135, 157]. Sie gehört indessen nicht zum eigentlichen Thema dieser
Untersuchungen und würde ein eigenes Kapitel erfordern. Nur am Rande
sei erwähnt, daß bei den Untersuchungen des Apollo- und Skylab-Pro-
gramms wie auch schon bei den Gemini- und Soyuz-Weltraumflügen zur
Messung des Einflusses der Schwerelosigkeit auf den Mineralgehalt des
Knochens ausnahmslos und zum Teil bevorzugt der Calcaneus zu den Meßstellen gehörte [19, 127, 233, 234, 235, 236].*

Im Rahmen der angeschnittenen Diskussion über die geeignetste um-
schriebene Meßstelle zur Diagnose systemischer Knochenerkrankung ist
die Knochenbiopsie als ein zur vorliegenden Thematik gegensätzliches,
"invasives" Verfahren zu erwähnen. Zunächst erweist sich die Knochenbiopsie hinsichtlich der Freiheit der Wahl differenter Meßstellen im
Gegensatz zu den nicht-invasiven Verfahren als stark eingeschränkt.
Fast ausschließlich wird der Beckenkamm benutzt.

Sicher ist die Domäne der Knochenbiopsie nicht in einer quantitativen
Diagnose systemischer Änderungen des Knochenskeletts, wie beispielsweise einer Mineralgehaltsmessung   zu suchen. Prognostische quantitative Angaben aus dem histologischen Präparat eines Beckenkammbiop-
sates beispielsweise zu mechanischen Funktionen, wie der Belastbarkeit des axialen Skeletts, scheinen nicht möglich zu sein [144]. Hingegen lassen Messungen der Knochenbildungsrate und die Diagnose von
Knochenumbildungen aus dem Biopsat, deren Kenntnis für das therapeu-
tische Handeln entscheidend sein kann, Rückschlüsse auf systemische
Skelettveränderungen zu.

---

*In der vorliegenden Arbeit wurden die experimentellen Untersuchungen
am Calcaneus durchgeführt. Klinische Mineralgehaltsbestimmungen am
Calcaneus z. B. [11, 12, 31, 46, 47, 87, 96, 104, 160, 176, 180, 197,
220, 237, 242, 243].

Doch werden diese Vorzüge durch eine überraschende "Zufälligkeit" der diagnostischen Trefferquote an identischer "Meßstelle" eingeschränkt: Einige spezielle Untersuchungen haben ganz erhebliche Irrtumsmöglichkeiten infolge struktureller und funktioneller Variabilität zwischen verschiedenen bioptisch gewonnenen Knochenproben aufgezeigt, die (a) unmittelbar (nur 100 μm Abstand) nebeneinander von derselben Stelle entnommen worden waren, (b) vom selben Knochen, aber einer anderen Entnahmestelle oder -richtung oder (c) vom kontralateralen Hüftkamm stammten [18, 54, 55, 82, 143, 232, 257].

Die Knochenbiopsie ist daher nicht als alternative oder konkurrierende Methode zu den nicht-invasiven Untersuchungsverfahren zu betrachten. Beide Verfahren sind eher geeignet, einander zu ergänzen.

3 Theoretische Grundlagen

3.1 Voraussetzungen für eine Röntgenfilmauswertung

3.1.1 Röntgenfilm

3.1.1.1 Schwärzungskurve

Bei einem belichteten und entwickelten photographischen Film ist die
Schwärzung S (oder die optische Dichte) in erster Näherung proportional einer Funktion der Lichtmenge bestehend aus dem Produkt Intensität I der Strahlung und Belichtungszeit t:

$$S = f(It) \ .$$

Die Schwärzungskurve (Schwärzung in Abhängigkeit von dem Zehnerloga-
rithmus der Lichtmenge) ist in ihrer Form einem "liegenden S" ähnlich.
Sie wird in verschiedene Bereiche eingeteilt, siehe Abb. 3-1. [6, 148]

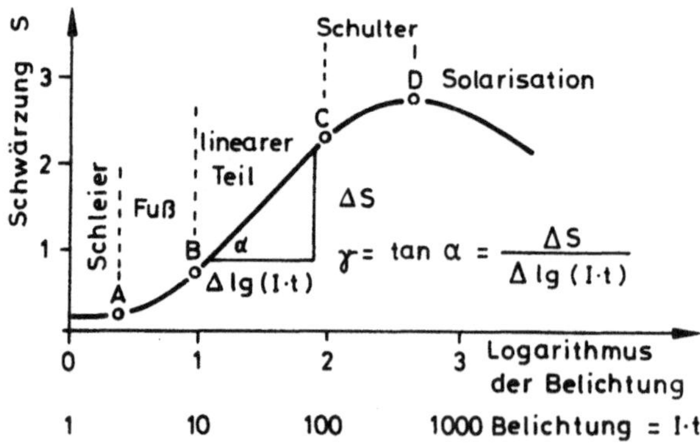

Abb. 3-1 Einteilung der Schwärzungskurve in verschiedene Bereiche
          und Angabe des Gradienten (Steigung der Kurve)

Eine Lichtmenge unterhalb A zieht keine Schwärzung des Films nach sich.
Ist der Film trotzdem geschwärzt, so liegt eine Schleierschwärzung oder
ein Schleier vor. Steigt die Lichtmenge I·t bzw. der Logarithmus der
Lichtmenge über A hinaus, so beginnt der Film anzusprechen. Man be-

zeichnet den Punkt A deshalb als Schwellenschwärzung.

Der Anfangsbereich A bis B ist zwar das Gebiet der "Unterbelichtung", trotzdem liegt hier in der Regel der Arbeitspunkt des interessierenden Teils eines Röntgenbildes, wenn man es visuell auswertet. Aus physiologischen Gründen erscheint nämlich dem Auge bei der Betrachtung im Lichtkasten das Röntgenbild in diesem Bereich optimal. Außerdem ist die Bestrahlungsdosis - die ja mit Rücksicht auf den Patienten möglichst gering gehalten werden soll - in diesem Teil am kleinsten.

Vom Standpunkt der reinen Meßtechnik und der Auswertung her gesehen wäre natürlich der lineare Teil B bis C am günstigsten, weil ein bestimmter Helligkeitsunterschied immer der gleichen Schwärzungsdifferenz entspricht. Weiterhin ist in diesem Bereich die Steigung der Schwärzungskurve am größten und damit die höchste Auflösung von Helligkeitsdetails möglich. Es wäre also dieser Kurvenabschnitt eigentlich der "Bereich der richtigen Belichtung".

Beim Überschreiten des Punktes C auf der Schwärzungskurve wird die Kurve immer flacher. Der Bereich C bis D ist der Bereich der Überbelichtung. Bei einer einfallenden Lichtmenge über D hinaus nimmt die Schwärzung wieder ab. Diese Erscheinung wird mit Solarisation bezeichnet. Überstarke Belichtung ruft dann eine geringere Schwärzung hervor als eine schwächere.

3.1.1.2 <u>Empfindlichkeit und Gradient</u>

Der Begriff "Empfindlichkeit" wird häufig in unterschiedlicher Weise verwendet, so daß er einer Erläuterung bedarf. In der quantitativen Auswertung von Röntgenbildern ist die Auswertung des Röntgenbildes Teil eines Meßvorganges und die Schwärzungskurve des Röntgenfilmes - auch Kennlinie des Röntgenfilmes genannt - Teil der Gesamtkennlinie der ganzen Meßeinrichtung. Nach DIN 1319, Blatt 1 ist: "Messen der experimentelle Vorgang, durch den ein spezifischer Wert einer physikalischen Größe als Vielfaches einer Einheit oder eines Bezugswertes ermittelt wird". "Im Begriff Messen ist selbstverständlich das Auswerten bis zum Meßergebnis - als dem Ziel einer Messung - mit eingeschlossen". Der spezifische Wert einer physikalischen Größe ist hier der Mineralgehalt des Knochens, mg Blut pro Gewebevolumen pro Zeiteinheit usw. Bezugswert ist die Referenztreppe.

Da der Röntgenfilm bei der quantitativen Auswertung Teil einer Meßeinrichtung aus mehreren Gliedern ist, müssen die Begriffe der einzelnen Teilglieder vergleichbar sein. Ausgangswert eines jeden Meßgerätes ist die Kennlinie (beim Film Schwärzungskurve) in Form und
Steigung. In der Meßtechnik wird die Steigung der Kennlinie mit
Empfindlichkeit, in der Photographie mit Gradient bezeichnet.

Ganz allgemein gilt in der Meßtechnik (DIN 1319): "Die Empfindlichkeit eines Meßgerätes (unter Umständen an einer bestimmten Stelle
seiner Skala) ist das Verhältnis einer an dem Meßgerät beobachteten
Änderung seiner Anzeige zu der sie verursachenden (hinreichend kleinen) Änderung der Meßgröße .... Bei ihrer Definition sollte jedoch
beachtet werden, daß im Zähler jeder Empfindlichkeit die Änderung
der Wirkung stehen muß, im Nenner dagegen die Änderung der Ursache,
und daß es nur dann Sinn hat, von Empfindlichkeit zu sprechen, wenn
kein Zweifel darüber bestehen kann, welche Größe als Ursache und
welche als Wirkung aufzufassen ist". Bei Röntgenfilmen ist die Ursache die Röntgenstrahlung oder das durch Röntgenstrahlung hervorgerufene Licht der Verstärkerfolie in einer zeitlichen Begrenzung und die
Wirkung die Schwärzung des Röntgenfilmes.

Die Empfindlichkeit in der Meßtechnik ist eine differentielle Größe,
die sich auf hinreichend kleine Änderungen der Meßgröße bezieht. Dieses ist beim Film die Definition des Gradienten. Dieser Wert gibt die
Eigenschaft des Filmes in einem bestimmten Punkt der Kennlinie an.
Wenn die Ursache um einen hinreichend kleinen Betrag geändert wird,
ändert sich die Wirkung um einen entsprechenden Betrag.

Der Gradient (oder die differentielle Empfindlichkeit) gibt keine
Auskunft über den absoluten Betrag der Ursache z. B. Belichtung, die
eine absolute Wirkung z. B. Filmschwärzung erzielt. Gefragt ist neben
dem Gradienten auch nach der kleinsten Ursache (Lichtmenge), die eine
eben noch gerade meßbare Wirkung (Schwärzung) verursacht. Die dafür
charakteristische Meßzahl wird in der photographischen Sensitometrie
(Empfindlichkeitsmessung) Empfindlichkeit genannt und je nach Meßverfahren der Empfindlichkeit verschieden definiert. Der Gradient für
einen bestimmten Punkt auf der Schwärzungskurve gibt die Härte der
Bildwiedergabe an. Wie belichtet werden soll, um einen bestimmten
Punkt auf der Schwärzungskurve zu erhalten, wird durch die Empfindlichkeit des Filmes bestimmt.

Bei der bisherigen Betrachtung wurde bei der Belichtung des Filmes
von der Lichtmenge ausgegangen und angenommen, daß für den photoche-
mischen Prozeß lediglich das Produkt an Beleuchtungsintensität und
Beleuchtungszeit maßgebend ist. Dieses Reziprozitätsgesetz ist von
Bunsen und Roscoe 1863 aus Untersuchungen an Chlorknallgas abgeleitet
worden. Es gilt aber nur in erster Annäherung. Belichtet man mit großer Lichtintensität kurze Zeit, so erhält man eine stärkere Schwärzung
als wenn man mit geringer Intensität viel länger belichtet, wobei in
beiden Fällen das Produkt I·t dasselbe sein soll. Schwarzschild machte 1910 in guter Übereinstimmung mit den experimentell gefundenen
Werten folgenden Ansatz:

$$S = f(I \cdot t^p) \; ,$$

wobei der Exponent p (Schwarzschildexponent) zwischen 0,7 und 0,95
liegt. Diese Werte gelten für Licht. Für Röntgenstrahlen wurde der
Schwarzschildexponent p = 1 gefunden. Die Belichtung eines Röntgenfilmes über eine hochabsorbierende und hochverstärkende Verstärkerfolie findet überwiegend durch die Lichtstrahlung der Verstärkerfolie
statt (zu ca. 95 %), so daß letztlich doch die Schwärzungskurve für
Licht gültig ist.

Im linearen Teil und in hinreichend kleinen Bezirken des nichtlinearen
Teiles der Schwärzungskurve, in denen die Kennlinie nicht erheblich
von der der Tangente (in diesem Punkt an die Kurve gelegt) abweicht
und damit linear angenommen werden kann, ist die Änderung des Logarithmus der Lichtmenge Δ log I·t proportional der Änderung der Schwärzung ΔS (siehe Abb. 3-1)

$$\frac{\Delta S}{\Delta \log I \cdot t} = \tan \alpha$$

tan α ist die Steigung der Schwärzungskurve oder der Tangente an die
Schwärzungskurve in dem zu untersuchenden Punkt.

Im linearen Teil der Kurve wird die Steigung tan $\alpha_{max} = \gamma$ gesetzt,
wobei γ Entwicklungsfaktor, Gradation, Kontrastfaktor oder γ-Wert ist.
Damit gilt:

$$\frac{\Delta S}{\Delta \log I \cdot t} = \tan \alpha_{max} = \gamma \; .$$

Diese Differenzengleichung ist die Grundgleichung für die späteren
Berechnungen. Der Vorteil dieser Differenzengleichung ist, daß unter
gleichen Filmbedingungen (gleiche Schwärzung) verschiedene Parameter
des Untersuchungsobjektes verändert werden können und dadurch der
Einfluß auf die Steigung der Kurve bestimmt werden kann.

3.1.1.3 Densitometrie

Die Schwärzung des entwickelten und fixierten Filmes kann quantitativ
durch chemische Analyse, Neutronenaktivierung oder Röntgenfluoreszenz-
analyse des Silbers gemessen werden. Am einfachsten durchzuführen ist
die optische Messung der Schwärzung des Röntgenfilmes durch die Denso-
metrie oder Densitometrie.

Fällt Licht mit der Eintrittsintensität E_O durch die entwickelte photographische Schicht, so wird es durch die unterschiedliche Schwärzung
des Bildes verschieden stark geschwächt. Die austretende geschwächte
Lichtintensität sei E. Die Durchlässigkeit der photographischen
Schicht für Licht ist die Transparenz T

$$T = \frac{E}{E_O} .$$

Der reziproke Wert der Transparenz ist die Opazität O

$$O = \frac{1}{T} = \frac{E_O}{E} .$$

Die Opazität wäre eine geeignete Maßzahl für die Schwärzung. Da aber
nach dem psychotechnischen Grundgesetz von Weber und Fechner das Auge
eine logarithmische Empfindlichkeit hat, d. h. die Helligkeitsempfin-
dung nur dem Logarithmus des Verhältnisses zweier Helligkeiten entspricht, wird der Logarithmus der Opazität als Einheit für die Schwärzung genommen. Der dekadische Logarithmus der Opazität ist die Schwärzung S oder die Dichte D [72, 97, 230]

$$S = D = \log O = \log \frac{1}{T} = \log \frac{E_O}{E} = \log E_O - \log E .$$

Für die zukünftigen Berechnungen sind die Schwärzungsdifferenzen S_2-S_1 von Interesse:

$$S_2 = \log E_o - \log E_2$$
$$(-) \; S_1 = \log E_o - \log E_1$$
$$\overline{S_2-S_1 = -\log E_2 + \log E_1}$$

beziehungsweise: $\Delta S = -\Delta \log E$.

Die Schwärzungsdifferenz, gemessen durch die Densitometrie, ist entstanden durch Belichtung mit zwei Röntgenstrahlenmengen. Durch Subtraktion beider Gleichungen und damit Elimination von ΔS wird ein Zusammenhang zwischen der Lichtmenge, die den Film belichtete, und der Lichtschwächung durch ebendenselben, aber jetzt belichteten Film hergestellt:

$$\Delta S = -\Delta \log E$$
$$(-) \; \Delta S = \gamma \cdot \Delta \log It$$
$$O = -\Delta \log E - \gamma \Delta \log It$$
$$-\log E_2 + \log E_1 = \gamma (\log I_2 t_2 - \log I_1 t_1)$$

$$\frac{E_1}{E_2} = \left(\frac{I_2 t_2}{I_1 t_1} \right)^{\gamma} .$$

Dieser Zusammenhang ist sehr einfach aufgebaut und bringt die Licht- oder Röntgenstrahlenmenge It, mit der der Film belichtet wurde, in einen einfachen Zusammenhang mit dem durch den entwickelten Film durchtretenden Restlicht E. Die Lichthelligkeit E kann dann mit photoelektrischen Detektoren gemessen werden.

3.1.2 Röntgenstrahlung

3.1.2.1 Röntgenstrahlenfeld

Bei der quantitativen Auswertung von Röntgenaufnahmen wird davon ausgegangen, daß Intensität und effektive Strahlenhärte über den vom Brennfeld der Röntgenröhre aus gesehenen Winkelbereich, in dem der Röntgenfilm liegt, innerhalb eines vorgegebenen Fehlers gleichbleibend ist. Es ist jedoch, wegen der Art der Erzeugung von Röntgenstrahlen, mit Abweichungen in dem quantitativ ausgewerteten Bereich des Röntgenfilmes zu rechnen.

Die aus der Kathode emittierten Elektronen werden durch die an der Röntgenröhre liegende Spannung beschleunigt und treffen auf die Anode, mit der sie in physikalische Wechselwirkung treten, im wesentlichen durch Abbremsung oder Richtungsänderung sowie Anregung oder Ionisation. Abbremsung oder Richtungsänderung von geladenen Teilchen (hier Elektronen) ist verbunden mit der Aussendung elektromagnetischer Wellen (die hier interessierende Röntgenstrahlung).

Die Ausstrahlungsrichtung bei Abbremsung entspricht der eines Hertz' schen Oszillators mit einer Rotationssymmetrie um die Dipolachsen (Richtung des Elektrons). Bei Geschwindigkeiten der Elektronen wesentlich kleiner als die Lichtgeschwindigkeit steht die Abstrahlungskeule senkrecht zur Dipolachse. Nähert sich die Elektronengeschwindigkeit der Lichtgeschwindigkeit, so neigt sich die Richtung der Bremsstrahlungskeule in Richtung der Kathodenstrahlen. Der Winkel φ zwischen der Achse der Bremsstrahlungskeule und der Kathodenstrahlrichtung ist für dünne Anoden bei einer Röhrenspannung U = 30 kV 65° und bei U = 50 kV 50° [77].

Aus der Tatsache, daß die Elektronen im Anodenmaterial gestreut werden, die Bremsung in mehreren Stufen erfolgen kann und die Bremsstrahlung in Bezug auf die Richtung des Elektrons eine Vorzugsrichtung hat, ergibt sich, daß nicht nur die Intensität der Röntgenstrahlung, sondern auch die Strahlenhärte von der Austrittsrichtung der Röntgenstrahlung aus der Röntgenröhre abhängt. Dieses kann von Röhrentyp zu Röhrentyp unterschiedlich und von der Gesamtbrenndauer der Röhre und der damit verbundenen Veränderung der Anodenoberfläche abhängig sein.

3.1.2.2 <u>Schwächungsgleichung</u>

Die Intensität I einer homogenen monochromatischen Röntgenstrahlung nimmt beim Durchdringen von homogener Materie mit der Schichtdicke x ab, sie wird geschwächt, wobei Strahlungsenergie teilweise in Wärme umgewandelt wird. Bei einer genügend dünnen Materialschichtdicke dx nimmt die Intensität I der Strahlung um die Intensitätsdifferenz dI linear ab nach der Gleichung:

$$-dI = \mu I dx \ .$$

Der Proportionalitätsfaktor μ (Schwächungskoeffizient oder im optischen Bereich Absorptionskonstante) gibt das Ausmaß der Abnahme an
und ist abhängig von der Wellenlänge und damit von der Energie der
Röntgenstrahlung und von der Natur des absorbierenden Mediums, aber
nicht von der Schichtdicke x. Integration und Einsetzen der Integra-
tionsgrenzen ergibt die Schwächungsgleichung:

$$I = I_0 \ e^{-\mu x} \ ,$$

wobei I_0 die Intensität beim Eintritt in die Materie ist. Dieses Gesetz wird als das Lambertsche Gesetz bezeichnet. Beer hat die Absorptionskonstante μ genauer bestimmt, daher wird von einigen Autoren die
Schwächungsgleichung das Lambert-Beersche Schwächungsgesetz genannt.

Unter Schwächung oder Absorption wird die Umwandlung der Strahlungsenergie in Wärme verstanden, wobei die Strahlung als solche vernich-
tet wird. An Atomen gestreute Strahlung, die die verbleibende Primärstrahlung verläßt und deshalb nicht mit registriert wird, bewirkt
ebenfalls eine Schwächung der hindurchgehenden Intensität, obwohl die
gestreute Strahlung als solche erhalten bleibt. In beiden Fällen ist
die Schwächungsgleichung formal gleich. Im folgenden setzt sich der
Schwächungskoeffizient μ aus der Summe der Koeffizienten der einzelnen
Schwächungsanteile zusammen. Diese Schwächungsgleichung bei homogener
monochromatischer Röntgenstrahlung ist die Grundlage aller weiteren
Betrachtungen.

3.1.2.3 Streustrahlung

Bei der bisherigen Betrachtung wurde nur von der Primärstrahlung ausgegangen. Aus dem Meßobjekt tritt aber außer der Primärstrahlung noch
ein merklicher Anteil Streustrahlung aus. Auf der meßtechnischen Seite
interessiert nicht so sehr die physikalische Grundlage der Streustrah-
lenentstehung als vielmehr die Tatsache ihres Vorhandenseins und ihres
Einflusses auf das Röntgenbild und damit auf das Meßergebnis. Falls
sie das Meßergebnis verfälscht, muß überlegt werden, wie sie besei-
tigt werden kann oder welche Korrekturen notwendig sind.

Die nahezu parallel zur Primärstrahlung verlaufende Streustrahlung
durchläuft das zu untersuchende Objekt oder Medium genauso oder nahezu genauso wie die Primärstrahlung und dürfte deswegen auf das Meßergebnis wenig Einfluß haben.

Ganz anders verhält es sich mit der sehr schräg verlaufenden Streustrahlung, die einen ganz anderen Weg in dem zu untersuchenden Medium
zurückgelegt hat wie die Primärstrahlung. Zwischen den beiden eben
beschriebenen Streustrahlen gibt es fließende Übergänge.

Durch eine Streustrahlenrasterblende wird die sehr schräg einfallende
Streustrahlung weitgehend in der Blende absorbiert, während die
schwach zur Primärstrahlung geneigte Streustrahlung wie die Primärstrahlung die Streustrahlenrasterblende passiert. Im folgenden soll
untersucht werden, welcher Gesetzmäßigkeit die gemessene Strahlung,
bestehend aus Primärstrahlung und schwach zur Primärstrahlung geneig-
ter Streustrahlung, gehorcht. "Geht man von der Gleichung

$$I = I_o \, e^{-\mu x}$$

aus und nimmt man die durchstrahlte Strecke x in n Teilstrecken, mit
der Länge Δx unterteilt, an, unter der Voraussetzung, daß Δx so klein
ist, daß auf diesem Wege nur Einfachstreuung vorkommt, so kann man
das Problem dadurch lösen, daß man den Anteil ε, der in jedem Teilstück Δx neu aufgetreten, der Primärstrahlung nahezu parallel verlaufenden Streustrahlung am Ende des Teilstückes zu dem Primärstrahl
addiert und diesen Gesamtstrahl wie einen Primärstrahl in der weiteren
Rechnung behandelt.

Somit ergibt sich für die Gesamtstrahlung entsprechend unserer Definition nach dem ersten Teilstück

$$I_1 = I_o \, e^{-\mu \Delta x} + \varepsilon \cdot I_o \, e^{-\mu \Delta x} = I_o \, e^{-\mu \Delta x} \, (1+\varepsilon)$$

$$I_2 = I_o \, e^{-\mu \Delta x \cdot 2} \, (1+\varepsilon) + \varepsilon \, I_o \, e^{-\mu \Delta x \cdot 2} \, (1+\varepsilon) = I_o \, e^{-2 \cdot \mu \Delta x} \, (1+\varepsilon)^2$$

$$I_n = I_o \, e^{-\mu \Delta x \cdot n} \, (1+\varepsilon)^n = I_o \, e^{-\mu x} \, (1+\varepsilon)^n \, .$$

Das ε bedeutet den Anteil der Primärstrahlung in der Länge Δx entsprechend der Gleichung

$$\varepsilon = \delta \cdot \Delta x$$

mit δ als dem Anteil der Primärstreuung pro Längeneinheit. Das n ist definitionsgemäß

$$n = \frac{x}{\Delta x} \ .$$

Somit ergibt sich für die Intensität I:

$$I = \lim_{n \to \infty} I_n = I_0 \ e^{-\mu x} \ \lim_{\Delta x \to 0} (1 + \delta \cdot \Delta x)^{x/\Delta x} \ .$$

Hiermit ist: $\quad \lim\limits_{\Delta x \to 0} (1 + \delta \cdot \Delta x)^{x/\Delta x} =$

$$\lim_{\Delta x \to 0} \left[(1 + \delta \cdot \Delta x)^{1/\delta \cdot \Delta x} \right]^{\delta \cdot x} = e^{x \cdot \delta}$$

$$\text{da:} \quad \lim_{n \to \infty} \left(1 + \frac{1}{n} \right)^n = e \ .$$

Damit erhält man

$$I = \lim_{n \to \infty} I_n = I_0 \ e^{-\mu x} \ e^{+\delta \cdot x} = I_0 \ e^{-(\mu - \delta) x} \ .$$

Der Anteil der Primärstreuung pro Längeneinheit läßt sich aus dem Verhältnis der Intensitäten mit Streustrahlenanteil I_{mit} und ohne Streustrahlenanteil I_{ohne} berechnen.

$$\frac{I_{mit}}{I_{ohne}} = \frac{I_0 \ e^{-\mu x} \ e^{+\delta x}}{I_0 \ e^{-\mu x}} = e^{+\delta x} \ .$$

Daraus folgt: $\quad \delta = \frac{1}{x} \ \ln \frac{I_{mit}}{I_{ohne}}$ ". [222]

Für die aus dem Untersuchungsobjekt austretende Röntgenstrahlung ist der Betrag $e^{-\delta x}$ das Verhältnis der Streustrahlung zu der primären Strahlung und abhängig von der durchstrahlten Schichtdicke x. Die

Gleichung

$$I = I_o \, e^{-(\mu-\delta)x}$$

ist die Grundgleichung für alle Betrachtungen, die den realistischen
Fall Primärstrahlung plus Streustrahlung zur Grundlage haben und nicht
wie die Gleichung $I = I_o \, e^{-\mu x}$ von dem idealisierten Fall der alleini-
gen primären Strahlung ausgehen. Die Mitberücksichtigung der Streustrahlung bewirkt eine Verringerung des Schwächungskoeffizienten μ im
Betrag und damit eine scheinbare Strahlenaufhärtung mit einer schein-
bar vorhandenen Strahlenhärte, für die der Schwächungskoeffizient
$\bar\mu = \mu-\delta$ bestimmt wird.

Aus dieser Betrachtung ergibt sich, daß es bei der quantitativen Bestimmung des Mineralgehaltes des Knochens mit einem Referenzsystem
nicht nur auf gleiche Gesamtabsorption sondern auch auf gleiche Streustrahlenverhältnisse ankommt.

Die scheinbare Strahlenaufhärtung durch die Streustrahlung betrifft
nicht nur die Röntgenstrahlung sondern auch die monochromatische
Strahlung radioaktiver Isotope.

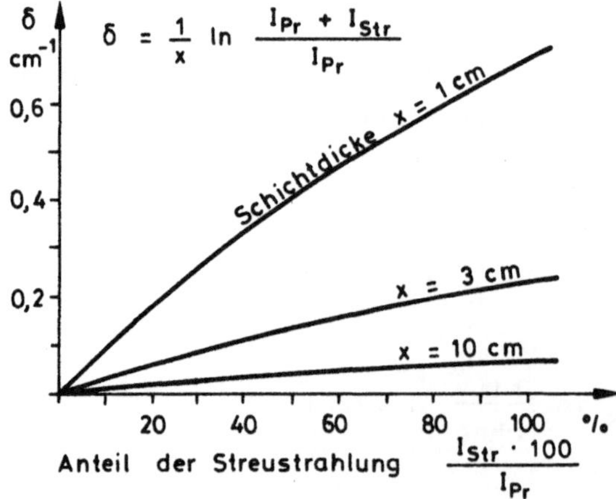

Abb. 3-2   Abnahme des Schwächungskoeffizienten der durchstrahlten
Materie um den Betrag δ durch weitgehend parallel zur Primärstrahlung verlaufende Streustrahlung

In Abb. 3-2 ist der Betrag δ, um den der Schwächungskoeffizient vermindert wird, in Abhängigkeit von dem Anteil der Streustrahlung mit
der Schichtdicke der durchstrahlten Schicht als Scharparameter dargestellt. Mit zunehmender Schichtdicke nimmt der prozentuale Anteil
der Streustrahlung zu. Es wird sich ein Gleichgewicht derart einstel-
len, daß sich der Betrag δ asymptotisch einem für die Photonenenergie
und die Materialeigenschaften der durchstrahlten Materie charakteristischen Wert annähert. Die Strahlung wird dann bezüglich der Strahlenhärte "homogen".

Der scheinbaren Strahlenaufhärtung der ursprünglich monochromatischen
Strahlung beim Eintritt in die Materie während der Zunahme der Streustrahlung steht eine Abnahme der mittleren Photonenenergie gegenüber,
da die Streustrahlung nur gleiche oder eine geringere Photonenenergie
als die Primärstrahlung haben kann. Nach Erreichen des Strahlengleich-
gewichtes (Strahlenhomogenität) ist die Strahlenhärte unter Umständen
wegen der gegenüber der Primärstrahlung weicheren Streustrahlung weicher als die der Primärstrahlung. Der Anteil der Streustrahlung bezogen auf die Primärstrahlung kann 100 % überschreiten.

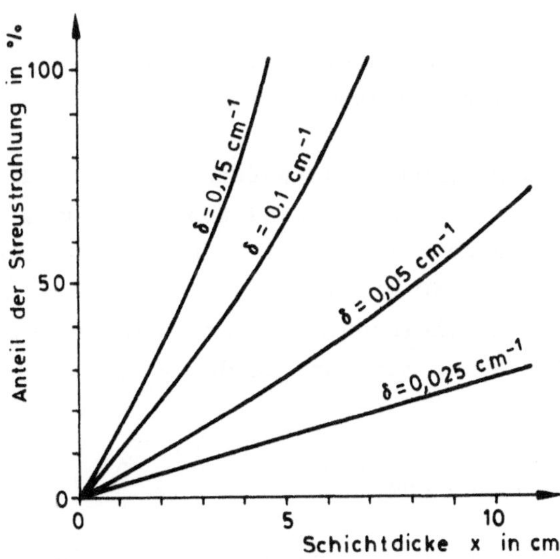

Abb. 3-3 Prozentualer Anteil der Streustrahlung bezogen auf die Pri-
          märstrahlung in Abhängigkeit von der von Röntgenstrahlung
          durchdrungenen Schichtdicke x für vorgegebene Abnahme δ des
          Schwächungskoeffizienten μ durch die Streustrahlung

Monochromatische Röntgenstrahlung wird durch die Streustrahlung wegen
deren geringerer Strahlenhärte inhomogen. Durch Herausbilden eines
Strahlungsgleichgewichtes in der Form, daß durch Zunahme an Streustrahlung im Verhältnis zur Primärstrahlung sich asymptotisch eine bestimmte Strahlenhärte herausbildet, nähert sich auch die Abnahme δ des
Schwächungskoeffizienten μ einem festen Wert. In der Abb. 3-3 ist für
verschiedene δ die prozentuale Zunahme der Streustrahlung zur Primärstrahlung in Abhängigkeit von der Schichtdicke x aufgetragen. Hierbei
muß berücksichtigt werden, daß beide, Streustrahlung und Primärstrahlung, mit zunehmender Eindringtiefe x (durchdrungene Schichtdicke) annähernd exponentiell in der Intensität abnehmen.

Die Abnahme δ des Schwächungskoeffizienten μ ist nur abhängig von der
Eindringtiefe x und dem Verhältnis der Streustrahlung I_{st} zur Primärstrahlung I_{pr}, ist aber nicht direkt abhängig von der Energie der Photonen der Primärstrahlung. Da der prozentuale Anteil der Streustrahlung
von der Photonenenergie der Primärstrahlung abhängig ist, geht hierdurch indirekt die Photonenenergie der Primärstrahlung in den Betrag
δ ein.

Die Kurven in der Abb. 3-3 für große δ steigen mit einem größeren Exponenten als 1 an, da nicht nur die Primärstrahlung Streustrahlung er-
zeugt, sondern auch die Streustrahlung ebenso wie die Primärstrahlung
nicht nur entsprechend dem Schwächungsgesetz geschwächt wird, sondern
auch für weitere Streustrahlung verantwortlich ist.

Die Auswirkung von δ auf den Schwächungskoeffizienten μ und damit auf
die Zunahme der Strahlenhärte (Strahlenaufhärtung) ist umso größer,
je größer δ und je kleiner μ ist. Bei der in der Röntgendiagnostik
vorkommenden Strahlenhärte von 40 bis 100 keV nimmt μ mit zunehmender
Photonenenergie ab. Bei gleichbleibendem δ nimmt somit der Einfluß
auf den Schwächungskoeffizienten mit zunehmender Röhrenspannung zu.

3.1.2.4 Polychromatische Strahlung

Die im vorherigen Kapitel hergeleitete Schwächungsgleichung

$$I = I_o \, e^{-\mu d}$$

geht von einer monochromatischen Strahlung und von einer Primärstrahlung aus. Um dieser Forderung zu genügen, kann monochromatische Strahlung verwendet werden. Wird aber die Streustrahlung nicht genügend durch Blenden ferngehalten, so wird sie mit der Primärstrahlung mitregistriert und führt mit zunehmender Eindringtiefe zu einer Strahlenveränderung, bis sich ein Gleichgewicht zwischen Primärstrahlung und Streustrahlung derart herausbildet, daß das δ sich asymptotisch einem durch Photonenenergie der Röntgenstrahlung und Materialeigenschaften des absorbierenden Mediums vorgegebenen Wert annähert. Dann liegt wieder eine homogene Strahlung vor. Sie ist deswegen homogen, weil das Verhältnis zweier aufeinanderfolgender Halbwertschichten innerhalb eines vorgegebenen Fehlers eins ist.

Die Streustrahlung kann nur durch Strahlenausblendung ferngehalten werden. Je kleiner der Streustrahlenanteil sein soll, um so mehr muß ausgeblendet werden und um so geringer ist die zur Messung zur Verfügung stehende Intensität. Das hat zur Folge, daß die Meßzeiten beim Messen mit Photodetektoren oder die Belichtungszeit der Röntgenfilme entsprechend länger werden.

Bei dem Einzelbild und erst recht bei der Cineröntgenaufnahme ist die Belichtungszeit durch die Gegebenheiten des Untersuchungsobjektes begrenzt. Mindestanforderungen an ein Röntgenbild schreiben eine Mindeststrahlenmenge It vor. Da die Belichtungszeit begrenzt ist, muß die Intensität der Röntgenstrahlung entsprechend hoch gewählt werden. Von dieser Problematik muß ausgegangen werden.

Für die quantitative Auswertung von Röntgenbildern ist wegen der Voraussetzungen, die zur Schwächungsgleichung führten, monochromatische Strahlung notwendig. Daher ist immer wieder versucht worden, andere Strahlung als die Bremsstrahlung der Röntgenröhre zu verwenden. Aus diesem Grunde ist die Verwendung von Isotopen-Strahlung naheliegend.

Isotopen als Quelle für die γ-Strahlung haben in den meisten Fällen ein Linienspektrum, aus dem notfalls störende Linien entfernt werden müssen. Bei den in der Röntgendiagnostik vorkommenden Strahlenhärte von ca. 40-100 keV ist die Eigenabsorption schon so groß, daß die Intensität pro Flächeneinheit an der Isotopenpräparatoberfläche um etliche Größenordnungen kleiner ist als sie bei Röntgenröhren am Brennfleck üblich sind. Man muß dann entweder die strahlende Fläche groß machen, wodurch das Bild unscharf wird und der Streustrahleneinfluß zunimmt, oder lange Meßzeiten in Kauf nehmen, oder aber nach größeren Strahlen-

härten wegen der höheren Intensitäten durch geringere Eigenabsorption
hin ausweichen.

Ein Vergleich Röntgenstrahlung-Isotopenstrahlung ist nicht vollständig,
wenn die Intensität auf der Filmseite, die die Belichtungsdauer bestimmt, nicht mit berücksichtigt wird. Bei Thulium - 170 (γ-Quanten
Energie 84 keV und β-Strahlung) mit einer aktiven Fläche von 1x1 mm^2
mit einer Aktivität von 5 Ci beträgt die Dosisrate in 1 m Abstand
0.2 mR/min [173]. Nimmt man zum Vergleich die Bremsstrahlung einer
Röntgenröhre bei einer Röhrenspannung von 80 kV und einem Röhrenstrom
von 1 mA mit 3 mm Aluminium Gesamtfilterung, so erhält man in 1 m Abstand eine Dosisrate von 500 mR/min [101]. Die Belichtungszeit müßte
in diesem Fall bei Isotopenstrahlung gegenüber Röntgenstrahlung einer
Röntgenröhre um den Faktor 2500 größer gewählt werden, um vergleich-
bare Effekte zu erzielen.

Eine weitere Möglichkeit, monochromatische Röntgenstrahlen zu gewinnen, ist die Verwendung der Fluoreszenz-, Eigen- oder charakteristischen Strahlung der Röntgenröhre, aus der dann über Röntgenstrahlbeu-
gung am Kristallgitter monochromatische Strahlung erhalten wird. Lei-
der ist auch hier die Intensität ähnlich schwach wie bei der Isotopenstrahlung. Aus diesen Überlegungen ergibt sich, daß die polychromatische Röntgenbremsstrahlung mit ihrer mehr als tausendfach höheren Intensität den monochromatischen Strahlenquellen weit überlegen ist.

Die polychromatische Strahlung ist eine Summe monochromatischer Strahlungen verschiedener Photonenenergien, deren Summenschwächungsgleichung
sich dementsprechend aus einer Summe von Einzelschwächungsgleichungen
zusammensetzt:

$$I = \sum I_{oi} \cdot e^{-\mu_i \cdot d} \; .$$

Die Summe macht diese Gleichung sehr unhandlich. In der quantitativen
Bildauswertung ist man auf auswertbare mathematische Zusammenhänge an-
gewiesen. Es ist daher nachzuprüfen, ob die Intensität polychromatischer Strahlung in Abhängigkeit von der Materialdicke oder, bei konstanter Dicke, von der Materialkonzentration in dem engen Bereich der
Dicken- oder Konzentrationsänderung mit vorgegebener zulässiger Abweichung von z. B. 1 % oder 5 % sich wie monochromatische Strahlung verhält.

Um dieses zu realisieren, gibt es zwei Möglichkeiten: zum einen wird
die Bremsstrahlung durch Absorption in einem homogenen Medium genügen-
der Schichtdicke soweit bzgl. Absorption der Primärstrahlung und Streu-
strahlenerzeugung ins Gleichgewicht gebracht, daß sie homogen wird
(s. Abb. 3-4). Zum anderen wird von der Schwächungskurve (Strahlenintensität in Abhängigkeit von der durchstrahlten Schichtdicke) an einem
beliebigen Punkt nur ein so kurzes Kurvenstück verwendet, daß die Abweichung von der Tangente an diesem Punkt (Schwächungskurve monochromatischer Strahlung durch diesen Punkt) innerhalb eines vorgegebenen
Fehlers bleibt.

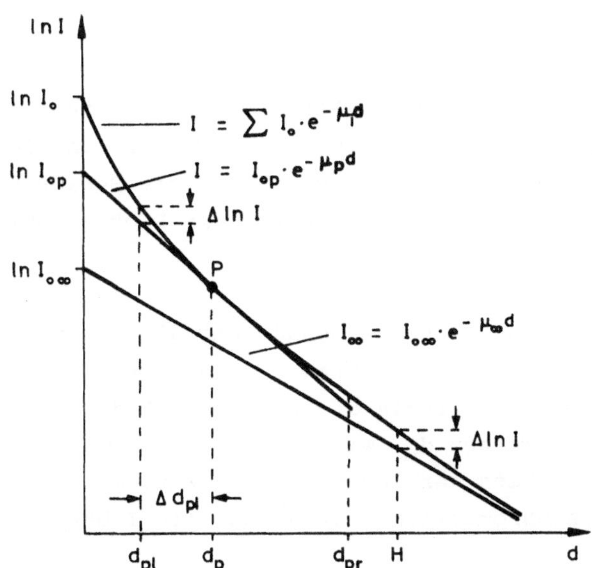

Abb. 3-4   Schwächungskurven eines Bremsspektrums I_o und monochromatischer Strahlungen I_{op} und $I_{o\infty}$. Schematische Darstellung.
Ordinate: Natürlicher Logarithmus der Strahlenintensität.
Abszisse: Schichtdicke d der durchstrahlten Materie des
Schwächungskoeffizienten μ. $I_{o\infty}$ monochromatische Strahlung,
der sich die polychromatische Schwächungskurve bei sehr großen d asymptotisch nähert. Wird zwischen den Kurven I_o und
$I_{o\infty}$ eine Differenz ΔlnI überschritten, so heißt dieser Punkt
"Homogenitätspunkt" H. Im Bereich von Differenzen < ΔlnI, die
als tolerabel angesehen werden, wird die polychromatische
Schwächungskurve, die die Kurve I_{op} in P tangential berührt,
im Bereich etwa P−Δd_{pl} und P+Δd_{pr} als quasi monochromatisch
behandelt

Die homogene Röntgenstrahlung charakterisiert eine Bremsstrahlung, die
durch Filterung soweit aufgehärtet ist, daß ihre Schwächungscharakteristik derjenigen einer monochromatischen, eben energiehomogenen Strahlung gleichsetzbar erscheint. Der Punkt, von dem an dies innerhalb
eines vorgegebenen Fehlers angenommen wird, wird "Homogenitätspunkt"
genannt (s. Abb. 3-4). "Homogenität" einer Röntgenstrahlung ist ein
relativer Begriff, und der Homogenitätspunkt kann für ein und dasselbe Bremsspektrum in Abhängigkeit von der Ordnungszahl der schwächenden
Materie völlig verschiedene Lagen haben [148]. Die Homogenität einer
Röntgenstrahlung kann beim Übergang der Strahlung in eine homogene Materie anderer atomarer Zusammensetzung verloren gehen, und es muß sich
wieder ein neues Gleichgewicht ausbilden, um zu einer neuen Homogenität der Strahlung mit einer unter Umständen anderen Strahlenhärte zu
kommen.

Ausgangsmaterial für die quantitative Röntgenbildauswertung ist der
Röntgenfilm, wo Schwärzungsänderungen gemessen werden. Da die Belichtungszeit für alle Bildteile dieselbe ist, hängt die Schwärzung von
der Strahlenintensität und diese wiederum von der Dicken- bzw. Konzentrationsänderung ab.

Im Punkt P (Abb. 3-4) sollen sich die Schwächungsgleichung der Bremsstrahlung und der monochromatischen Strahlung tangieren. Ausgangswert
einer Dickenänderung sei die Materialdicke d_p. Bei Änderung der Materialdicke nach kleineren Werten d_{pl} wie nach größeren Werten d_{pr} soll
die Differenz der Logarithmen der Intensitäten zwischen Bremsstrahlungs-
kurve und Kurve der monochromatischen Strahlung $\Delta \ln I$ betragen.

Im folgenden sei:

$$d_p = d \quad \text{und} \quad d_{pr} = d + \Delta d$$

und für die entsprechenden Intensitäten:

$$I_p = I_1 \quad \text{und} \quad I_{pr} = I_2 \ .$$

Bei genügend kleiner Strahlenmengenänderung ΔIt von $I_1 t_1$ nach $I_2 t_2$
besteht zur entsprechenden Schwärzungsänderung ein linearer Zusammenhang:

$$\gamma = \frac{S_2 - S_1}{\lg I_2 t_2 - \lg I_1 t_1} = \frac{\Delta S}{\Delta \lg It} \ .$$

Nach ΔS aufgelöst ergibt sich:

$$\Delta S = \gamma \cdot \Delta \lg (It) = \gamma \, [\Delta \lg I + \Delta \lg t] \; .$$

Da alle Bildpunkte des Röntgenbildes mit derselben Belichtungszeit aufgenommen worden sind, ist somit für alle Schwärzungswerte die Belichtungszeit t konstant und somit

$$\Delta \lg t \, \Big|_{t=const} = 0 \; .$$

Damit vereinfacht sich die Gleichung zu:

$$\Delta S \, \Big|_{t=const} = \gamma \cdot \Delta \lg I = \gamma \cdot (\lg I_2 - \lg I_1) = \gamma \cdot \lg \frac{I_2}{I_1} \; . \qquad (3.1)$$

Damit gilt zunächst für energiehomogene Strahlung mit $I_1 = I_o \cdot e^{-\mu \cdot d}$ und $I_2 = I_o \cdot e^{-\mu (d+\Delta d)}$ nach dem Lambert-Beerschen Gesetz

$$\frac{I_2}{I_1} = \frac{I_o \cdot e^{-\mu (d+\Delta d)}}{I_o \cdot e^{-\mu \cdot d}}$$

bzw.

$$\frac{I_2}{I_1} = e^{-\mu \cdot \Delta d} \qquad (3.2)$$

oder

$$\ln I_2 - \ln I_1 = -\mu \cdot d \; .$$

Die Frage, unter welcher Bedingung Gleichung 3.2 auch für polychromatische Strahlung gültig ist, ist die nach der Bedingung, unter der die Schwächungskoeffizienten μ_i, den breitgestreuten Energieniveaus des Bremsstrahlenspektrums zugehörig, durch ein festes, "effektives" μ ersetzt werden darf, das dann dem μ in Gleichung 3.2 entspricht. Dies wird dann erreicht, wenn ein Korrekturglied, das in einer analog zu Gleichung 3.2 für Bremsstrahlung aufgestellten Gleichung erforderlich ist, vernachlässigbar oder eliminierbar wird.

Entsprechend ergibt sich für die Intensitäten der Bremsstrahlung für
d und d+Δd

$$I_1 = \sum_i I_{1i} = \sum_i I_{oi} \cdot e^{-\mu_i d}$$

$$I_2 = \sum_i I_{2i} = \sum_i I_{oi} \cdot e^{-\mu_i (d+\Delta d)} \ .$$

In Analogie zum Ansatz der Gleichung 3.2 gilt für Bremsstrahlung mit
den Ausgangsintensitäten I_{oi} und den geschwächten Intensitäten I_{2i}
und I_{1i}:

$$\frac{\sum\limits_i I_{2i}}{\sum\limits_i I_{1i}} = \frac{\sum\limits_i I_{oi} \cdot e^{-\mu_i (d+\Delta d)}}{\sum\limits_i I_{oi} \cdot e^{-\mu_i \cdot d}} \ . \qquad (3.3)$$

Diese Gleichung wird so entwickelt, daß sie wie Gleichung 3.2 ein
Glied $e^{-\mu \cdot \Delta d}$ enthält, das die eben angegebene Bedingung, unter der
Gleichung 3.2 für Bremsstrahlung gültig ist, klar erkennen läßt.
Hierzu wird in das Glied $e^{-\mu_i \cdot (d+\Delta d)} = e^{-\mu_i \cdot d - \mu_i \cdot \Delta d}$ der Gleichung
3.3 $\mu \cdot \Delta d$ eingeführt:

$$= e^{-\mu_i \cdot d - \mu_i \cdot \Delta d + \mu \Delta d - \mu \Delta d} \ , \text{ woraus sich durch Umformung}$$

$$= e^{-\mu_i \cdot d - (\mu_i - \mu) \Delta d} \cdot e^{-\mu \Delta d} \text{ bzw.}$$

$$= e^{-\mu \Delta d} \cdot e^{-\mu_i d} \left[1 + \frac{\mu_i - \mu}{\mu_i} \cdot \frac{\Delta d}{d} \right] \text{ ergibt und somit aus Gleichung 3.3}$$

$$\frac{\sum\limits_i I_{2i}}{\sum\limits_i I_{1i}} = e^{-\mu \Delta d} \cdot \frac{\sum\limits_i I_{oi} \cdot e^{-\mu_i d \cdot \left[1 + \frac{\mu_i - \mu}{\mu_i} \frac{\Delta d}{d} \right]}}{\sum\limits_i I_{oi} \cdot e^{-\mu_i d}} = e^{-\mu \Delta d} \cdot A \text{ wird.} \qquad (3.4)$$

Das entscheidende Glied der Gleichung ist der Ausdruck

$$\left(1 + \frac{\mu_i - \mu}{\mu_i} \cdot \frac{\Delta d}{d} \right)$$. Wenn $\frac{\mu_i - \mu}{\mu_i} \cdot \frac{\Delta d}{d}$ sehr viel kleiner als 1 ist, wie

im Bereich des Tangentialpunktes P in Abb. 3-4, entspricht Gleichung
3.4 der Gleichung 3.2, und es gilt das Lambert-Beersche Gesetz. Dies
tritt ein, wenn $\mu_i - \mu$ (etwa durch Einengung des Energiespektrums oder
"Aufhärtung" der Strahlung) oder Δd, das gleichfalls relativ zur Strahlenhärte zu verstehen ist, sehr klein werden im Vergleich zu μ_i und d.
Durch diese hier entwickelte mathematische Formulierung ergibt sich die
Möglichkeit, Bedingungen, Gültigkeitsbereich bzw. zu erwartende Fehler-
größen praktisch rechnerisch zu erfassen und in Tabellen und Diagram-
men verfügbar zu machen.

Es zeigt sich aber auch, daß die Anwendbarkeit des Lambert-Beerschen
Gesetzes nicht notwendigerweise ein Erreichen des Homogenitätspunktes
voraussetzt. Hierdurch werden unnötige, nur durch hohe Röntgenröhren-
leistung kompensierbare Intensitätsverluste infolge starker Vorfilterung zur Aufhärtung der Strahlung vermeidbar.

Um die tatsächlichen Verhältnisse bei der Anwendung des Lambert-Beerschen Gesetzes auf die Bremsstrahlung quantitativ genauer und anschau-
licher abzuschätzen, können mit Hilfe des Zusammenhangs zwischen Filmschwärzung und Strahlenintensität folgende Überlegungen angestellt werden: Setzt man in Gleichung 3.1 die Gleichung 3.4 ein, wobei zur besseren Handhabung das umfangreiche Summen-Quotientenglied mit A abgekürzt

wird, so ist $\Delta S = \gamma \cdot \lg \left(e^{-\mu \cdot \Delta d} \cdot A \right)$ bzw. nach der Rechenregel

$\lg a = \ln a \cdot \lg e$ erhält man dann $\Delta S = \gamma \cdot \lg e \cdot \ln \left(e^{-\mu \cdot \Delta d} \cdot A \right)$ und
nach Umformung

$$\Delta S = - \gamma \cdot \lg e \left(\mu - \frac{\ln A}{\Delta d} \right) \cdot \Delta d \ . \tag{3.5}$$

Sind aus Gleichung 3.4 die Bedingungen der Anwendbarkeit des Lambert-
Beerschen Gesetzes im globalen Zusammenhang erkennbar, so ist in
Gleichung 3.5 jetzt der "effektive" Schwächungskoeffizient
$\mu_{eff} = \mu - \frac{\ln A}{\Delta d}$ enthalten, der über die Messung der Schwärzung quantitativ erfaßt werden kann.

In dieser Beziehung läßt sich das "Fehlerglied" ln A als Funktion der unabhängigen Variablen Δd darstellen:

$$\ln A = (\mu - \mu_{eff}) \cdot \Delta d \quad \text{mit} \quad \Delta d = d_2 - d_1,$$

wobei die Steigung der Kurve

$$\mu - \mu_{eff} = \frac{\Delta \ln A}{\Delta (\Delta d)} = \text{tg } \alpha$$

ist. In $|\Delta d| = d_2 - d_1$ ist d_1 ein konstanter Wert und d_2 ein variabler, wobei d_1 die mittlere Schichtdicke des zu untersuchenden Materials und Δd bzw. d_2 die Abweichung hiervon ist. Wegen der mit zunehmender Schichtdicke abnehmenden Aufhärtung der Strahlung entsprechen gleichen $\Delta \mu$ verschiedene Δd, so daß $d_2 = d_1 - \Delta d_1$ und $d_2 = d_1 + \Delta d_r$ zu unterscheiden sind (Abb. 3-5).

$\Delta (\Delta d)$ läßt sich auflösen:

$$\Delta (\Delta) = \Delta d_b - \Delta d_a = (d_{b2} - d_1) - (d_{a2} - d_1) = d_{b2} - d_{a2} = \Delta d_2 .$$

Somit ist:

$$\mu - \mu_{eff} \Big|_{d_1 = const} = \frac{\Delta \ln A}{\Delta d_2} = \text{tg } \alpha$$

und wegen $\Delta d_1 = 0$

$$\Delta \ln A \Big|_{d_1 = const} = (\mu - \mu_{eff}) \cdot \Delta d_2 .$$

Damit lassen sich nunmehr der Zusammenhang zwischen μ_{eff}, μ und Δd direkt untersuchen bzw. die bei der Anwendung des Lambert-Beerschen Gesetzes auf das Bremsspektrum auftretenden Abweichungen μ_{eff} von μ bei beliebigen Δd oder für beliebige Abweichungen $\Delta \mu$ die zugehörigen Δd bestimmen und Fehler- und Toleranzgrenzen festlegen. Wird bei der Messung der Fehler $\mu \pm \Delta \mu$ zugelassen, so kann dieser im Bereich einer Schichtdickentoleranz $d_1 - \Delta d_1$ bis $d_1 + \Delta d_r$ eingehalten werden. Die gleichen Überlegungen gelten sinngemäß für Toleranzgrenzen bei Mineralgehaltsänderungen $M_1 - \Delta M_1$ und $M_1 + \Delta M_r$. In Abb. 3-5 sind die Zusammenhänge schematisch dargestellt.

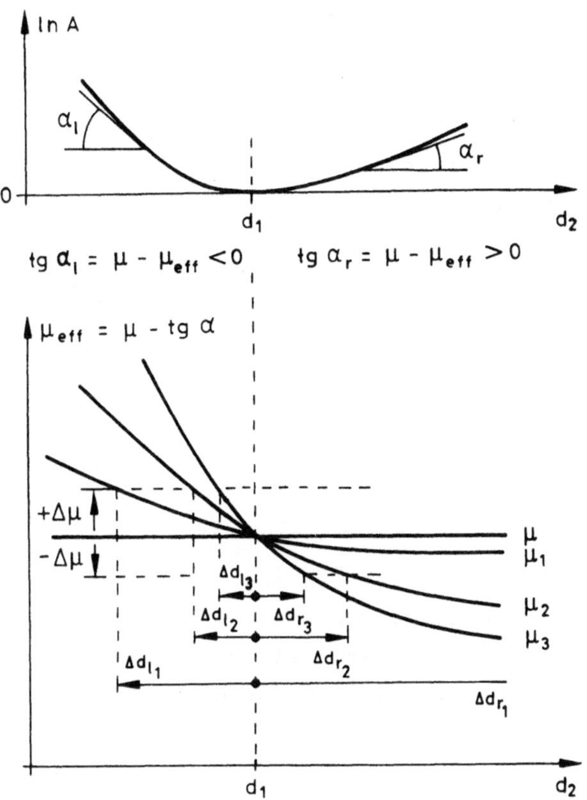

Abb. 3-5   Anwendung des Lambert-Beerschen Gesetzes auf das Bremsspektrum in der quantitativen Röntgenfilmauswertung: Abhängigkeit der Fehlergröße ln A (obere Ordinate; siehe Gleichungen 3.4 und 3.5) und der Abweichung des gemessenen μ_{eff} (untere Ordinate) vom tatsächlichen μ der durchstrahlten Materie in Abhängigkeit von der Schichtdicke (Abszisse). d_1 = mittlere Schichtdicke der Materie, für die im Bereich des gewählten Energiebereichs $\mu_{eff} = \mu$ ist. d_2 = Abweichung von d_1, wobei wegen zunehmender Aufhärtung des Bremsspektrums für $d_2 < d_1$ das dem erlaubten Fehler $\Delta\mu$ entsprechende Schichtdickenintervall Δd_1 und für $d_2 > d_1$ Δd_r ist. μ = monochromatische Photonenstrahlung. μ_1, μ_2 und μ_3 = schwach, mäßig und stark polychromatische Röntgenstrahlung.

Aus Gleichung 3.4 ist ersichtlich, daß die Bedingung einer quasi monochromatischen Strahlung erfüllt ist, wenn das "Fehlerglied" A $\approx$ 1 bzw. ln A = O ist. Dies zeigt der Kurvenverlauf in Abb. 3-5: Bei $d_2 = d_1$, d. h. $\Delta d = d_2 - d_1 = O$, ist ln A = O = tg α. In gleicher Weise ist unter dieser Bedingung $\mu_{eff} = \mu$. Je geringer die Polychromasie der Strahlung ist, desto größer ist das Schichtdickenintervall (oder der Mineralgehaltsunterschied), mit dem innerhalb eines vorgegebenen Fehlers gemessen werden kann.

3.2 Bestimmung physikalischer Größen aus Röntgenaufnahmen

3.2.1 Kennlinienfelder

Ausgangsmaterial densitometrischer Messungen sind die Röntgenaufnahmen.
Bei einem vorgegebenen Filmmaterial wird der Betrag der Schwärzungszu-
nahme ΔS des Filmes bestimmt durch die Zunahme des Logarithmus der auf
den Film fallenden Lichtmenge Δ lg It nach der Gleichung:

$$\Delta S = \gamma \Delta \lg (It) = \gamma (\Delta \lg I + \Delta \lg t).$$

Die Intensität der auf den Röntgenfilm (bzw. auf die Verstärkerfolie)
auffallenden Röntgenstrahlung wird durch die Schwächungsgleichung

$$I = I_o \, e^{-\mu d}$$

wiedergegeben, wobei I_o die auf den Röntgenfilm fallende Intensität
ohne ein absorbierendes Medium ist. Bei Röhrenspannungen an der Röntgenröhre unter 1 MV ergibt sich für die Strahlenintensität I_o näherungsweise [101]:

$$I_o = \frac{K \, i \, Z \, U_R^a \, F}{4\pi e^2}$$

mit K und a als Konstanten,

$\quad$ i $\;$ = Röhrenstrom,

$\quad$ Z $\;$ = Ordnungszahl des Anodenmaterials,

$\quad U_R$ = Röhrenspannung,

$\quad$ F $\;$ = Bestrahlte Fläche auf dem Röntgenfilm,

$\quad$ e $\;$ = Abstand Röntgenfilm-Brennfleck.

Da von Röntgenaufnahme zu Röntgenaufnahme außer dem Röhrenstrom i alle
anderen Größen nicht verändert werden können oder nicht verändert werden
sollen, gilt:

$$\Delta \lg I = \Delta \lg I_o - \mu \Delta d \lg e = \Delta \lg i - \mu \Delta d \lg e$$

$$\text{mit:} \quad \Delta \lg I_o = \Delta \lg i$$

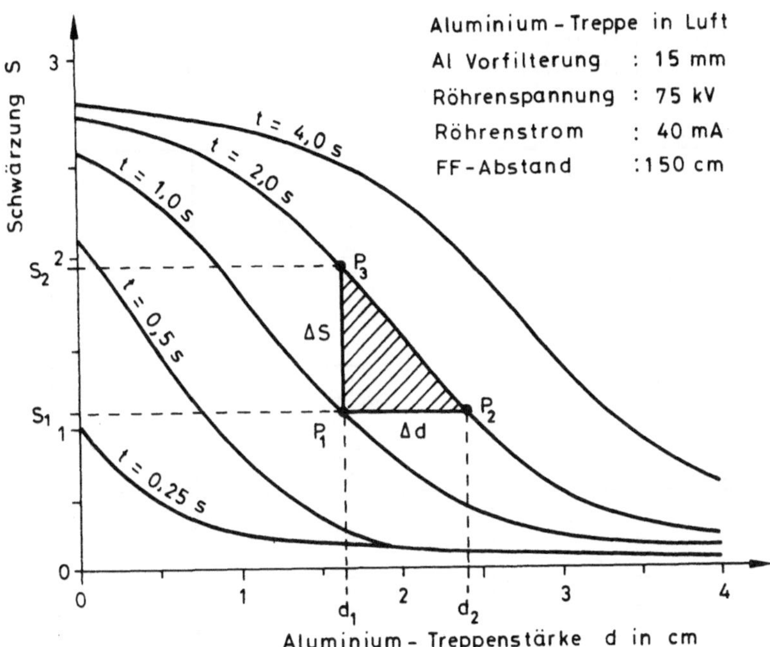

Abb. 3-6   Schwärzung S der Röntgenaufnahme in Abhängigkeit von der
Schichtdicke d einer Aluminiumtreppe in Luft für verschiedene Belichtungszeiten. Die Ordinatenwerte wurden ursprünglich in Spannungswertedes Densitometers aufgetragen und nach-
träglich die entsprechenden Schwärzungswerte an der Ordinate
angegeben. Da die Kennlinie des Densitometers nicht linear
ist, ist somit auch die Skaleneinteilung auf der Ordinate
nicht linear

Damit wird:

$$\Delta S = \gamma \left[\Delta \lg (it) - \mu \Delta d \lg e \right].$$

In dieser Gleichung ist die Schwärzungsänderung ΔS die abhängig Veränderliche; die Änderung des Logarithmus der der Strahlenmenge proportionalen Größe $\Delta \lg (it)$, die den Film belichtet und durch den
Röhrenstrom i und die Belichtungszeit t bestimmt wird, und die Änderung Δd der die Röntgenstrahlung absorbierenden Materialstärke sind
die unabhängig Veränderlichen. Werden Röntgenaufnahmen mit einer Aluminiumtreppe in Luft mit verschiedenen Belichtungszeiten bei konstantem
Röhrenstrom ausgewertet, so erhält man für jede Röntgenaufnahme eine
Schwärzungskurve, die zusammen in einem Kennlinienfeld dargestellt
werden, s. Abb. 3-6. Da für die einzelnen Kurven it konstant ist und
somit die Logarithmen herausfallen, wird die Gleichung zu:

$$\Delta S \bigg|_{it=const} = -\gamma \mu \Delta d \lg e.$$

Tab. 3-1. Gewinnung von Meßparametern aus der Schwärzungskurve des Röntgenfilms zur Bestimmung des μ des schwächenden Materials (Beispiel: Treppe in Luft) und des γ-Wertes. Bezeichnungen nach Abb. 3-6. Nähere Erklärungen siehe Text

	Weg auf der Kurve	Änderung der Schwärzung S	Änderung der Materialdicke d	Änderung der Strahlenmenge it	Steigung der Kurve
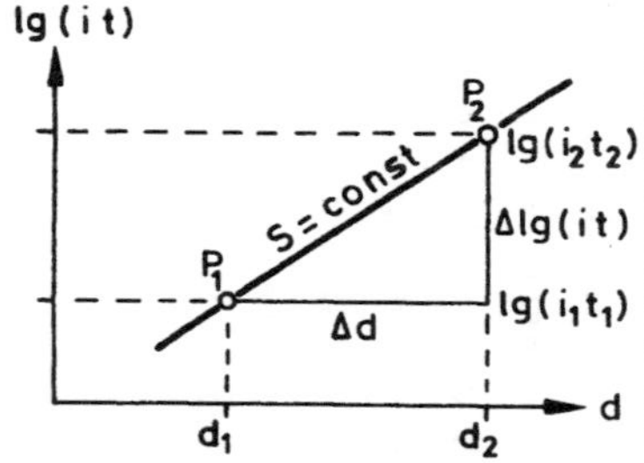	$P_1 \longrightarrow P_2$	konstant	nimmt zu	nimmt zu	$\dfrac{lg(i_2t_2)-lg(i_1t_1)}{d_2-d_1}\Bigg|_{S=const=S_1} = \mu\,lg\,e$
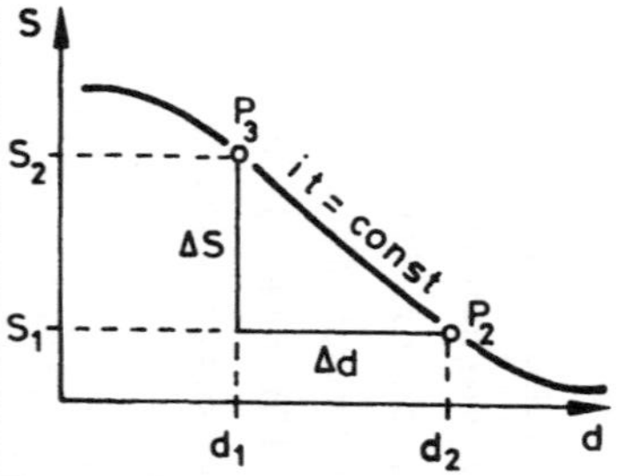	$P_2 \longrightarrow P_3$	nimmt zu	nimmt ab	konstant	$\dfrac{S_2-S_1}{d_2-d_1}\Bigg|_{it=const=i_2t_2} = -\gamma\mu\,lg\,e$
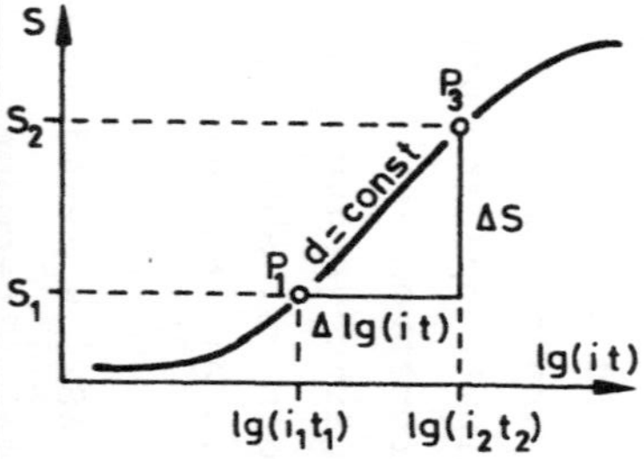	$P_3 \longrightarrow P_1$	nimmt ab	konstant	nimmt ab	$\dfrac{S_2-S_1}{lg(i_2t_2)-lg(i_1t_1)}\Bigg|_{d=const=d_1} = \gamma$

Die Steigung der Kurven in einem Punkt für eine vorgegebene Schwärzung oder die mittlere Steigung der Kurve für einen Kurvenabschnitt(d.h. ein Schwärzungsintervall) z.B. von P_2 nach P_3 , s. Abb. 3-6, beträgt dann:

$$\Delta S \Big|_{it=const.} = -\gamma\mu\Delta d \lg e.$$

Statt sich auf einer Kurve zu bewegen, kann man auch von Kurve zu Kurve entweder bei einer bestimmten Schwärzung (Abb. 3-6 von P_1 nach P_2) oder bei einer vorgegebenen Treppenstärke (von P_1 nach P_3) gehen und erhält dann insgesamt folgende Zusammenhänge (s. Abb. 3-6 und s. Tabelle 3-1).

1) von P_1 nach P_2. Dabei wird die Gleichung bei konstantem S zu:

$$\Delta \lg (it) \Big|_{S=const} = + \mu \, \Delta d \lg e$$

Daraus ergibt sich:

$$\frac{\Delta \lg(it)}{\Delta d} \Bigg|_{S=const} = + \mu \lg e$$

$$\text{bzw.:} \quad \frac{\Delta \ln (it)}{\Delta d} \Bigg|_{S=const} = + \mu$$

2) von P_2 nach P_3. Dabei wird die Gleichung bei konstantem it

$$\Delta S \Big|_{it=const} = -\gamma \, \mu \, \Delta \, d \lg e.$$

Daraus ergibt sich :

$$\frac{\Delta S}{\Delta d} \Bigg|_{it=const} = -\gamma \, \mu \lg e.$$

3) von P_3 nach P_1. Dabei wird die Gleichung bei konstantem d zu:

$$\Delta S \Big|_{d=const} = \gamma \, \Delta \lg (it).$$

Daraus ergibt sich:

$$\frac{\Delta S}{\Delta \lg(it)} \Big|_{d=const} = \gamma$$

So wie man die Werte μ, γ und $\gamma\mu$ aus dem Kennlinienfeld $S = f(d)$ mit dem der Strahlenmenge proportionalen Wert it als Scharparameter für vorgegebene Schwärzungswerte erhält, kann man auch die Kennlinienfelder $S = f(it)$ mit d als Scharparameter oder $\lg(it) = f(d)$ mit S als Scharparameter benutzen, s. Tabelle 3-1, und aus den entsprechenden Steigungen der Kurven die gesuchten Werte μ und γ entnehmen.
Das Produkt der drei Steigungen ergibt -1:

$$\frac{\Delta S}{\Delta \lg(it)} \Big|_{d=const} \cdot \frac{\Delta \lg(it)}{\Delta d} \Big|_{S=const} \cdot \frac{\Delta d}{\Delta S} \Big|_{it=const} = -1$$

Die auf die Filmschwärzung bezogene Schwächungskurve $S = f(d)$ und die Schwächungskurve $S = f(it)$ sind im Grunde genommen identische Kurven, deren Abszissenwerte sich nur im Vorzeichen und um einen Faktor unterscheiden, denn für die Steigung der Schwärzungskurve gilt:

$$\frac{\Delta S}{\Delta \lg(it)} = \gamma \; .$$

Bei der Auswertung einer Röntgenaufnahme sind über das ganze Bild die Belichtungszeit und der Röhrenstrom konstant. Dann ist:

$$\Delta \lg(It) \Big|_{it=const} = - \mu \, \Delta d \, \lg e$$

und damit:

$$\Delta \lg(It) \Big|_{it=const} = - const \cdot \Delta d \; .$$

Der Logarithmus $\lg (It)$ nimmt um einen kleinen Betrag $\Delta \lg(It)$ nach der oben beschriebenen Gleichung zu, wenn die Dicke d der absorbierenden Materie um einen kleinen Betrag Δd abnimmt. Das bedeutet: in Abb. 3-6 hätte die Aluminiumtreppenstärke d nach links, also nach negativer Richtung, aufgetragen werden müssen, dann wäre der Gleichung auch im Vorzeichen Genüge getan, und die Identität der Schwärzungskurve mit der Schwächungskurve $S = f(d)$ würde sofort sichtbar.

Die Kurve ist nicht, wie die Gleichung

$$\Delta S \Big|_{it=const} = - \gamma\, \mu\, \Delta\, d\, \lg e$$

vermuten läßt, eine Gerade, sondern wie bei der Schwärzungskurve "eine liegende S-Kurve", aber mit sehr kleinem, nahezu linearem Kurvenstück im Wendepunkt im Schwärzungsbereich ungefähr $S = 1,1$ bis $S = 2,0$.
Bei den bisherigen Berechnungen wie auch für die folgenden wird die Differenzengleichung, die sich aus der Steigung einer Kurve oder aus dem Abstand zweier Kurven ergibt, aus mehreren Gründen gewählt:

1. Die Kurven setzen sich aus vielen Meßwerten zusammen und bilden den Mittelwert aus den mit Fehlern behafteten Meßwerten. Die Kurven als Ausgangsmaterial für die Differenzen erlauben also, den Fehler möglichst klein zu halten.

2. Durch die Wahl genügend kleiner Differenzen bei polychromatischer Röntgenstrahlung ist gewährleistet, daß innerhalb dieses Differenzbereiches Verhältnisse wie bei monochromatischer Röntgenstrahlung vorliegen, so daß die Schwächungsgleichung für monochromatische Strahlung angewendet werden kann.

3. Die Schwärzungskurve einer Röntgenaufnahme ist weitgehend nichtlinear. Wird von einem genügend kleinen Kurvenabschnitt ausgegangen, so kann man erreichen, daß der Kurvenverlauf von dem der Tangente an diesem Kurvenbereich nur unterhalb eines vorgegebenen Fehlers abweicht. Innerhalb dieses Bereiches kann von linearen Verhältnissen ausgegangen und die Steigung oder Differenzengleichung reproduzierbar angewendet werden.

4. Werden mehrere Kurven miteinander verglichen oder zum Beispiel das Verhältnis ihrer Steigungen gebildet, so ist die Vorgeschichte bzgl. unterschiedlicher Vorfilterung oder Absorption, sofern nicht dadurch die Streustrahlenverhältnisse geändert wurden, durch die Differenzbildung uninteressant.

5. Durch die Differenzbildung fallen konstante Summanden heraus. Durch die Differenzbildung von Logarithmen kürzen sich konstante Größen heraus. Der mathematische Zusammenhang wird dadurch einfacher.

3.2.2 Physikalische Größen zusammengesetzter Materie

Röntgendensitometrische Untersuchungen wie auch dosimetrische Messungen in der Strahlentherapie erfordern eine möglichst genaue Gewebeäquivalenz des als Referenz benutzten Phantomkörpers. Derartige Referenzsysteme wie das in der vorliegenden Arbeit benutzte Hydroxylapatit-Palatal-Wasser-Referenzsystem sind daher häufig aus mehreren Komponenten zusammengesetzt. Auf der Grundlage der vorangehenden Darstellung der Bestimmung physikalischer Parameter der Röntgenstrahlung und der durchstrahlten Materie aus dem Röntgenfilm lassen sich für zusammengesetzte Referenzsysteme wie das Hydroxylapatit-Referenzsystem entsprechende Beziehungen darstellen und in gleicher Weise wie mit einfachen Substanzen Messungen durchführen.

Diese Darstellung ist als Basis der später durchgeführten Untersuchungen über den Einfluß der Strahlengeometrie und der Schwächungscharakteristik des Mehrkomponenten-Referenzsystems erforderlich.

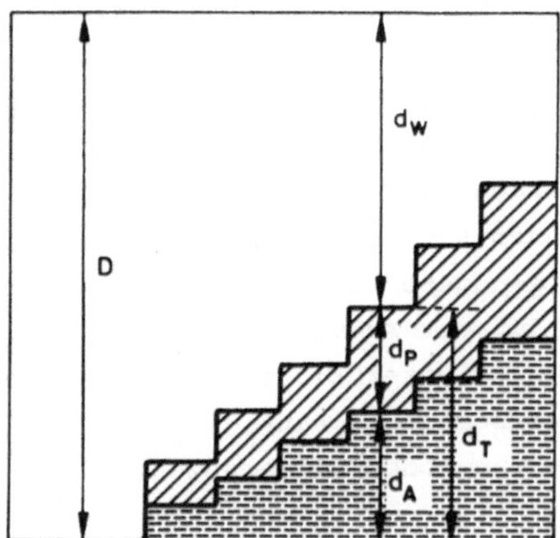

Abb. 3-7 Referenztreppe (d_T) aus Hydroxylapatit (d_A) und der Vergußmasse Palatal (d_P) (Abschn. 4.1.2) in Wasser (d_W). Gesamtschichtdicke $D = d_W + d_P + d_A = d_W + d_T$

Die Schwächung der Röntgenstrahlung durch die Hydroxylapatit-Palatal-Wasser-Schicht (Abb. 3-7) ist

$$I = I_o \cdot e^{-\mu_A d_A - \mu_P d_P - \mu_W d_W}$$

bzw. nach Umformung mit $d_W = D-d_T$ und $d_P = d_T-d_A$ (Abb. 3.7; A, P, W, T = Indices für Hydroxylapatit (= "Apatit"), Palatal, Wasser und Treppe)

$$I = I_o \cdot e^{-(\mu_A-\mu_P)d_A-(\mu_P-\mu_W)d_T-\mu_W D}$$

und mit $d_A = \dfrac{M_F}{\rho_A} = \dfrac{M \cdot d_T}{\rho_A}$ (M_F = Apatit-Flächenmasse in g/cm^2; M = Apatitgehalt g/cm^3; ρ_A = spezifische Masse des Apatit in g/cm^3)

$$I = I_o \cdot e^{-[(\mu_A-\mu_P)\frac{M}{\rho_A} + (\mu_P-\mu_W)]d_T-\mu_W D}$$

und nach Logarithmierung schließlich

$$lg\ I = lg\ I_o = \left\{ [(\mu_A-\mu_P)\frac{M}{\rho_A} + (\mu_P-\mu_W)]\ d_T+\mu_W D \right\} lg\ e.$$

Die Beziehung zwischen Filmschwärzung und Schwächung der Röntgenstrahlung durch das Hydroxylapatit-Palatal-Wasser-Referenzsystem ist:

$$\Delta S = \gamma \Delta\ lg\ (It) \qquad oder$$

$$\Delta S = \gamma\ [\Delta\ lg\ (i \cdot t) - \left\{ [(\mu_A-\mu_P)\frac{M}{\rho_A} + (\mu_P-\mu_W)]\ d_T+\mu_W D \right\} lg\ e]$$

bzw. mit $i \cdot t$ = konstant und damit $\Delta\ lg\ (i \cdot t) = O$:

$$\Delta S = -\ \Delta[\gamma\left\{ [(\mu_A-\mu_P)\frac{M}{\rho_A} + (\mu_P-\mu_W)]\ d_T+\mu_W D \right\} lg\ e]\ . \qquad (3.6)$$

In erster Linie interessiert hier die Abhängigkeit der Filmschwärzung von dem Hydroxylapatitgehalt M, d. h. $S = f(M)$ bzw. $\Delta S = S_2-S_1 = f(\Delta M) = f(M_2-M_1)$. Bei konstantem $i \cdot t$ (und, wie stets bisher, selbstverständlich auch konstanter Röhrenspannung) ist dann nach Gleichung 3.6

Tab. 3-2 Bestimmung physikalischer Parameter aus der Schwärzung des Röntgenfilms. Mit den Meßgrößen Schwärzung S, i·t in mAsec (bei konstanter Röhrenspannung) und Materialmenge d oder M können bei funktioneller Abhängigkeit zweier Größen mit der dritten als Scharparameter aus den Kurvensteigungen folgende Größen bestimmt werden (S = Schwärzung, i = Röhrenstrom, t = Belichtungszeit, i·t = der Strahlenmenge proportionale Größe, M = Apatitgehalt, d = Materialdicke, γ = Gradation, μ = Schwächungskoeffizient, A = Hydroxylapatit, P = Palatal, T = Treppe, W = Wasser):

	$\left.\dfrac{\Delta S}{\Delta \lg(it)}\right|_{d=const}$	$\left.\dfrac{\Delta S}{\Delta d}\right|_{\substack{it=const\\M=const}}$ oder: $\left.\dfrac{\Delta S}{\Delta M}\right|_{\substack{it=const\\d=const}}$	$\left.\dfrac{\Delta \ln(it)}{\Delta d}\right|_{\substack{S=const\\M=const}}$ oder: $\left.\dfrac{\Delta \ln(it)}{\Delta M}\right|_{\substack{S=const\\d=const}}$
Treppe in Luft	$\left.\dfrac{\Delta S}{\Delta \lg(it)}\right|_{d=const} = \gamma$	$\left.\dfrac{\Delta S}{\Delta d}\right|_{it=const} = -\gamma\,\mu_T\,\lg e$	$\left.\dfrac{\Delta \ln(it)}{\Delta d}\right|_{S=const} = \mu_T$
Treppe in Wasser	$\left.\dfrac{\Delta S}{\Delta \lg(it)}\right|_{d=const} = \gamma$	$\left.\dfrac{\Delta S}{\Delta d}\right|_{it=const} = -\gamma(\mu_T-\mu_W)\,\lg e$	$\left.\dfrac{\Delta \ln(it)}{\Delta d}\right|_{S=const} = (\mu_T-\mu_W)$
Referenz – Treppe aus Hydroxyl-Apatit und Palatal in Luft	$\left.\dfrac{\Delta S}{\Delta \lg(it)}\right|_{d=const} = \gamma$	$\left.\dfrac{\Delta S}{\Delta d}\right|_{\substack{it=const\\M=const}} = -\gamma\left[(\mu_A-\mu_P)\dfrac{M_A}{g_A}+\mu_P\right]\lg e$ $\left.\dfrac{\Delta S}{\Delta M}\right|_{\substack{it=const\\d=const}} = -\gamma(\mu_A-\mu_P)\dfrac{d_T}{g_A}\,\lg e$	$\left.\dfrac{\Delta \ln(it)}{\Delta d}\right|_{\substack{S=const\\d=const}} = (\mu_A-\mu_P)\dfrac{M_A}{g_A}+\mu_P$ $\left.\dfrac{\Delta \ln(it)}{\Delta M}\right|_{\substack{S=const\\d=const}} = (\mu_A-\mu_P)\dfrac{d_T}{g_A}$
Referenz – Treppe aus Hydroxyl-Apatit und Palatal in Wasser	$\left.\dfrac{\Delta S}{\Delta \lg(it)}\right|_{d=const} = \gamma$	$\left.\dfrac{\Delta S}{\Delta d}\right|_{\substack{it=const\\M=const}} = -\gamma\left[(\mu_A-\mu_P)\dfrac{M_A}{g_A}+(\mu_P-\mu_W)\right]\lg e$ $\left.\dfrac{\Delta S}{\Delta M}\right|_{\substack{it=const\\d=const}} = -\gamma(\mu_A-\mu_P)\dfrac{d_T}{g_A}\,\lg e$	$\left.\dfrac{\Delta \ln(it)}{\Delta d}\right|_{\substack{S=const\\M=const}} = (\mu_A-\mu_P)\dfrac{M_A}{g_A}+(\mu_P-\mu_A)$ $\left.\dfrac{\Delta \ln(it)}{\Delta M}\right|_{\substack{S=const\\d=const}} = (\mu_A-\mu_P)\dfrac{d_T}{g_A}$

$$S_2 = -\gamma\{[(\mu_A-\mu_P)\frac{1}{\rho_A}M_2 + (\mu_P-\mu_W)]\,d_T+\mu_W D\}\,\lg e + K$$

$$(-)S_1 = -\gamma\{[(\mu_A-\mu_P)\frac{1}{\rho_A}M_1 + (\mu_P-\mu_W)]\,d_T+\mu_W D\}\,le e + K$$

$$\Delta S = -\gamma(\mu_A-\mu_P)\frac{d_T}{\rho_A}\cdot\Delta M\,\lg e \qquad\qquad bzw.$$

$$\left.\frac{\Delta S}{\Delta M}\right|_{\substack{i\cdot t=const\\ d\,=const}} = -\gamma(\mu_A-\mu_P)\frac{d_T}{\rho_A}\cdot\lg e\,. \qquad\qquad (3.7)$$

Die Ableitung der sich aus der Durchstrahlung der Hydroxylapatit-Referenztreppe ergebenden Beziehungen in Tab. 3-2 beruht auf Prinzipien, die bereits für die Gleichung 3.7 angewandt wurden und auf deren erneute Darstellung daher hier verzichtet werden kann.

3.2.3 Auswertung einer Röntgenaufnahme

Um zu reproduzierbaren Werten zu kommen, ist es sinnvoll, mit Treppen oder Keilen bekannter Materialien zu arbeiten. Bei unseren Messungen wurden Treppen der besseren Reproduzierbarkeit wegen verwendet. Bei der Auswertung einer Röntgenaufnahme gibt es nur eine graphische Darstellungsart und zwar S = f(d) für jedes Material. Die Steigung dieser Kurven ergibt mit

$$\frac{\Delta S}{\Delta d} = -\gamma\,\mu\,\lg e\,,$$

eine Gleichung mit zwei Unbekannten: μ und γ. γ kann eliminiert werden, wenn Treppen zweier verschiedener Materialien, hier A und B genannt, benutzt werden (Abb. 3-8, Bild 1 und 2). Bei gleichem ΔS an derselben Stelle S kann durch Division γ eliminiert werden, und man erhält:

$$\frac{\Delta d_A}{\Delta d_B} = \frac{\mu_B}{\mu_A} .$$

Es wäre naheliegend, die Dicke der beiden Materialien zu bestimmen, die dieselbe Schwärzung hervorrufen, dann wäre, siehe Abb. 3-9,

$$\frac{d_A}{d_B} = \frac{\mu_B}{\mu_A} .$$

Diese Überlegung ist nur richtig, wenn die in die beiden Materialien einfallende Intensität I_o an beiden Stellen identisch ist (auch in Bezug auf spektrale Zusammensetzung, Primär- und Streustrahlung). Ist das nicht der Fall, zum Beispiel wegen unterschiedlicher Entfernung von der Röntenquelle und damit auch unterschiedlicher Absorptionsweglänge in Material und Vorfilterung, muß auf die Differenzengleichung zurückgegriffen werden. Aber auch hier muß die spektrale Zusammensetzung der beiden Materialien bei der Schwärzung S (der Primärstrahlung d Streustrahlung (Sekundärstrahlung)) dieselbe sein. Unter dieser Voraussetzung ist die Differenzengleichung für eine Schwärzung S_j und damit die Steigung der Kurve unabhängig von der "Vorgeschichte" der Röntgenstrahlung.

$$\frac{\mu_B}{\mu_A} \text{ und damit } \frac{d_A}{d_B}$$

kann bei bekannten Materialien aus Tabellen für μ_A und μ_B errechnet werden (Bild 3).

Daraus kann μ_A und μ_B bestimmt (Bild 4 und 6) werden und damit $\mu = f(S)$ (Bild 5 und 7) dargestellt werden. Da $S = f(d)$ ist, und μ wegen der Aufhärtung der polychromatischen Strahlung mit zunehmendem d bei kleineren S-Werten abnimmt, nimmt μ in der Kurve 5 mit zunehmendem S zu. Das Ansteigen von μ bei kleinen und bei großen S-Werten gibt die Grenzen des Meßbereiches für μ an.

In Bild 8 ist γ im Maximum über einen weiten Schwärzungsbereich nahezu konstant. Daher ist dies der günstigste Arbeitspunkt für Röntgen-

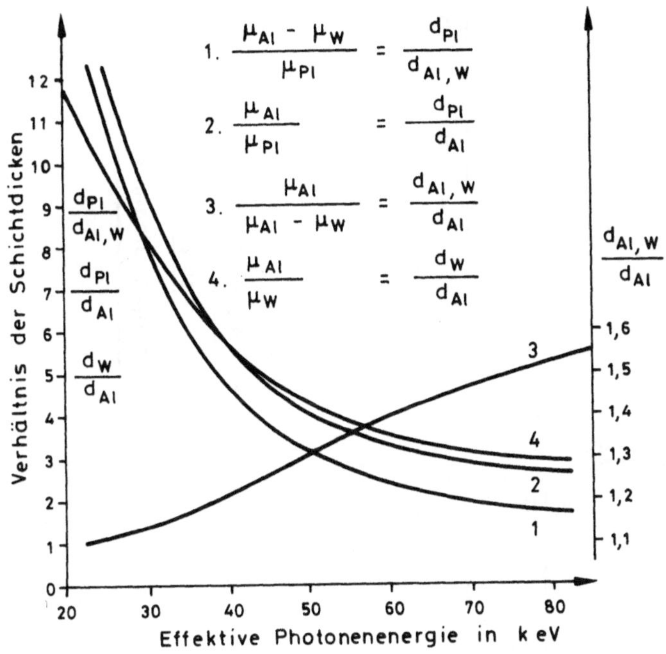

Abb. 3-9   Beziehung zwischen den Verhältnissen der Schichtdicken d verschiedener Stoffe (Ordinaten) und E_{eff} (Abszisse) bei gleicher Filmschwärzung (gleicher Strahlenabsorption) derselben einfach belichteten Röntgenaufnahme (i·t und Röhrenspannung konstant)

aufnahmen, die densitometrisch ausgewertet werden sollen. Ist γ in Abhängigkeit von der Schwärzung S bekannt (Bild 8), kann bei einer Treppe unbekannter Materie (Bild 9) das Unbekannte μ_L bestimmt werden (Bild 10).

Ist die Strahlenhärte E_{eff} der Röntgenstrahlung bekannt, so kann man den unbekannten Schwächungskoeffizienten μ_x eines Materials bestimmen, indem man einen Probekörper mit dem unbekannten Schwächungskoeffizienten μ_x aber der bekannten Schichtdicke d_x durch gemeinsames Abbilden auf einer Röntgenaufnahme mit einem Referenzsystem mit bekanntem Schwächungskoeffizienten μ_T in Schwärzungsgleichheit mit der Treppe bringt. Ist der Probekörper mit der Schichtdicke d_x in Schwärzungsgleichheit mit der Treppe bei der Treppenstärke d_T, so erhält man für den unbekannten Schwächungskoeffizienten μ_x :

$$\mu_x = \mu_T \frac{d_T}{d_x} \; .$$

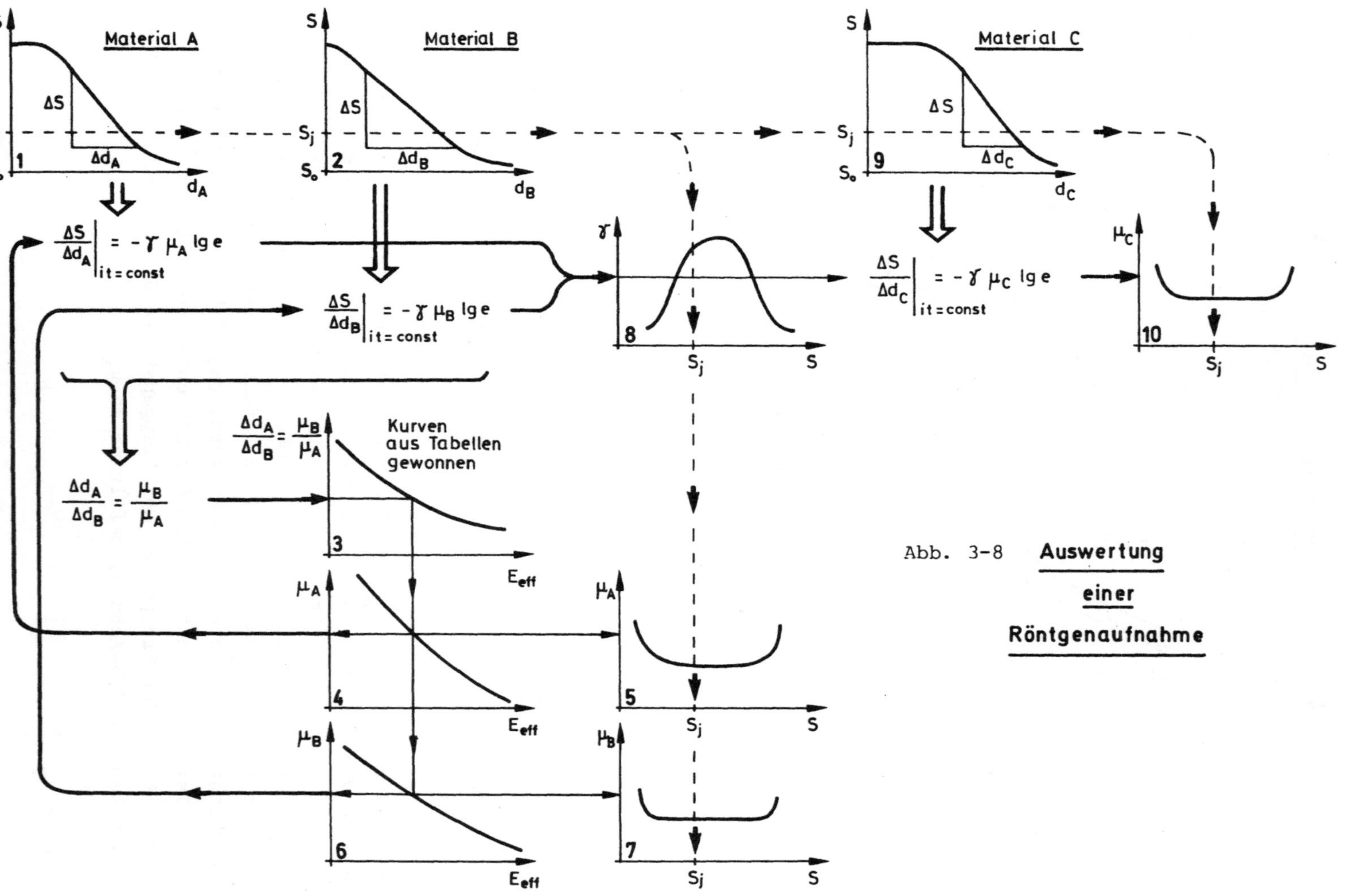

Abb. 3-8 **Auswertung einer Röntgenaufnahme**

3.2.4 Auswertung mehrerer Röntgenaufnahmen

Die Auswertung mehrerer Röntgenaufnahmen ist sinnvoll, wenn mehrere
Röntgenaufnahmen der gleichen Anordnung mit verschiedenen it bei gleicher Röhrenspannung aufgenommen worden sind. Die sich daraus ergeben-
de Kennlinienschar mit der Belichtungszeit t oder der Röntgenstrahlenmenge (charakterisiert durch it in mAs) als Scharparameter ist in
Bild 1 der Abb. 3-10 wiedergegeben. Diese Kurvenschar läßt sich auf
verschiedene Arten mit unterschiedlichem Ergebnis auswerten:
Wird aus Bild 2 bei konstantem d, hier mit d_1 bezeichnet, die Differenz
der Schwärzung ΔS zweier Kurven mit unterschiedlichem it, mit der Differenz Δ lg (it) aus zwei Röntgenaufnahmen bestimmt, so erhält man:

$$\left. \frac{\Delta S}{\Delta \text{ lg (it)}} \right|_{d=const} = \gamma \ ,$$

wobei mit Δ lg (it) = lg $(i_2 t_2)$ - lg $(i_1 t_1)$ = lg $\dfrac{i_2 t_2}{i_1 t_1}$ und $i_2 = i_1$ und
$t_2 = at_1$ folgt: Δ lg (it) = lg a.

Wird die Belichtungszeit verdoppelt, d. h. a = 2, so ist

$$\gamma = \left. \frac{\Delta S}{\text{lg } 2} \right|_{d=const}$$

Die tatsächlichen Belichtungszeiten entsprechen nicht immer exakt den
auf dem Röntgengerät angegebenen Zeiten. Unterscheiden sich die Belichtungszeiten t_1 und t_2 nur geringfügig, so kann durch die Abweichungen der auf dem Gerät eingestellten von den tatsächlichen Werten
der Fehler von a groß werden. Mit der Wahl einer einfachen und doppelten Belichtungszeit kann erwartet werden, daß der Fehler klein ist.
Die doppelte Belichtungszeit mit dem kleinsten Fehler wird erreicht,
wenn die Belichtungszeit t_1 zweimal gegeben wird. Dann ist nur noch
ein Einfluß durch unterschiedliche Röhrenspannung bei unregelmäßiger
Spannungsversorgung gegeben.
Der Einfluß des Fehlers von t_1 und t_2 auf a:

$$\text{lg } \frac{i_2 t_2}{i_1 t_1} \underset{i_2=i_1}{=} \text{lg } \frac{t_2}{t_1} = \text{lg } \frac{at_1+\Delta t}{t_1} = \text{lg } \left(a + \frac{\Delta t}{t_1} \right)$$

$$= \text{lg a} + \text{lg } \left(1 + \frac{\Delta t}{at_1} \right) = \text{lg e } \left[\text{ln a} + \text{ln } \left(1 + \frac{\Delta t}{at_1} \right) \right]$$

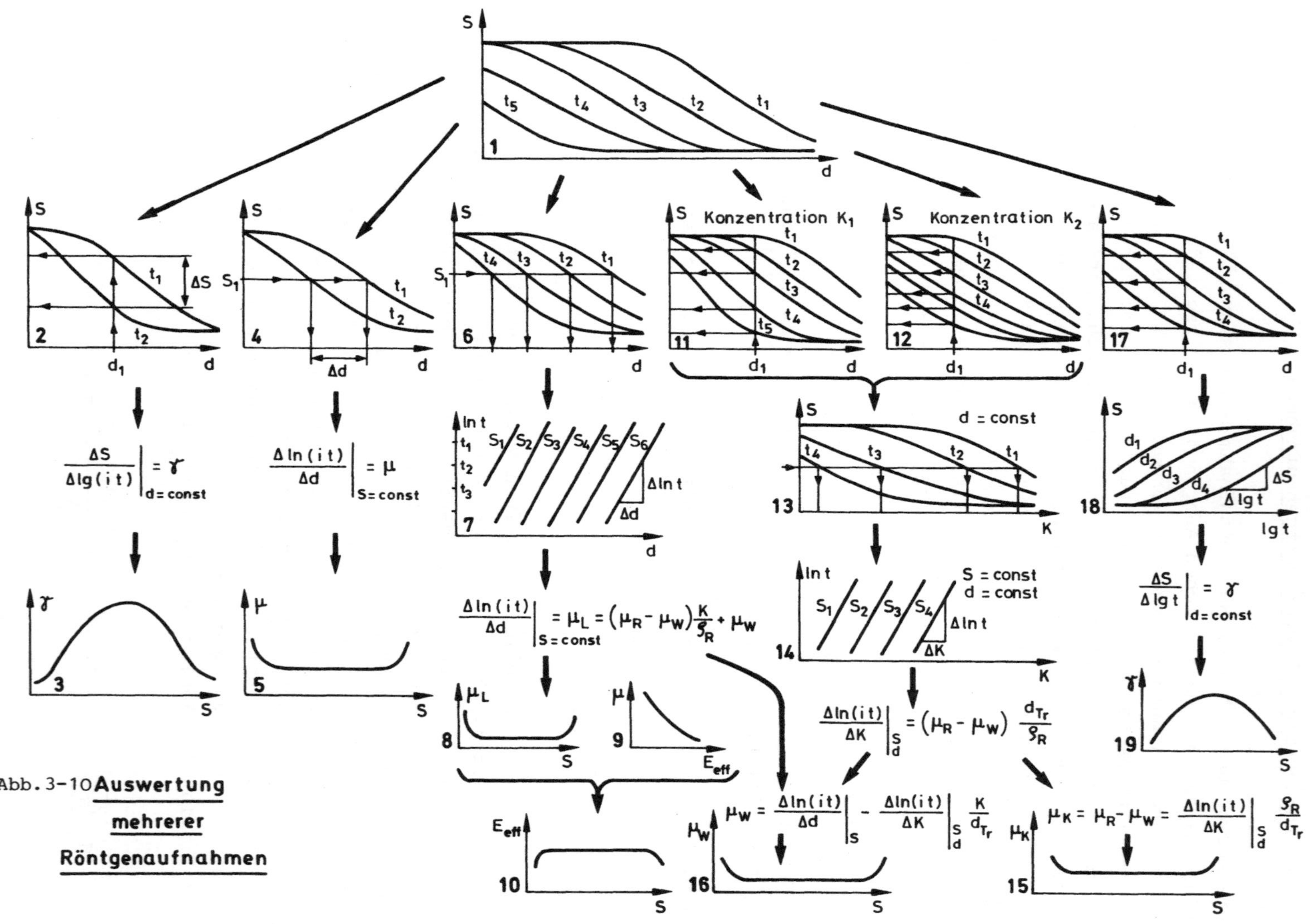

Abb. 3-10 **Auswertung mehrerer Röntgenaufnahmen**

mit $\lg a = \ln a \cdot \lg e$

$$\ln (1+x) = x - \frac{x^2}{2} + \frac{x^3}{3} - \frac{x^4}{4} + - \cdots$$

$$= \lg e \left(\ln a + \frac{\Delta t}{a t_1} \right) .$$

Je mehr sich t_2 an t_1 annähert, um so mehr nähert sich a dem Wert 1 und damit $\ln a$ dem Wert O. Also wird der Faktor von $\ln a$, bestimmt durch $\frac{\Delta t}{a t_1}$, größer.

Beispiel: $t_2 = 1,1\ t_1$, mit $t_1 = 1$ sec, $\Delta t = 0,1$ sec

$$\lg \frac{i_2 t_2}{i_2 t_1} = \lg e\left(\ln 1,1 + \frac{\pm 0,1}{1,1 \cdot 1}\right) = \lg e(0,1 \pm 0,1) .$$

Ein Fehler von 10 % für t_2 führt also zu einem Fehler von 100 % für $\ln a$. Diese Betrachtungen sind bei der Gewinnung von γ zu berücksichtigen.

Wird aus Bild 4 bei einer bestimmten Schwärzung S, hier mit S_1 bezeichnet, die Differenz Δd der Treppenstärke zweier Kurven mit unterschiedlicher mAsec aus zwei Röntgenaufnahmen graphisch bestimmt, so erhält man:

$$\left. \frac{\Delta \ln (it)}{\Delta d} \right|_{S=const} = \mu \quad \text{Treppe in Luft.}$$

Für verschiedene Schwärzungen erhält man Bild 5. Geht man, wie in Bild 6, von einer Kurvenschar aus, so erhält man für $S = const = S_1$ für jede mAsec-Kurve ein d aus dem Schnittpunkt der Geraden $S = const$ mit den einzelnen Kurven für verschiedene mAsec der Kurvenschar. Trägt man den natürlichen Logarithmus der mAsec gegen d auf, so erhält man die Kurvenschar Nr. 7. Aus der Steigung dieser Kurve erhält man:

$$\left. \frac{\Delta \ln (it)}{\Delta d} \right|_{S=const} = \mu \quad \text{Treppe in Luft.}$$

Für eine Treppe aus zwei Komponenten, zum Beispiel Apatit μ_A in Kunststoff μ_p gilt:

$$\left.\frac{\Delta \ln (it)}{\Delta d}\right|_{S=const} = \mu_q' = (\mu_A - \mu_q)\,\frac{M}{\rho_{it}} + (\mu_p - \mu_W)$$

Treppe in Wasser

und

$$\left.\frac{\Delta \ln (it)}{\Delta d}\right|_{S=const} = \mu_q = (\mu_A - \mu_p)\,\frac{M}{\rho_{it}} + \mu_p$$

Treppe in Luft

mit μ_q und $\mu_q' = \mu_q - \mu_W$ dem Schwächungs-Koeffizienten des Stoffgemisches. Für Röntgenkontrastmittel μ_R, in Wasser μ_W gelöst mit der Konzentration K, in eine Treppenform gebracht, ergibt

$$\left.\frac{\Delta \ln (it)}{\Delta d}\right|_{S=const} = \mu_L = (\mu_R - \mu_W)\,\frac{K}{\rho_K} + \mu_W$$

Treppe in Luft.

Die Steigung der Kurve in Bild 7 ergibt den Schwächungskoeffizienten der Röntgenkontrastmittellösung μ_L und ist in Bild 8 gegen den Schwächungskoeffizienten aufgetragen. Sind die Schwächungskoeffizienten der Bestandteile bekannt, kann der Schwächungskoeffizient μ_L in Abhängigkeit von der Energie der Röntgenstrahlung E_{eff} errechnet werden (Bild 9). Aus Bild 8 und Bild 9 erhält man Bild 10.

Hat man auf einer Aufnahmeanordnung mehrere Treppen unterschiedlicher Konzentration K und fertigt hiervon Röntgenaufnahmen mit verschiedenen mAsec an, so erhält man Bild 11 und Bild 12 für verschiedene Konzentrationen und Belichtungszeiten. Geht man in alle (hier zwei) Kurvenscharen für die verschiedenen Konzentrationen (hier zwei) mit demselben d (d=const) und trägt die Schwärzungswerte S in Abhängigkeit von der Konzentration K auf, so erhält man die Kurvenschar in Bild 13. Trägt man für jedes S den ln t gegen K auf, so erhält man die Kurvenschar in Bild 14.

Die Steigung der Kurven in Bild 14 beträgt:

$$\left.\frac{\Delta \ln (it)}{\Delta K}\right|_{\substack{S=const \\ d=d_1=const}} = (\mu_R - \mu_W)\,\frac{d_{Tr}}{\rho_R} \ .$$

Der Anteil des Röntgenkontrastmittels mit dem Schwächungs-Koeffizienten μ_p in Wasser (μ_W) gelöst ergibt einen Schwächungskoeffizienten

$$\mu_K = \mu_R - \mu_W = \left.\frac{\Delta \ln (it)}{\Delta K}\right|_{\substack{S=const \\ d=d_1=const}} \cdot \frac{d_{Tr}}{\rho_R}$$

in Bild 15.
Die Gleichung

$$\left.\frac{\Delta \ln (it)}{\Delta K}\right|_{\substack{S=const \\ d=d_1=const}} = (\mu_R - \mu_W)\,\frac{d_{Tr}}{\rho_R}$$

stellt einen Teil der Gleichung

$$\left.\frac{\Delta \ln (it)}{\Delta d}\right|_{S=const} = \mu_L = (\mu_R - \mu_W)\,\frac{K}{\rho_R} + \mu_W$$

dar, die zur Umrechnung der Kurve aus Bild 7 in die aus Bild 8 bzw. 9 benutzt wurde. Nach Auflösen nach μ_W und Einsetzen erhält man:

$$\mu_W = \left.\frac{\Delta \ln (it)}{\Delta d}\right|_{S=const} - \left.\frac{\Delta \ln (it)}{\Delta K}\right|_{\substack{S=const \\ d=const}} \cdot \frac{K}{d_{Tr}} \ ,$$

wie in Bild 16 dargestellt. Die Differenzenquotienten sind die Steigungen der Kurven in den Bildern 7 und 14, und die Konstante K ist diejenige Größe, für die die Kurven der Bilder 6 und 7 berechnet worden sind. Die Größe d_{Tr} ist diejenige Größe, die in Bild 13 und 14 als Konstante Voraussetzung ist: $S = f(K)$ bei konstantem d_{Tr}. Entweder kann man aus dem Schwächungskoeffizienten des Lösungsmittels, wenn dessen Schwächungskoeffizient, z. B. wie bei Wasser, tabuliert ist, die effektive Strahlenhärte bestimmen, oder man kann sie, wenn der Schwächungskoeffizient des Lösungsmittels unbekannt ist, auf diesem Wege bestimmen.

Wie bei Bild 2 kann γ auch graphisch bestimmt werden, wenn die Kurven-schar sehr groß ist, wie in Bild 17. Bei konstantem d werden für die einzelnen t-Werte die S-Werte bestimmt und in ein Korrdinatensystem eingetragen, Bild 18. Die Steigung der Kurven ergibt γ:

$$\left. \frac{\Delta S}{\Delta \lg (it)} \right|_{d=const} = \gamma \; .$$

Führt man die Bestimmung für verschiedene S durch, so erhält man die Kurve in Bild 19.

4 Meßtechnische Grundlagen

4.1 Referenzsysteme

4.1.1 Aluminium- und Plexiglastreppen

Zur Durchführung von methodischen Voruntersuchungen wurden Aufnahmen
mit Treppen aus folgenden Materialien angefertigt:
Aluminium (Qualität "rein": Al 99.5 %, Si 0.3 %, sonstige Beimengungen
0.03 % Gewichtsanteil) mit den Stufenhöhen (gerechnet von der Grundfläche der Treppe) in mm (± 0,05 mm):
a) 2, 5, 8, 11, 14, 17, 20, 25, 30, 35, 40; Oberfläche je Stufe 20 x 15
   mm ("Trittfläche")
b) 0.5, 1, 2, 3, 5, 7; 15 x 15 mm
c) 1, 2, 4, 7, 10; 20 x 20 mm
Plexiglas (industriell) mit den Stufenhöhen (in mm) 5, 10, 20, 30, 40
und 60.

Aluminium wurde gewählt, weil seine Stoffkonstanten wie Schwächungskoeffizient und Masse-Volumen-Verhältnis in der Nähe der Stoffkonstanten der Phantomkörpersubstanzen Wasser und Plexiglas wie auch des Knochens liegen. Entscheidend war auch, daß für diese Substanzen die Beziehung zwischen Schwächungskoeffizient und Photonenenergie in Tabel-
lenwerken veröffentlicht ist.

4.1.2 Hydroxylapatit-Referenzsystem

Zur densitometrischen Mineralgehaltsbestimmung der Spongiosa wurde ein
Referenzsystem nach HEUCK & SCHMIDT [89, 90, 91] von der Firma Walter
Schönfeld (D-7302 Ostfildern 2 Nellingen) bezogen. Nach Hersteileran-
gaben besteht das Referenzsystem aus Hydroxylapatit (Chemische Fabrik
Kalk, 5 Köln-Kalk), das in Pulverform einem formgebenden ungesättigten
Polyesterharz (Palatal^R, BASF Ludwigshafen) als Trägermasse gleichmäßig
in drei verschiedenen Gehaltsstufen von 130, 260 und 380 (in mg/cm^3)
beigemischt ist. Das System ist in Anpassung an die variierenden
Schichtdicken und Mineralflächenmassen der knöchernen Untersuchungsobjekte in Treppenform mit drei selbständigen, miteinander verbundenen
Treppen zu 6 Stufen, den drei Mineralgehalten entsprechend ausgebil-
det (Abb. 4.1).

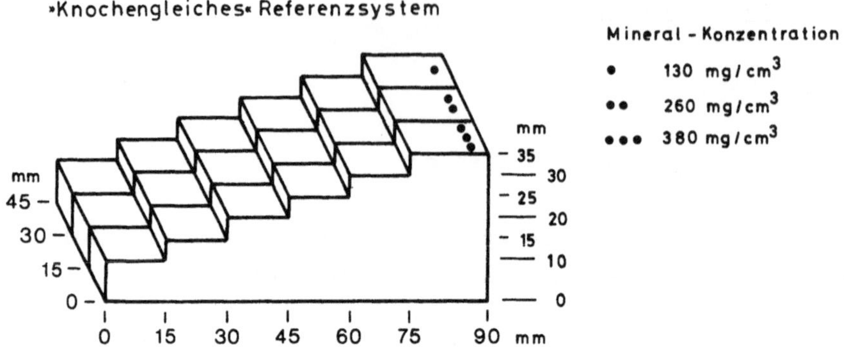

Abb. 4-1   Hydroxylapatit-Referenzsystem

Die Angaben des Mineralgehalts für das Referenzsystem in mg Hydroxyl-
apatit/cm^3 Referenzkörper beruhen nach Analysen durch das Institut
für Angewandte Chemie in Stuttgart-Feuerbach auf der Bestimmung des
Calciumgehalts in den drei Stufen. Der Calciumanteil des Hydroxylapatits $(Ca_{10}(PO_4)_6(OH)_2)$ wurde mit 40 % freigesetzt und hieraus der Hydroxylapatitgehalt errechnet.

Bei unseren Messungen wurde das Referenzsystem hinsichtlich seiner spezifischen Masse, seines Mineralaschegehalts einschließlich einer dif-
fraktometrischen Analyse sowie des Calciumgehaltes (Mikrosonde) analysiert.

4.2   Röntgengerät und Aufnahmebedingungen

Zur Anfertigung der Röntgenaufnahmen wurde das serienmäßige Gerät
Siremobil 2 S benutzt (fahrbare Bildverstärker-Fernseheinrichtung für
Durchleuchtung sowie für Dokumentationsaufnahmen; Siemens AG Erlangen).
Da die Aufnahmeeinrichtung des Gerätes sich wegen des feststehenden Fokus-Film-Abstandes von 88 cm sowie der schlechten experimentellen Ar-
beitsmöglichkeit mit dem waagerechten C-Bogen als ungeeignet erwies,
wurde das Röntgenröhrenschutzgehäuse (Strahlenerzeugerkessel) mit ein-
gebauter Röntgenröhre SR 90/10/35 vom Gerät abgenommen und auf einem
schienenartigen Gestell befestigt, auf dem ein stufenlos verstellbarer

Schlitten mit Objekttisch und Kassetten- und Streustrahlenrasterhalterung die Wahl eines beliebigen Fokus-Film-Abstandes bis zu 160 cm ermöglichte. Die Röntgenröhre (Stehanodenröhre, Fokusgröße 1.4 mm x 1.4 mm) wurde über den vom Netz gespeisten Generator (Zweipulsgenerator Sirephos) über einen mit der Röntgenröhre in Reihe geschalteten Gleichrichter betrieben (Vollweggleichrichtung oder Graetzsche Schaltung), d. h. die Welligkeit des Gleichstroms betrug noch 100 % (vgl. JENSEN 1965, l. c. p. 47). Die für die Aufnahmen benutzten Spitzenspannungen betrugen 60 und 90 kV mit fest zugeordnetem Strom von 50 bzw. 30 mA. Die Expositionszeit war in Abstufungen frei wählbar. Neben der serienmäßigen Vorfilterung von 3 mm Aluminium wurde durch Vorsetzen von Aluminiumplatten mit Filterungen bis zu insgesamt 21 mm Aluminium gearbeitet (Aluminium der Qualität AL Cu Mg 1 mit Cu 2.55 %, Mg 1 % und Mn 1 % Gewichtsanteil). Als Streustrahlenraster wurde ein Siemens Focus-Raster Pb 12/40 für einen Fokussierungsabstand von 150 cm benutzt (bei 24 cm Filmbreite anwendbar für Fokus-Filmabstände von 118 bis 226 cm). Als Filmmaterial wurde Du Pont Cronex 4 X-Ray Screen Film Blue Base 18 x 24 cm verwendet (Du Pont de Nemours, Photo Products Department, Frankfurt/Main) in einer Kassette mit den hochverstärkenden Verstärkerfolien Siemens Titan HS Vorder- und Rückfolie (Leuchtstoff Lanthan-Oxibromid LaOBr), siehe Abb. 4-2.

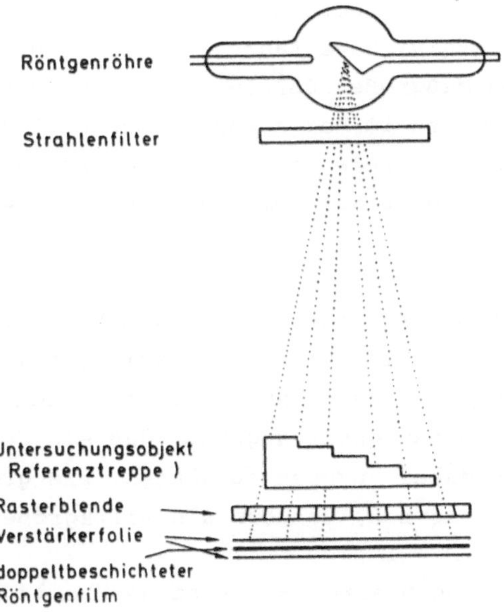

Abb. 4-2   Schematische Darstellung der wesentlichen Teile zur Herstellung einer Röntgenaufnahme

Die exponierten Filme wurden ohne Verzug in einer automatischen Walzenentwicklungsmaschine (Kodak RP x-Omat M 6) bei konstanter Temperatur, Zusammensetzung von Entwickler und Fixierbad sowie konstanter Entwicklungszeit einschließlich Wässerung und Trocknung entwickelt.

4.3 Anforderung an die Meßapparatur

Das von uns verwendete Densitometer war eine Anlage, die es ermöglichte, die Grundlagen einer Röntgenbildentstehung und einer Röntgenbildauswertung eindeutig zu erfassen und exakt, d. h. mathematisch, zu beschreiben, um eine spätere Routineauswertung unter Berücksichtigung aller Gegebenheiten eines Röntgenbildes zu ermöglichen. Dazu sind bezüglich der Messung folgende Überlegungen notwendig:

1. Absolutmessungen sind schwer durchzuführen, da in die Messungen viele veränderliche Parameter der Meßanordnung eingehen, wie Temperaturkoeffizient der Bausteine der Meßanordnung, Inkonstanz der Versorgungsspannung, fehlende Langzeitkonstanz (Alterung) der Bausteine usw. Aus diesen Gründen werden Absolutmessungen nur da durchgeführt, wo relative Verfahren zu ungenau sind, wie bei Fundamentalbestimmungen, z. B. Bestimmung der elektrischen Spannung aus mechanischen Größen wie cm, gr und sec. durch die elektrostatische Waage.
2. Relative Messungen (Vergleichsverfahren) beziehen sich auf bekannte Bezugswerte derselben Meßgröße. Der in seinem Maß unbekannte Gegenstand wird in Beziehung zu im Maß bekannten gesetzt (z. B. Balkenwaage). Dadurch entfallen viele veränderliche Größen der Meßanordnung. (Die Balkenwaage zeigt auf dem Mond denselben Wert an wie auf der Erde).

Die absolute Genauigkeit bei relativen Messungen hängt von der Genauigkeit des Referenzsystems ab. Die relative Genauigkeit kann dagegen um Zehnerpotenzen besser sein. So kann man z. B. mit einem ungenauen Bandmaß mit großer relativer Genauigkeit angeben, daß ein Gegenstand größer als der andere ist, ohne dabei angeben zu können, wie groß er ist. Das Bandmaß dient hier nicht als Maß, sondern als Hilfsgröße.

Für die folgenden Auswertungen sind nachstehende Überlegungen zu berücksichtigen:
1. Bei der photometrischen Ausmessung der Filme sind keine absoluten

Schwärzungsangaben notwendig, sondern relative Angaben sind ausreichend.

2. Das Meßgerät soll kalibriert werden können (über den Bezugspunkt).
3. Einfache Berechenbarkeit der relativen Anzeige soll gegeben sein.
4. Das Meßgerät soll möglichst keine eigenen Fehler dem Meßergebnis hinzufügen, d. h. die Fehler des Meßgerätes müssen wesentlich kleiner als die geforderten Fehlergrenzen sein.
5. Das Meßverfahren soll leicht durchschaubar und einfach in der Handhabung sein, damit Fehler bei der Durchführung vermieden werden. Auf Schnelligkeit kommt es bei dieser Grundlagenarbeit nicht an.
6. Die Meßanordnung soll aus wenigen Bausteinen bestehen, da jeder Baustein eine Fehlerquelle darstellen kann.

Alle diese Bedingungen werden durch Photowiderstände in einer Wheatstoneschen Brücke erfüllt. Es werden hier nur äußerst wenige und störunanfällige Bausteine wie Widerstände verwendet. Die Quotientenbildung geschieht innerhalb der Meßwertaufnahme, so daß keine Übertragungsfehler auftreten. Dies könnte aber der Fall sein, wenn Meßwertaufnahme und Quotientenbildung getrennt sind, wie z. B. bei Quotientenbildung in der EDV-Anlage oder bei Aufnahme des Signals, Logarithmierung und Subtraktion.

4.4 Beschreibung der Meßanlage

Die quantitative Bestimmung verschiedener Röntgenstrahlen absorbierender Substanzen (Knochen, Röntgenkontrastmittel usw.) über einen Röntgenfilm und dessen photometrische Ausmessung kann verschieden dargestellt oder beschrieben werden:

1. Über eine Schaltzeichnung der Meßanordnung.
2. Über die Darstellung der Mathematischen Beschreibung der physikalischen Zusammenhänge.
3. Über die Darstellung der Meßwandlerkette.
4. Über die Darstellung der Kennlinien.

4.4.1 Schaltplan des Quotientendensitometers

Die Quotientendensitometrie eliminiert den Einfluß einer Reihe ent-
scheidender Störgrößen, wie Background-Schwärzung, Inkonstanz von
Lichtquelle und Versorgungsspannung sowie Schwärzungsdifferenzen von
Röntgenbild zu Röntgenbild infolge Schwankungen des Röhrenstroms, der
Filmentwicklung, des Filmmaterials, der Belichtungszeit und der Nachverarbeitung und auch Abnutzung des Anodenmaterials. Die Genauigkeit
des Verfahrens hängt im wesentlichen von der Genauigkeit seiner Kalibrierung (Gewichts-Satz der Balkenwaage) ab. Mißt die direkte Photometrie die absolute Höhe des Helligkeitspegels, so genügt der Quotientendensitometrie die Messung einer kleinen Differenz zwischen zwei
räumlich differenten Werten.

Das Prinzip der Meßanordnung ist in Abb. 4-3 dargestellt. Als licht-
empfindliche Sensoren wurden für diesen Zweck besonders geeignete,
für Belichtungsmesser und Belichtungsautomaten entwickelte Cadmiumsul-
fid-Photowiderstände ORP 63 [221] mit gleichbleibenden Eigenschaften
bei verschiedenen Beleuchtungsintensitäten und verschiedenen angeleg-
ten Spannungen benutzt. Die Schwärzung der Röntgenbilder wurde über
einem Leuchttisch gemessen, dessen Fläche gleichmäßig ausgeleuchtet
war. Die von den beiden Photowiderständen registrierten, in Spannung
umgesetzten Helligkeits- bzw. Schwärzungswerte wurden bei Schwärzungsgleichheit über eine Wheatstonesche Brücke auf Null abgeglichen, wobei

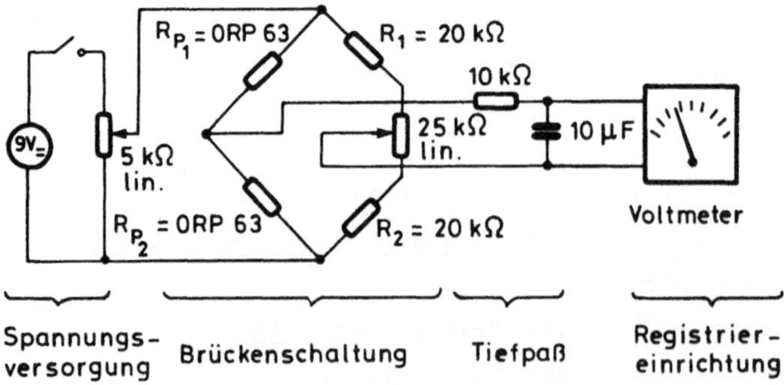

Abb. 4-3   Prinzip der Meßanordnung der Quotienten-Densitometrie [225].
Wesentlicher Teil ist die Wheatstonesche Brücke mit den beiden Photowiderständen. Die Versorgungsspannung (9 Volt)
speist die Brücke, die aus dem Meßphotowiderstand Rp_1, dem
Vergleichsphotowiderstand Rp_2 und den Festwiderständen R_1
und R_2 besteht

infolge Quotientenbildung der beiden Spannungswerte in der Brücke,
d. h. innerhalb der Meßwertaufnahme, keine Übertragungsfehler entstehen können. Der von dem eingestellten "Null"-Schwärzungswert differente Meßwert wird als Spannungsabweichung von Null registriert.

4.4.2 Mathematische Beschreibung der Zusammenhänge

Die Wheatstonesche Brücke besteht aus zwei Spannungsteilern. Der eine
wird aus den beiden Photowiderständen gebildet. Die Summe der Span-
nungsabfälle über den beiden Photowiderständen entspricht der Batterie-
spannung U_0 (siehe Abb. 4-4):

$$U_0 = U_{R_{p_1}} + U_{R_{p2}} \; .$$

Mit $U = iR$ folgt:

$$U_0 = i_p \, (R_{p1} + R_{p2}) \; .$$

Daraus ergibt sich der Spannungsabfall an dem Photowiderstand R_{p2} zu:

$$U_{p2} = i_p \, R_{p2} = \frac{U_0 \, R_{p2}}{R_{p1} + R_{p2}} \; .$$

Für den Spannungsabfall an dem Widerstand R_2 ergibt sich entsprechend

$$U_{R2} = i_R \, R_2 = \frac{U_0 \, R_2}{R_1 + R_2} \; .$$

Die Differenz der beiden Spannungen ist die Spannung U_M als Brückenspannung der Wheatstoneschen Brücke:

$$U_M = U_0 \left(\frac{1}{1 + R_{p1}/R_{p2}} - \frac{R_2}{R_1 + R_2} \right) \; .$$

Die Widerstandswerte von R_{p1} und R_{p2} werden bestimmt durch die auf sie
fallenden Lichtintensitäten E.

Aus der Kennlinie des Photowiderstandes [221] läßt sich formal folgender Zusammenhang zwischen Photowiderstand R_p und Lichtintensität E herstellen:

$$R_p = m\, E^{-r} .$$

Hierbei sind m und r Konstanten, wobei sich r aus der Kennlinie zu $r \approx 0{,}8$ ergibt.

Von der auf das Röntgenbild fallenden Lichtintensität E_o wird ein Teil absorbiert. Der Betrag der Absorption hängt von der Schwärzung S des Röntgenfilmes ab. Der den Photowiderstand erreichende Teil des Lichtes habe die Intensität E. Das Verhältnis von E und E_o wird die Transparenz T des Filmes genannt

$$T = \frac{E}{E_o} .$$

Der dekadische Logarithmus der reziproken Transparenz ist die Schwärzung S:

$$S = \lg \frac{1}{T} = \lg \frac{E_o}{E} .$$

Löst man nach E auf und setzt den Wert in die Gleichung für den Photowiderstand ein, so erhält man

$$R_p = m\, E_o^{-r}\, 10^{-rS} .$$

Da in der Brückenspannung U_M der Wheatstoneschen Brücke das Verhältnis der beiden Photowiderstandswerte erscheint, erhält man dafür

$$\frac{R_{p1}}{R_{p2}} = 10^{-r(S_1 - S_2)} .$$

Die Messungen werden so durchgeführt, siehe Abb. 4-4, daß der eine Photowiderstand als Vergleichsphotowiderstand mit dem Widerstandswert R_{p2} bei der Schwärzung S_2 und der zweite als Meßphotowiderstand R_{pi} verwendet wird, um die auf dem Röntgenfilm interessierenden Schwärzungen S_i auszumessen. Wird zum einen an der Stelle 1 mit der Schwärzung

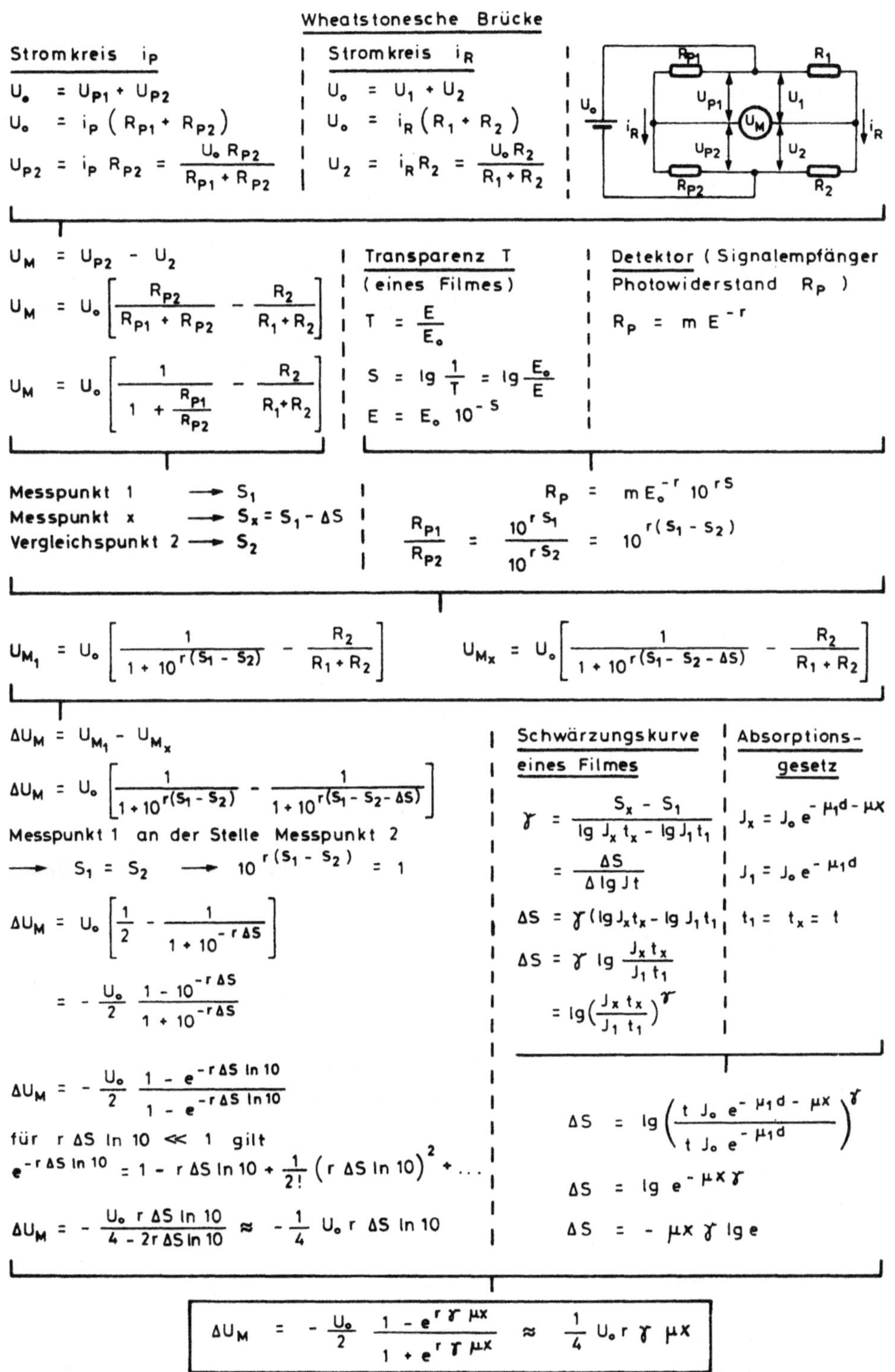

Abb. 4-4 Übersicht der mathematischen Beschreibung der Zusammenhänge

S_1 (mit $i = 1$) und zum anderen an der Stelle x mit der Schwärzung $S_x = S_1 - \Delta S$ (mit $i = x$) gemessen, so ergibt sich für die Differenz der beiden Brückenspannungswerte:

$$\Delta U_M = U_{M1} - U_{M_x} .$$

Wird nun bei der ersten Messung der Photowiderstand 1 auf einen Teil des Röntgenbildes gesetzt, das die gleiche Schwärzung hat wie der Vergleichsphotowiderstand 2, so ist

$$S_2 = S_1 = S$$

und damit:

$$\Delta U_M = \frac{1}{2} U_0 \frac{1-10^{-r\Delta S}}{1+10^{-r\Delta S}} .$$

Hierbei ist

$$10^{-r\Delta S} = e^{-r \cdot \Delta S \cdot \ln 10} .$$

Wenn $r\Delta S \ln 10 << 1$ ist, dann kann die Exponentialfunktion in eine Reihe entwickelt und nach dem linearen Glied abgebrochen werden. Dann erhält man für ΔU_M

$$\Delta U_M = - \frac{1}{4} \cdot U_0 \cdot r \cdot \ln 10 \cdot \Delta S .$$

Soll ΔS durch die entsprechenden Intensitäten der Röntgenstrahlung ausgedrückt werden, so geht man von der Schwärzungskurve aus:

$$\gamma = \frac{S_x - S_1}{\lg I_x t_x - \lg I_A t_A} = \frac{\Delta S}{\Delta \lg (It)}$$

und aufgelöst nach ΔS:

$$\Delta S = \lg \left(\frac{I_x t_x}{I_1 t_1} \right)^\gamma .$$

An der Meßstelle 1 wird die Röntgenstrahlung mit der Intensität I_o durch ein Material mit der Schichtdicke d und dem Schwächungskoeffizienten μ_1 geschwächt und der Film mit der Intensität I_1 belichtet:

$$I_1 = I_o \, e^{-\mu_1 d} \; .$$

An der Meßstelle x kommt noch eine weitere Materialschicht mit dem Schwächungskoeffizienten μ und der Schichtdicke x hinzu. Dann ist:

$$I_x = I_o \, e^{-\mu_1 d - \mu x} \; .$$

Sind die Belichtungszeiten gleich: $t_1 = t_x = t$, dann erhält man für ΔS

$$\Delta S = -\mu x \gamma \; \lg e \; .$$

Eingesetzt in die Gleichung der Brückenspannung ΔU_M erhält man

$$\Delta U_M = - \frac{U_o}{2} \; \frac{1 - e^{+r\gamma\mu x}}{1 + e^{+r\gamma\mu x}} \quad \frac{1}{4} \, U_o r \gamma \mu x \; .$$

[92, 223, 225].

4.4.3 Meßwandlerkette

Eine weitere Darstellung einer Meßanlage ist die Meßwandler-Kette. In den meisten Fällen wird die zu messende Größe in andere umgewandelt, hier Intensität (Leistung) einer Röntgenstrahlung durch zeitliche Begrenzung in eine entsprechende Energie usw. Bis zur Anzeige z.B. beim Drehspulinstrument in Form einer Winkelanzeige oder bei einem Schreiber auf dem Papier macht der Meßwert viele "Wandlungen" durch. Eine Wandlung schließt sich an die andere an [227].

Die Güte einer Meßanlage wird durch die Güte des schwächsten Meßwandlers bestimmt. Daher kommt die Darstellung in Form einer Kette, da auch die Stärke einer Kette durch das schwächste Glied bestimmt wird. Je nachdem, worauf man bei einer Signalverarbeitung Wert legt, kann man eine Kette verschieden darstellen. In der Abbildung ist die Erscheinungsform des Signals dargestellt worden. Ebenso kann man auch

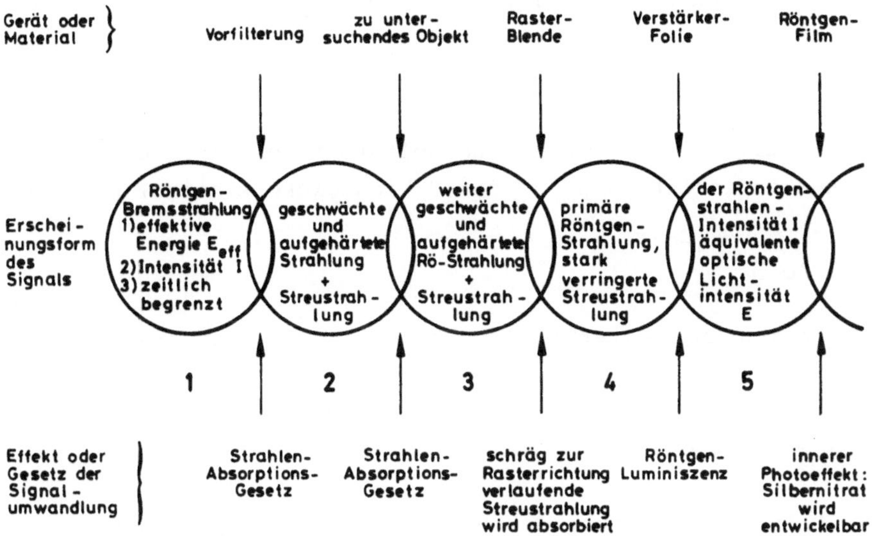

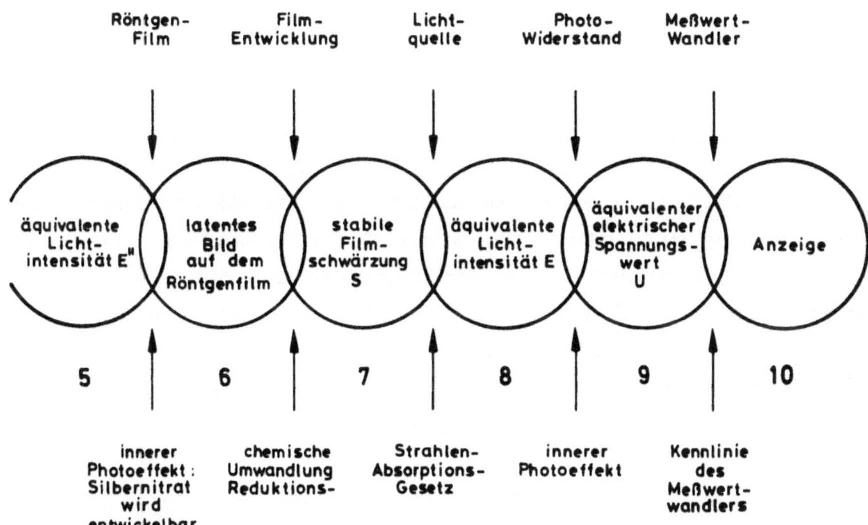

Abb. 4-5 Meßwert-Wandler-Kette

die Größe bzw. Schaltelemente wählen oder die die Wandlung bewirkenden
Effekte oder Gesetze.

Die Darstellung einer Meßwertwandlerkette hat den Vorteil, daß man
sich eine Übersicht über die vielen Schritte, die das Signal r zu bewältigen hat, verschaffen kann. Die Zahl der Schritte hängt natürlich
davon ab, wie grob oder fein man die Untergliederung wählt. Jede Meßwertwandlung zieht die Möglichkeit einer Verfälschung des Signals und
damit eines Fehlers nach sich und, was ebenso wichtig ist, eine Einengung des Meßbereiches bezogen auf einen noch tragbaren Fehler. Hierbei können alle drei Fehlerarten (zufälliger, systematischer und grober
Fehler) auftreten. Bei den meisten Fehlerbetrachtungen wird der zufällige Fehler durch 10 Messungen unter gleichen Bedingungen bestimmt.
Einige der systematischen Fehler können durch eine Analyse der Meßwandlerkette aufgespürt werden, z.B. Fehler durch Verwendung von Rönt-
gen-Brems-Strahlung, der Verstärkerfolie und der Filmentwicklung. Der
Einfluß der Filmentwicklung auf das Meßergebnis sollte durch Messungen
an verschiedenen Tagen ermittelt werden (Entwickler verschieden, ver-
braucht etc. ...). In dieser Kette tritt aber der Fehler nicht auf,
der durch die unterschiedliche geometrische Lage des Meßpunktes auf dem
Röntgenbild hervorgerufen wird.

Die Meßwertwandlerkette zeigt also einige Schwachpunkte auf und hilft
einem, die Meßkette so zu gestalten, daß der Meßwert mit möglichst
wenigen Fehlern belastet zur Anzeige kommt.

4.4.4 Kennlinien

Besteht eine Meßeinrichtung aus mehreren Gliedern, so kann die Darstellung nach Schaltungsaufbau, Flußdiagramm, der mathematischen
Darstellung physikalischer Zusammenhänge, Darstellung der Geräte, der
Erscheinungsform des Signals oder der zur Anwendung kommenden physikalischen Effekte oder Gesetze in Form einer Meßwandlerkette und der
Darstellung nach den Kennlinien jedesmal anders ausfallen, d.h. das
Aussehen so wechseln, als ob es sich jedesmal um eine andere Meßeinrichtung handelte, weil jede Darstellungsform andere Schwerpunkte
setzt. Eine vollständige, d.h. jedes einzelne Detail erfassende, Darstellung ist oft verwirrend, und wichtige Details gehen in unwichtigen
unter. So sind in den folgenden Kennliniendarstellungen bewußt viele unwichtig erscheinende Details fortgelassen worden.

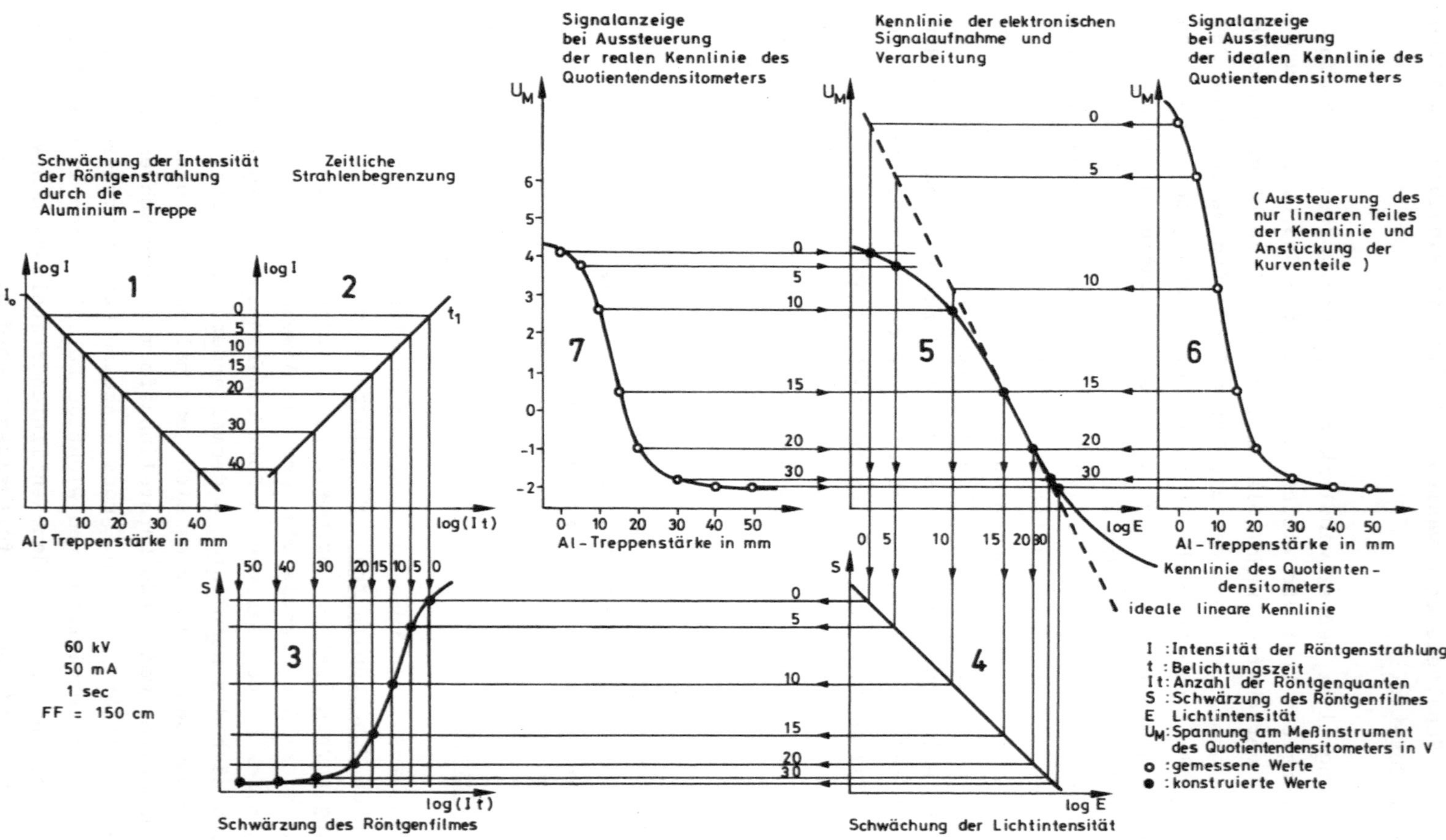

Abb. 4-6 Kennlinienfeld der Röntgendensitometrie in vereinfachter Darstellung

4.4.4.1 Densitometer

In Abb. 4-6 ist die schematische Darstellung des Kennlinienfeldes der
verwendeten Meßanlage wiedergegeben:
Durch eine Aluminiumtreppe fällt Röntgenstrahlung mit der Intensität
I_o (Bild 1). Eine Änderung der Intensität (Leistung) würde die Gerade
in Bild 1 parallel nach oben oder unten verschieben. Eine Änderung der
Strahlenhärte (Photonenenergie) der verwendeten Röntgenstrahlung wür-
de die Steigung der Kurve ändern. Die aus der Aluminiumtreppe austretende Strahlenintensität I wird durch eine zeitliche Strahlenbe-
grenzung in eine Energie (It) umgewandelt (Bild2). Die Strahlenenergie
(It) fällt auf einen Röntgenfilm (Bild3) mit der dort wiedergegebenen
Kennlinie (Schwärzungskurve) und ruft dort die Schwärzung S hervor.
Der Röntgenfilm (nach Entwicklung und Fixierung) wird auf einen Leucht-
kasten gelegt, dessen Lichtausbruch E_o (eine Leistung) ist (Bild4).
Die Lichtintensität E_o wird je nach Schwärzung des Röntgenfilmes auf
die Intensität E abgeschwächt. Diese wird durch einen Photowiderstand,
der Teil einer elektronischen Meßeinrichtung (Quotientendensitometer)
ist, in eine elektrische Spannung U_M gewandelt (Bild5). Wird nun die
Meßspannung U_M in Zusammenhang mit der Eingangsgröße, von der in Bild
1 ausgegangen wird, der Treppenstärke d der Aluminiumtreppe gebracht,
so erhält man die Kurve in Bild 6. Bild 6 stellt die Kennlinie der gesamten Meßanlage, zusammengesetzt aus den 5 Einzelkennlinien, dar.

Sind die Kennlinien in den Bildern 1 und 2 sowie 4 und 5 bekannt, so
kann aus der gemessenen Kurve(gemessene Werte als leere Kreise eingezeichnet) und der Aluminium Treppen-Stärke d aus Bild 1 die Schwärzungskurve (Kennlinie des Bildes 3) konstruiert werden (konstruierte
Punkte in Bild 3 als ausgefüllte Kreise dargestellt). Können durch
Ausmessen bekannter Testvorlagen (Schwärzungstreppe usw.) Teile der
Meßanordnung und damit Gruppen von Kennlinien erfaßt werden, so können
mit dieser Kenntnis unbekannte Kennlinien des verbleibenden Teiles der
Anlage bestimmt werden. Wird zum Beispiel statt des Röntgenfilmes eine
bekannte Schwärzungstreppe verwendet, dann kann die Summenkennlinie
der Kennlinien der Bilder 4 und 5 erfaßt werden usw.

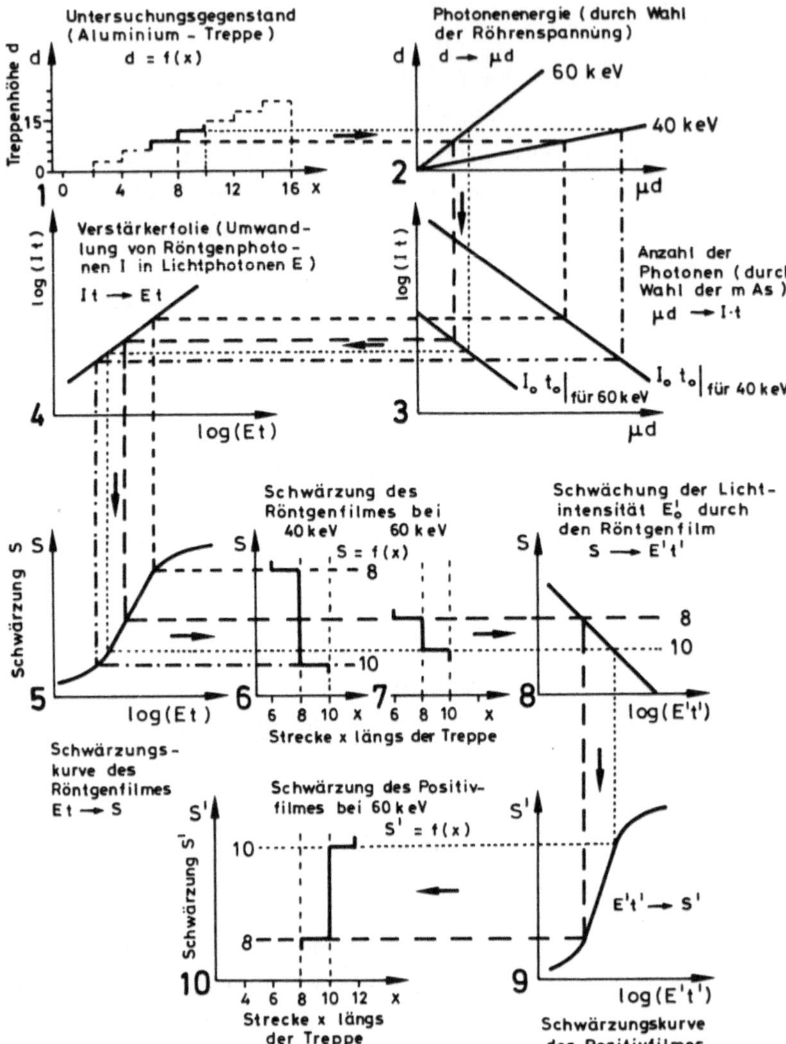

Abb. 4-7   Kennlinienfeld vom Röntgengerät bis zum Röntgenbild und der Röntgenbildnachverarbeitung dargestellt für zwei Strahlenhärten

In Abb. 4-6 ist die Kennlinie in Bild 5 als Gerade angenommen worden
(gestrichelt gezeichnet). Zusätzlich ist für die Kennlinie ein Verlauf
(ausgezogen gezeichnet) genommen worden, der der Realität mehr ent-
gegenkommt. Die dabei gewonnene Meßkurve $U_M = f(d)$ ist in Bild 7 dargestellt und weicht merklich von der Kurve in Bild 6 ab.

4.4.4.2 Meßwandlerkette

In Abb. 4-7 ist die Darstellung des für die Bildgewinnung wesentlichen
Kennlinienfeldes wiedergegeben. Es ist aufgeteilt nach den für die
Geräte bedingten Funktionseinheiten der Röntgeneinrichtung bestehend
aus: Meßgegenstand, Röntgengerät, Filmkassette sowie Entwicklungs-
vorgang, der zum entwickelten Film führt. Der Meßgegenstand (Bild1)
besteht hier aus einer Treppe, vorgegeben durch Treppenhöhe d in Abhängigkeit von der Strecke x längs der Treppe. Er wird durch die
Röntgenstrahlung des Röntgengerätes im Durchstrahlungsverfahren abgebildet. Dies geschieht in zwei Schritten, die in der Praxis gleichzeitig erfolgen, der Strahlenschwächung und der Begrenzung der Röntgen-
quanten. Die Strahlenschwächung $\Delta I/I$ wird sowohl durch die durchdrungene Schichtdicke d als auch durch die Energie der Photonen und durch
die anteilige Zusammensetzung der Treppe aus Elementen des Periodensystems bestimmt (Bild2). Die Photonenenergie ist proportional der
Röntgenspannung. Der Schwächungskoeffizient μ ist in seinem Betrag abhängig von der Photonenenergie. Der Schwächungsgrad bestimmt die Stärke der Abschwächung der Röntgenstrahlung im Untersuchungsgegenstand
(und natürlich auch im Strahlungsfilter). Die Anzahl der Röntgen-
photonen wird durch die Eintrittsintensität I_o und die Belichtungszeit t festgelegt, die durch die Einstellung der mAsec am Röntgengerät bestimmt wird (Bild3). Beide Faktoren, Schwächungsgrad und Anzahl der vom Röntgengerät emittierten Photonen, bestimmen die auf die
Filmkassette fallende Röntgenquantenmenge. Durch die Verstärkerfolie
(Bild4) wird die Röntgenstrahlung in sichtbare Strahlung mit der dem
Leuchtstoff eigentümlichen Wellenlänge übergeführt. Die maximale
Flächenhelligkeit der Verstärkerfolie ist durch die Materialbeschaffen-
heit begrenzt (endliche Ausdehnung der Leuchtstoffzentren und Eigenabsorption) und nimmt mit der Betriebsdauer durch Zerstörung (wegen
chemischer Umsetzung bei Bestrahlung mit Röntgenstrahlen) ab. Der
Röntgenfilm (Bild5) wird zu ca. 95% durch die Lumineszenzstrahlung und
zu ca. 5% durch die Röntgenstrahlung belichtet. Beides führt nach der
Entwicklung des Filmes zur Schwärzung S.

Aus dem entwickelten Röntgenfilm wird (Bild6) die Schwärzung S in Abhängigkeit von der Treppenstärke d dargestellt, indem für die verschiedenen Treppenhöhen d der Schnittpunkt mit der entsprechenden Schwärzung gesucht wird und diese Punkte miteinander verbunden werden. Man erhält so die Kennlinie der Gesamtanlage, in die die Kennlinien des Filmes (Schwärzungskurve), der Verstärkerfolie und die Strahlenaufhärtung mit zunehmender Schichtdicke d eingehen.

4.4.4.3 Kontrastanhebung durch Filmnachverarbeitung

In Abb. 4-7 ist weiterhin wiedergegeben, wie die Wahl einer ungeeigneten Strahlenhärte (Röhrenspannung) durch Bildnachverarbeitung ausgeglichen werden kann. Hohe Röhrenspannung führt zu geringem Kontrast, aber großem Dynamikumfang. Die Nachverarbeitung erzielt großen Kontrast bei Abnahme des Dynamikumfanges. In Abb. 4-7 Bild 2 ist für den Schwächungsgrad μd die Summe aller Komponenten des Untersuchungsobjektes $\mu d = \sum \mu_i d_i$ wiedergegeben. Geht man davon aus, daß das Untersuchungsobjekt aus einem Element des Periodensystems, z.B. einer Aluminiumtreppe besteht, so ist die Kennlinie einfacher darzustellen.

Für dünne Schichten (sehr klein gegenüber der Halbwertsschicht HWS $= \dfrac{\ln 2}{\mu}$) ist der Schwächungsgrad $\Delta I/I$ bei konstanten Photonenenergien nur noch linear abhängig von der Materialdicke d des Untersuchungsobjektes. Die Abhängigkeit wird von der Konstanten μ, dem Schwächungskoeffizienten, bestimmt. Der wiederum ist allein abhängig von dem Material des Untersuchungsgegenstandes und der Photonenenergie der Röntgenstrahlung, nicht aber von der Materialdicke d. In Abb. 4-7 Bild 2 sind die Geraden für zwei Photonenenergien und zwar für 60 keV und 40 keV schematisch wiedergegeben. Um in beiden Fällen zu gleichen Filmschwärzungen zu kommen, muß die Anzahl der Photonen (bestimmt durch die Einstellung der mAsec), sh. Bild 3, entsprechend unterschiedlich gewählt werden. Niedrige Photonenenergie (40 keV) bewirkt starke Strahlenschwächung durch großes μd. Dieses kann durch eine entsprechend hohe Anzahl der Photonen (durch Wahl hoher mAsec-Werte) ausgeglichen werden, so daß eine Belichtung des Röntgenfilmes im gewünschten Bereich der Schwärzungskurve stattfindet. Würde das Untersuchungsobjekt aus mehreren Komponenten verschiedener Schwächungskoeffizienten bestehen (s. Abb. 4-8), so würde sich die Kurve der verschiedenen Treppenhöhen d Punkt für Punkt aus entsprechend vielen Kurvenstücken $\mu_i d_i$ zusammensetzen (Bild2) und eine einheitliche Darstellung der

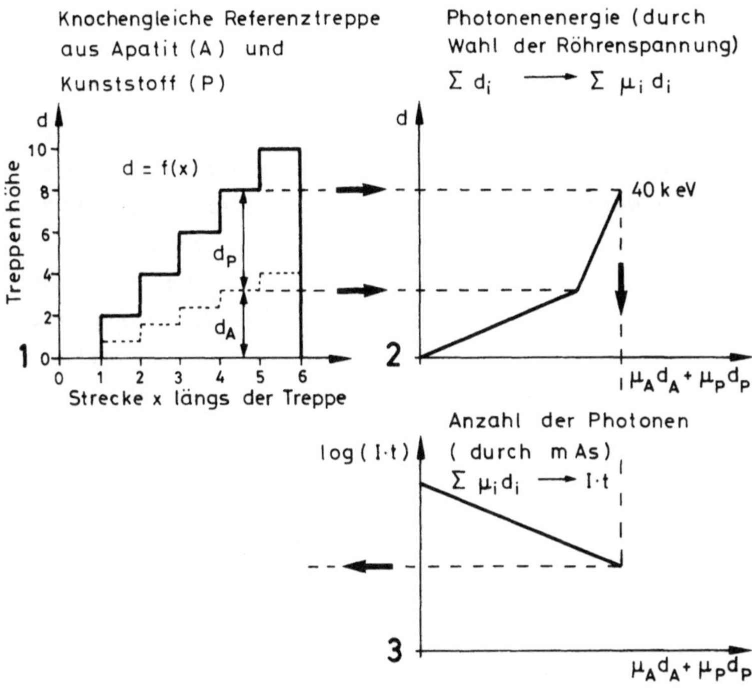

Abb. 4-8   Detailausschnitt aus dem Kennlinienfeld, der den Einfluß
von Mehrkomponentensystemen beschreibt

Kennlinie sehr erschweren, so daß es einfacher ist, auf Bild 2 der
Abb. 4-7 zurückzugreifen.

Je niedriger die Photonenenergie (Abb. 4-7, Bild2), umso kontrast-
reicher ist bei abnehmendem Kontrastumfang die Röntgenaufnahme (Bild6)
und umgekehrt (Bild7). Ein durch die Wahl zu hoher Photonenenergie
kontrastarmes Röntgenbild läßt sich durch Nachverarbeitung kontrast-
reicher machen: d.h. durch Belichten (Bild8) eines Films mit genügend
hohem γ-Wert (Bild9) läßt es sich in ein Röntgenbild mit entsprechend
hohem Kontrast (Bild1O) wie Bild 6 verwandeln, nur ist hier das Bild
entsprechend einer Kopie kontrastumgekehrt (Bilder1O, 6 und 7).

Hier sind folgende Größen in weitem Rahmen wählbar:
1. Die Flächenmasse des die Röntgenstrahlung absorbierenden Meßgegenstandes durch die Schichtdicke d oder Konzentration K (Bild1)
2. Die Photonenenergie: Repräsentiert durch die Größe μ

3. Die Anzahl der Photonen: Repräsentiert durch $I_o t$ bzw. mAs
   (Bild 3)

4. Die Gradation der Filmkopie (Bild 9).

Vorgegeben oder nur sehr begrenzt beeinflußbar sind die Strahlenbelastung des Patienten, die Kennlinie der Verstärkerfolie, die Schwärzungskurve des Röntgenfilmes, der kleinste Schwärzungsunterschied
$\Delta S = S_2 - S_1$ (der physiologisch bedingt vom Betrachter des Röntgenbildes oder des nachverarbeiteten Röntgenbildes noch aufgelöst werden
kann) und die Schwankung der Hintergrunds- oder Untergrundsschwärzung
des Röntgenbildes (bedingt durch die Organ- und Gewebsverteilung
oder physikalisch bedingt durch Quantenrauschen oder Ungleichmäßig-
keiten der Rasterblende oder der Verstärkerfolie).

Vorgegeben sind:

1. Strahlenbelastung B

2. Kennlinie der Verstärkerfolie V

3. Gradation des Röntgenfilmes γ_R

4. kleinster vom Betrachter auflösbarer Schwärzungsunterschied ΔS_{min}

5. Schwärzungsschwankungen als Störfaktor $\Delta S_{Rauschen}$

Unabhängige Veränderliche, d.h. vorwählbar oder vorbestimmbar, sind

1. Röntgenkontrastmittelkonzentration oder Treppenstärke des Referenzsystems d

2. Photonenenergie und damit Schwächungskoeffizient μ

3. Anzahl der Photonen, die zur Belichtung eines Röntgenbildes
   führen (mAs)

4. Gradation der Filmkopie γ_{Kopie}

Abhängige Variable ist in jedem Fall die Schwärzung S oder die Differenz zweier Schwärzungen $\Delta S = S_2 - S_1$ auf dem nachverarbeiteten Röntgenfilm. Damit ist:

$$S \text{ bzw. } \Delta S = f(d, \mu, mAs, \gamma_{Kopie}).$$

Es besteht ein natürliches Interesse, die Röntgenkontrastmittelkonzentration und die Strahlenbelastung zu verringern. Die Möglichkeiten
durch Bildnachverarbeitung die Patientendosis und die Kontrastmittelkonzentration herabzusetzen, sind bisher noch nicht ausgeschöpft
worden, obwohl bei der Röntgenaufnahme und der Videodarstellung mit
sehr gutem Ergebnis große Anstrengungen unternommen wurden, wie geeignete Verstärkerfolien und die Einführung und Verbesserung der Bild-

wandlerröhren.

In der Röhrendiagnostik werden folgende "Verbesserungen" erstrebt:

1. Bestrahlungsdosen und damit Belichtungszeiten herabsetzen
2. weniger Röntgenkontrastmittel bei annähernd gleicher Erkennbarkeit
3. bessere Erkennbarkeit von Details
4. durch Nachverarbeitung Sichtbarmachung von im Röntgenbild enthaltener aber für das Auge nicht sichtbarer Information
5. Automatisierung zur Erleichterung des Personals zur Verbilligung sowie zum größeren Massendurchsatz von Röntgenbildern

Dieses wird erreicht durch:

1. bessere Verstärkerfolien
2. Einführung des Videobildes und dessen Verbesserung durch Einführung der Bildverstärkerröhre.(Das Fernsehen als Konkurrent des Filmes)
3. Durch die bei der Videowiedergabe ermöglichte Bildnachverarbeitung über EDV-Anlagen werden Darstellungsmöglichkeiten eingeführt, die auch beim Film schon lange bekannt waren, aber nicht genutzt wurden.

Eingriffsmöglichkeiten:
Röntgengerät: Die Röhrenspannung bestimmt die Größe des Schwächungskoeffizienten μ. Das Produkt aus Schwächungskoeffizient μ und Kontrastfaktor γ des Röntgenfilmes bestimmen den Gesamtkontrastfaktor der Meßanlage und damit den Kontrast des Untersuchungsgegenstandes. Bei derselben Gradation γ des Röntgenfilmes ist bessere Erkennbarkeit durch größeren Kontrast, durch größeres μ und damit geringere Röhrenspannung gegeben. Bei kleineren Röhrenspannungen ist eine Grenze nach unten durch die Dosisbelastung des Patienten gegeben.
Verstärkerfolie: bessere Empfindlichkeit (hochverstärkende Folie) bewirkt eine Herabsetzung der Bestrahlungsenergie.
Eine Nachverarbeitung geht von einem fertigen Bild aus. Sie hängt von der Güte des Bildes (z.B. der richtigen Belichtung), von dem Informationsgehalt des Untersuchungsobjektes und den Aufnahmebedingungen ab (Höhe und Art der Röhrenspannung, wie Halbwellen oder Gleichspannung, Art der Verstärkerfolie und Rasterblende, Film-Fokus-Abstand, Vorfilterung). Daher ist es notwendig, die Faktoren kennenzulernen, die ein Röntgenbild bestimmen.

4.4.4.4 Meßbereich

Kennlinien werden da angewendet, wo Meßwerte in ihrer Amplitude verstärkt werden, oder wo Meßwertwandlung (z.B. Röntgenstrahlenintensität (Leistung) in elektrische Leistung) durchgeführt wird. In beiden
Fällen hat die Kennlinie zwei Funktionen:

1. Die Kennlinie zeigt, in welchem Maße die Signalamplitude verstärkt wird oder mit welcher Amplitude nach der Meßwertwandlung
   zu rechnen ist.
2. Sie gibt außerdem durch ihre Form Auskunft über die Stärke der
   Nichtlinearität, von der Signalverzerrungen und Aussteuerbereich
   abhängen.

Die meisten Kennlinien sind mehr oder weniger nichtlinear, haben
einen Wendepunkt, d.h. die Form einer liegenden S-Kurve, wie z.B. die
Schwärzungskurve. Da nichtlineare Kennlinien Signalverzerrungen be-
wirken (z.B. Abb. 4-9 Abhängigkeit des Stromes von der Änderung des
Widerstandswertes eines Photowiderstandes bei vorgegebener konstanter
Spannung), sucht man bei solchen Kennlinien den linearen Teil, so-
weit vorhanden, heraus. Nach den Rändern nimmt die Abweichung von der
Geradlinigkeit zu. Der Fehler wird damit größer. Fehlt der lineare
Teil, so kann, wie bei Abb. 4-9A, ein genügend kleiner Teil der Kurve
gewählt werden, in Abb. 4-9 der Ausschnitt B der Kurve A, bei dem die
Tangente an die Kurve von der Kurve innerhalb eines vorgegebenen Feh-
lerbereiches abweicht [227].

Der gesamte aussteuerbare Bereich einer Kennlinie, der zur Anzeige gebracht werden kann, ist der Anzeigebereich. Dieser ist zu unterscheiden vom Meßbereich. Beide sind festgelegt nach DIN 1319, Grundbegriffe
der Meßtechnik, Blatt 2, Begriffe für die Anwendung von Meßgeräten:
Nr. 4.1 "Der Anzeigebereich ist der Bereich der Meßwerte, die an
         einem Meßgerät abgelesen werden können."
Nr. 4.2 "Der Meßbereich ist der Teil des Anzeigebereiches, für den
         der Fehler der Anzeige innerhalb von angegebenen oder ver-
         einbarten Fehlergrenzen bleibt."

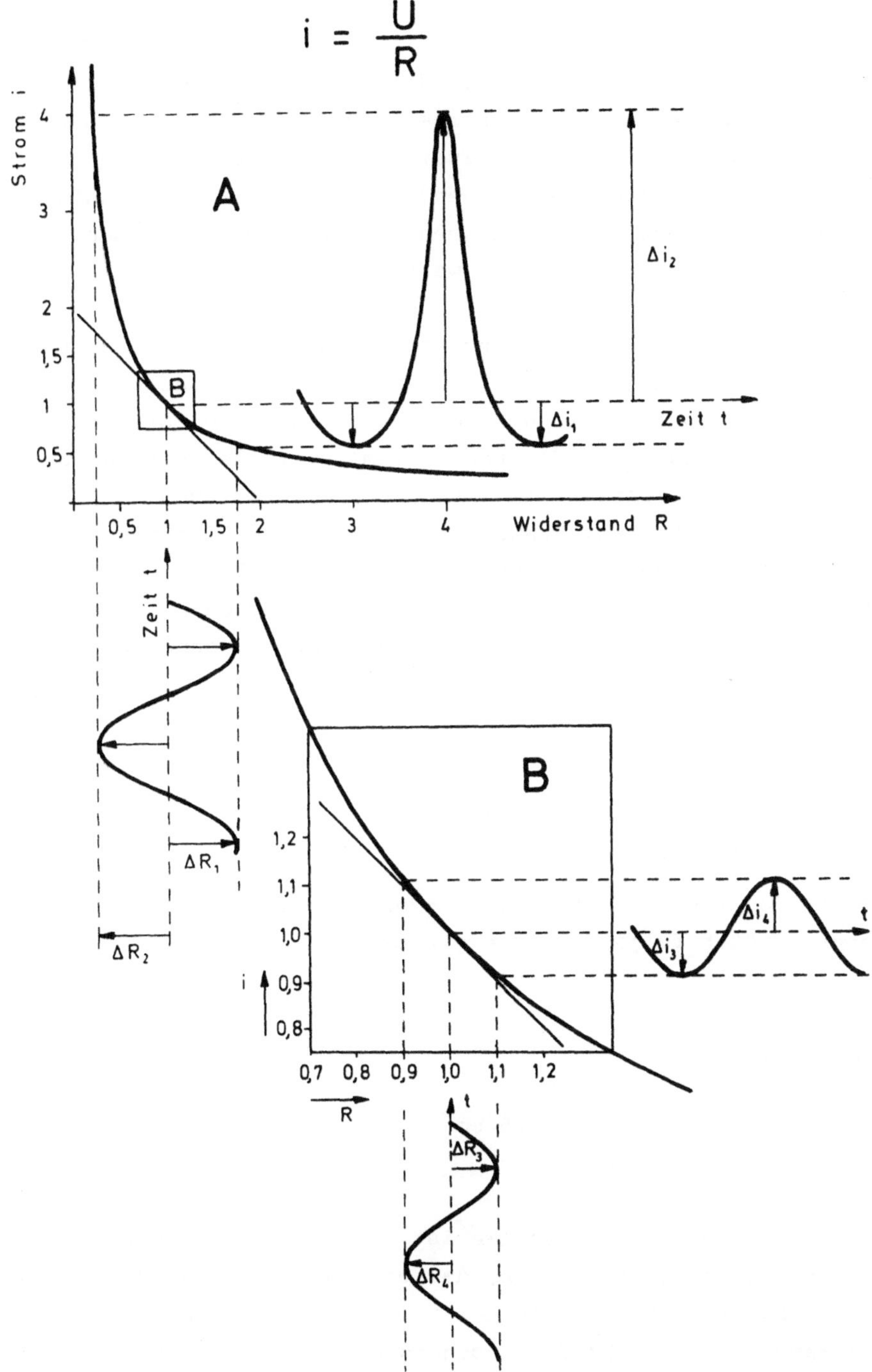

Abb. 4-9 Einfluß der Nichtlinearität der Kennlinie bei der Groß- und Kleinsignalverstärkung auf das Ausgangsziel

4.4.4.5 Ideale und reale Kennlinie

Nach der Messung interessiert bei der Auswertung, ob die recht um-
ständlichen, dafür aber exakt hergeleiteten, Gleichungen benutzt werden müssen, oder ob die, nach einer Reihenentwicklung und Abbrechen
nach dem linearen Glied gewonnenen, sehr viel einfacher aufgebauten
Gleichungen verwendet werden können; und wenn sie verwendet werden
können, in welchem Bereich, mit welchem Fehler.

Bei der Mineralgehaltsbestimmung ist es zweckmäßig, den zu untersuchenden Körperteil, soweit möglich, in ein planparalleles Wasserbad zu
bringen, um die Weichteile und deren unregelmäßige Form auszugleichen.
Damit das knochengleiche Referenzsystem unter gleichen Aufnahmebedingungen auf dem Röntgenfilm erscheint, wird es auch in dasselbe
Wasserbad gebracht. Beim Auswerten des Röntgenbildes mit dem Quotientendensitometer wird die Treppenstärke d oder die Treppenlänge x des
knochengleichen Referenzsystems in Spannungswerten U_M wiedergegeben.
Der Zusammenhang zwischen Treppenlänge x und Meßspannung U_M wurde -
exakt und in Näherung - abgeleitet zu:

$$\Delta U_M = - \frac{U_o}{2} \cdot \frac{1-e^{+r\gamma\mu x}}{1+e^{+r\gamma\mu x}} \approx - \frac{1}{4} U_o r\gamma\mu x$$

Zur Erstellung der Wertetabelle wurden für die in der Gleichung vorkommenden Größen folgende Werte genommen:

$$U_o = 10 \text{ V}$$
$$r = 0,8$$
$$\gamma = 3$$
$$\mu = \mu_A - \mu_p \Big|_{41,7\text{keV}} = 0,5 \text{ cm}^{-1}$$

Das Ergebnis dieser Wertetabelle ist in Abb. 4-10 wiedergegeben.
Diese Darstellung gibt u.a. an, daß es einen Bereich um einen Mittelwert von $\mu x = \pm 0.25$ gibt, in dem mit einem Fehler unter 3% gemessen
werden kann. Nun besteht das knochengleiche Referenzsystem nicht aus
reinem Knochenmineral, sondern enthält das Knochenmineral in einer
vorgegebenen Konzentration. Setzt man $\mu_p \approx \mu_W$ (p = Vergußmasse Palatal,
W = Wasser), so ist

$$I_T = I_{OT}e^{-(\mu_A-\mu_p)\frac{M_T}{\rho_A}d_T - (\mu_p-\mu_W)d_T - \mu_W D_W - \mu_{Al}D_{Al}}$$

$$\approx I_{OT}e^{-(\mu_A-\mu_W)\frac{M_T}{\rho_A}d_T - \mu_W D_W - \mu_{Al}D_{Al}}$$

und damit

$$\Delta U_M = +\frac{1}{4}U_o\, r\gamma\,(\mu_A-\mu_W)\frac{M_T}{\rho_A}d_T \quad \text{mit } \mu x = (\mu_A-\mu_W)\frac{M_T}{\rho_A}d_T.$$

Setzt man:

$$\mu_A-\mu_W = 0,5\ \text{cm}^{-1}$$
$$M_T = 0,25\ \text{g/cm}^3$$
$$\rho_A = 3\ \text{g/cm}^3,$$

dann ergibt sich der Treppenstärkenbereich d_T, bei dem mit einem
Fehler unter 3% gemessen werden kann, zu:

$$d_{T3\%} = \frac{\mu x_{3\%}}{\mu_A-\mu_W} \cdot \frac{\rho_A}{M_T} = \pm\frac{0,25}{0,5\ \text{cm}^{-1}}\ \frac{3\ \text{g/cm}^3}{0,25\ \text{g/cm}^3} = \pm\,6,0\ \text{cm}.$$

D.h. die Treppe mit einer Konzentration von $0,25\ \text{g/cm}^3$ Mineral kann
also um einen Mittelwert um ± 6 cm schwanken bei einem Fehler unter
3%. Dieses trifft nur zu, wenn in diesem Meßbereich r und γ konstant
sind, sonst ist der Meßbereich entsprechend enger. Diese eben durchgeführte Betrachtung $U_M = f\,(d)$ betrifft die ganze Meßwandlerkette. Benutzt man eine Schwärzungstreppe mit bekannter Schwärzung, so kann man
die Kennlinie des Quotientendensitometers allein erfassen. Der Zusammenhang zwischen Filmschwärzung S und Meßspannung U_M wurde –
exakt und in Näherung – abgeleitet zu:

$$\Delta U_M = -\frac{U_o}{2}\ \frac{1-e^{-r\Delta S}}{1-e^{-r\Delta S}} \approx -\frac{1}{4}\cdot U_o\cdot r\cdot \ln 10\cdot\Delta S\ .$$

Setzt man für $r = 0,8$, so ergibt sich aus der Wertetabelle die Darstellung Abb. 4-10 c und d.

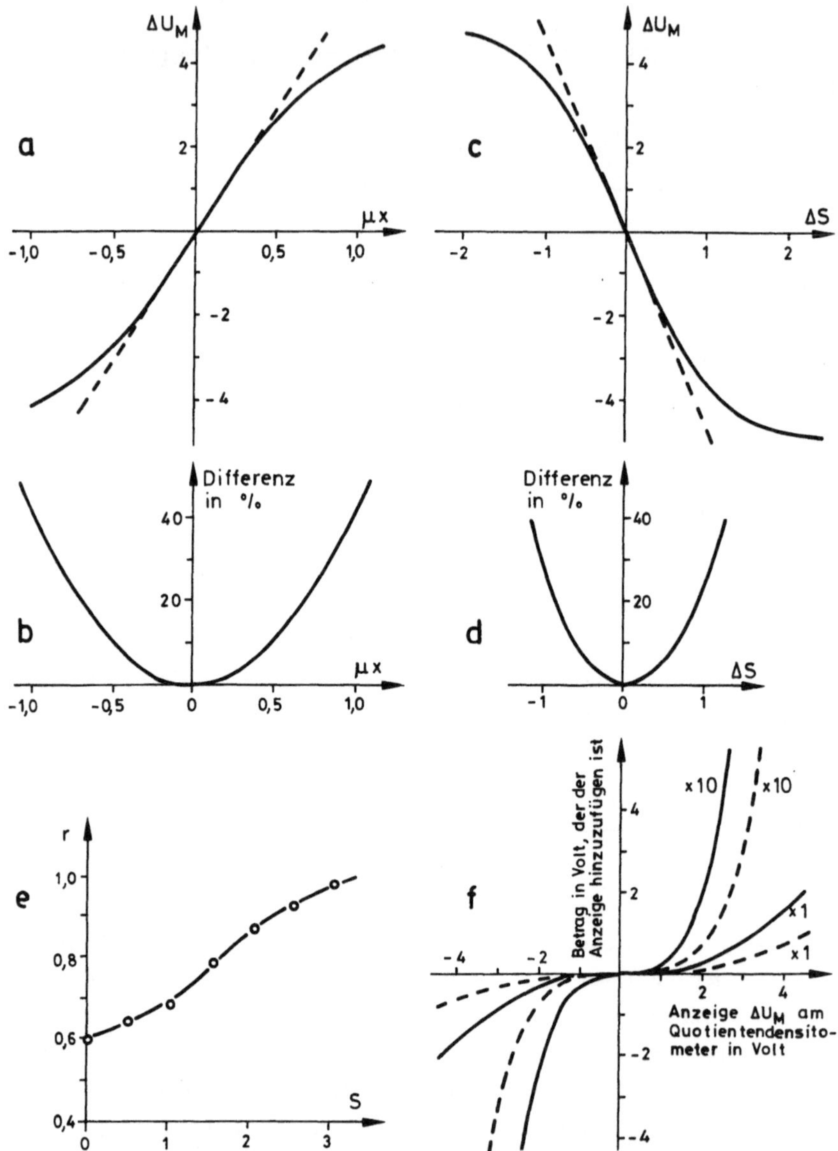

Abb. 4-10 a) und b) Darstellung der Densitometerspannung ΔU_M in Abhängigkeit von der Materialeigenschaft µd a) berechneter Wert (ausgezogen gezeichnet) und Näherungswert (gestrichelt gezeichnete Gerade).b) Differenz von berechnetem Wert und Näherungswert. c) und d) Darstellung der Densitometerspannung ΔU_M in Abhängigkeit von der Schwärzungsdifferenz ΔS auf der Röntgenaufnahme. c) berechneter Wert (ausgezogen gezeichnet) und Näherungswert $\Delta U_M=-0{,}25\ U_o r\Delta S\ \ln 10$ d) Differenz von berechnetem Wert und Näherungswert. e) Konstante r des Photowiderstandes ORP 63 von VALVO in Abhängigkeit von der Filmschwärzung bei vorgegebener Beleuchtungsstärke des Lichtkastens. f) Differenz der Densitometerspannung der Näherungslösung (linearer Zusammenhang der Spannung mit µx) und der exakt berechneten Densitometerspannung in Abhängigkeit von der Densitometerspannung der Näherungslösung (gestrichelt gezeichnet). Die ausgezogen gezeichnete Kurve gibt die gemessenen Werte wieder

Innerhalb eines Schwärzungsbereiches von $\Delta S = 0,2$ beträgt die Abweichung der Näherungskurve von der exakten Kurve weniger als 1%. Bei höheren Werten nach oben und unten wird die Abweichung bedingt durch die Meßapparatur immer größer. Ein Spannungsbereich von ca. ± 5 Volt kann prinzipiell mit dieser Anlage nicht überschritten werden. Um den ganzen beim Röntgenfilm vorkommenden Schwärzungsbereich ΔS von O bis 3 zu erfassen, ist es meßtechnisch sinnvoll, in einem Bereich von $\Delta S = 0,2$ zu messen, dann die Schwärzung des Referenzphotowiderstandes um $\Delta S = 0,2$ entsprechend zu ändern und dann wieder bei dem Meßphotowiderstand die Schwärzung um 0,2 weiter zu erhöhen oder zu erniedrigen, dann die Schwärzung bei dem Referenzphotowiderstand wieder entsprechend nachzuführen usw. So ist die in Abb. 4-11 dargestellte Kennlinie des Quotientendensitometers erstellt worden. Da die Verwendung der beiden Photowiderstände in der Brücke als Meßphotowiderstand und Vergleichsphotowiderstand frei ist, kann je nachdem, welcher der beiden Meß- oder Vergleichsphotowiderstand ist, die Polarität der Meßspannung U_M beliebig gewählt werden. Die gemessene Kurve sollte eine Gerade sein, ist es aber nicht. Der Grund ist darin zu suchen, daß r nicht über den ganzen Bereich denselben Wert hat. Aus dieser Kennlinie läßt sich r bestimmen. Die Gleichung

$$\Delta U_M = -\frac{1}{4} U_O \, r \, \ln 10 \; \Delta S$$

kann nach r aufgelöst werden:

$$r = -\frac{4}{U_O \ln 10} \frac{\Delta U_M}{\Delta S} \qquad . \text{ Siehe Abb. 4-10e}$$

Es ist: $U_O = 9$ V. r ist von der Lichtintensität(nicht direkt von der Schwärzung S sondern von der Lichtintensität) abhängig. Daß hier in der Abszisse der Abbildung die Schwärzung genommen werden konnte, ist berechtigt, weil während der Messung die Lichtintensität des Leuchtkastens konstant war. Bedacht werden muß auch, daß der Innenwiderstand des Meßinstrumentes für U_M unendlich gesetzt wurde, während in Wirklichkeit ein Voltmeter mit einem Eingangswiderstand $R_{u_M} = 1$ MΩ verwendet wurde. Die Photowiderstände nehmen bei geringen Lichtintensitäten, welches bei Filmen mit großen Schwärzungen gegeben ist, Widerstandswerte in dieser Größenordnung an - wofür die Gleichung für kleine Lichtstärken nicht stimmt und auch nicht hergeleitet wurde.

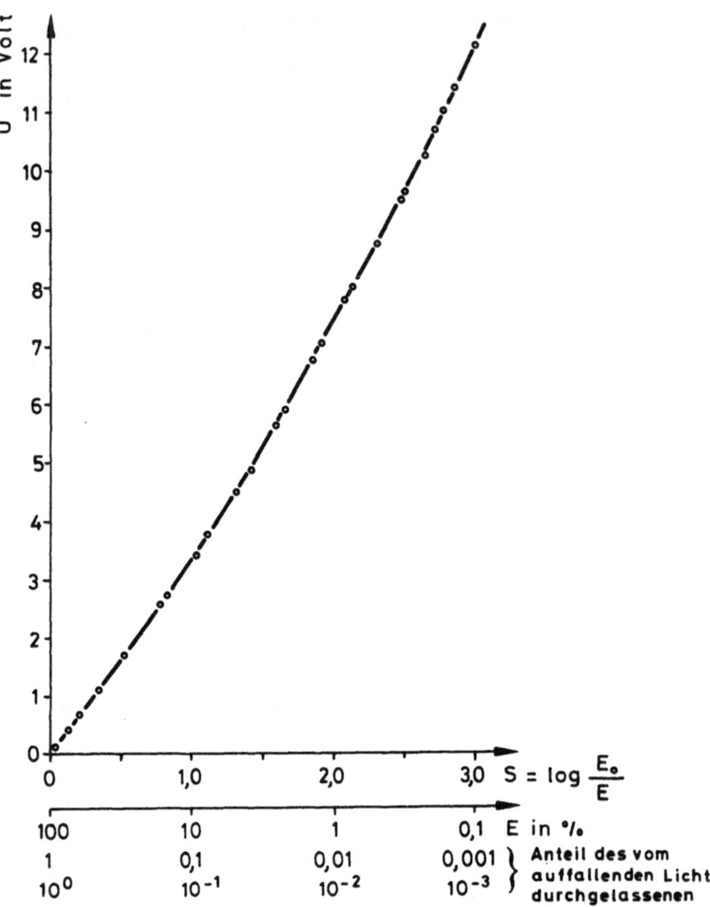

Abb. 4-11 Beziehung zwischen der Meßspannung U des Quotientendensitometers und der Schwärzung oder optischen Dichte S des belichteten und entwickelten photographischen Films nach
Messungen im linearen Bereich des Photometers(vgl. Abb.
4-10 f) mit Hilfe eines photographischen Stufen-Graukeils.
S ist der negative dekadische Logarithmus des Transmissions-
grades (auch Transparenz) T; T ist das Verhältnis des
durchgelassenen Lichtstroms E zum auffallenden Lichtstrom
E_0, d.h. $T = E/E_0$, $S = \log 1/T = \log E_0/E$ [72, 230]

Wie stark weicht nun die Kennlinie der Näherungslösung

$$\Delta U_M^* = - \frac{1}{4} U_o r \ln 10 \, \Delta S$$

von der exakten Lösung

$$\Delta U_M = - \frac{U_o}{2} \frac{1-10^{-r\Delta S}}{1+10^{-r\Delta S}}$$

ab?

Dieses kann sowohl errechnet werden, gestrichelt gezeichnet in Abb. 4-10 f, wie auch gemessen werden, ausgezogen gezeichnet. Der Vermerk an den Kurven x1 bedeutet, daß die Ordinatenwerte mit 1 multipliziert und x10, daß sie mit 0,1 multipliziert werden müssen (die Kurve wurde 10fach verstärkt wiedergegeben). Die Näherungslösung wie die exakte Lösung wurden meßtechnisch bewältigt, indem die Schwärzungstreppe einmal bei auf konstantem Schwärzungswert eingestellten Photoreferenzwiderstand und dann mit Nachführen der Schwärzungswerte bei dem Referenzphotowiderstand ausgemessen wurde: Die errechnete Kurve wird gewonnen aus:

$$\Delta U_M^* = - \frac{1}{4} U_o \, r \, \ln 10 \, \Delta S$$

$$r\Delta S = - \frac{4}{U_o \ln 10} \Delta U_M^* = K \Delta U_M^*$$

$$\text{mit} \quad K = \frac{4}{U_o \ln 10}$$

und eingesetzt in:

$$\Delta U_M = - \frac{U_o}{2} \frac{1-10^{-r\Delta S}}{1+10^{-r\Delta S}}$$

ergibt sich:

$$\Delta U_M = \frac{U_o}{2} \frac{1-10^{K\Delta U_M^*}}{1+10^{K\Delta U_M^*}}$$

$$U_o = 9 \text{ V}$$
$$K = 0,2 \text{ V}^{-1}$$

In Abb. 4-10 f ist die Differenz der beiden Spannungen ΔU_M^* gegen die Densitometerspannung der Näherungslösung aufgetragen. Die gemessene Differenz (ausgezogen gezeichnet) weicht nach größeren Werten ab,

weil noch zusätzlich die Spannungsbegrenzung der Brückenschaltung des
Densitometers einen Fehlerbeitrag liefert. Meßtechnisch wurde die
Näherungslösung realisiert durch stufenweise Nachführung des Vergleichs-
photowiderstandes um Schwärzungsintervalle von $\Delta S = 0,2$, wie es auch
zur Realisierung der Abb. 4-11 geschehen ist.

4.4.4.6 Graphische Mineralgehaltsbestimmung

Der Schwärzungsvergleich ist die Grundlage der Gewinnung eines Meßwertes der Stoffkonzentration des Untersuchungsobjekts aus dem Röntgenbild mit Hilfe eines mitabgebildeten Referenzsystems bzw. Phantomkörpers bekannter Zusammensetzung, Schichtdicken und Konzentrationen
der gewünschten Substanz. Allgemein wird ein graphisches Verfahren
angewandt, bei dem die optische Dichte als Funktion der Schichtdicke
des Referenzsystems und die interessierende Substanzkonzentration als
Scharparameter dargestellt wird (Abb. 4-12). Der Schwärzungswert des
Untersuchungsobjekts wird entsprechend seiner Schichtdicke in das Diagramm eingetragen und die Substanzkonzentration durch lineare Interpolation ermittelt [87, 93, 168].

Die beiden Beispiele in Abb. 4-12 ergeben differierende Meßwerte. Aus
der Ablesung des Mineralgehaltwertes in Abb. 6-17 resultiert ein drit-
ter Meßwert.Dies   beweist, daß die in Abb. 4-12 angenommenen linearen
Verhältnisse nicht vorliegen. Hierfür sind im wesentlichen drei Ursachen verantwortlich zu machen:

1. Nicht-Linearität der Schwärzungskurve
2. Konzentrationsabhängige Strahlenaufhärtung durch das Referenzsystem
3. Einfluß der divergierenden Schwächungseigenschaften der Komponenten
   des Hydroxylapatit-Palatal-Wasser-Referenzsystems auf die Beziehung
   zwischen Filmschwärzung und Hydroxylapatit-Flächenmasse.

Bei dieser Sachlage bietet die Darstellung der optischen Dichte als
Funktion der Hydroxylapatit-Konzentration bei konstanter Schichtdicke
(des zu untersuchenden Objekts) den Vorteil der Berücksichtigung der
Nicht-Linearität und damit eines geringeren Meßfehlers. Darüber hinaus
können aus praktischen Gründen die Schichtdickenstufen der Referenzsysteme wesentlich variabler gestaltet werden, so daß lineare Interpolationen einen geringeren Meßfehler nach sich ziehen (Abb. 4-14).
Die computertechnische Anwendung des Prinzips derartiger Verfahren ist
unproblematisch [150].

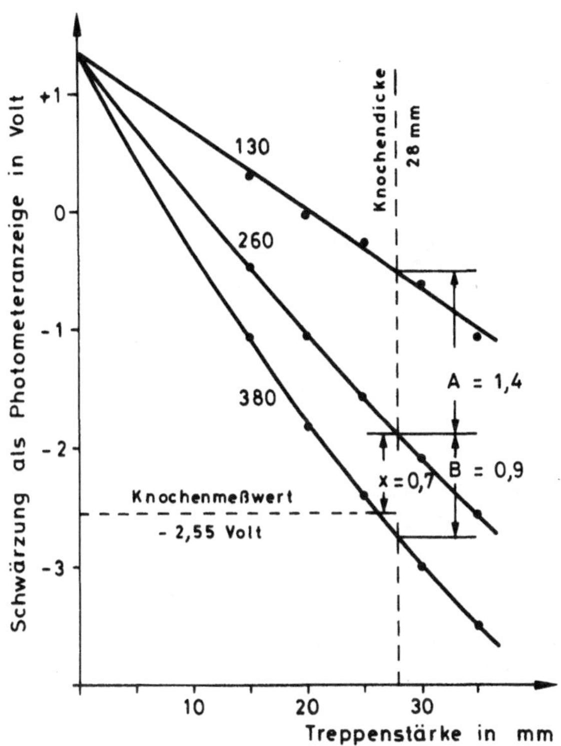

Abb. 4-12 Bestimmung einer unbekannten Stoffkonzentration aus dem
Röntgenbild durch Vergleich der optischen Dichten (Ordinate:
Photometermeßwerte) mit einem Referenzsystem am Beispiel
der Mineralgehaltsbestimmung des Knochens mittels linearer
Interpolation (Original-Meßkurven des Hydroxylapatit-Referenzsystems in Wasser). Abszisse: Treppenstärke des Referenzsystems; Scharparameter: die Mineralgehaltsstufen
130, 260 und 380 mg/cm^3. Den Schwärzungsdifferenzen A und B
entsprechen bei gleicher Schichtdicke Mineralgehaltsdiffe-
renzen von 130 und 120 mg/cm^3. Gesucht wird die der Schwärzungsdifferenz x entsprechende Mineralgehaltsdifferenz ΔM.

Es sind bei linearer Interpolation $\Delta M = \frac{x}{A} \cdot 130$ oder

$\Delta M = \frac{x}{B} \cdot 120$ mg/cm^3 und der gesuchte Mineralgehalt

$260 + \frac{0.7}{1.4} \cdot 130 = 325$ mg/cm^3 oder $260 + \frac{0.7}{0.9} \cdot 120 = 353$ mg/cm^3

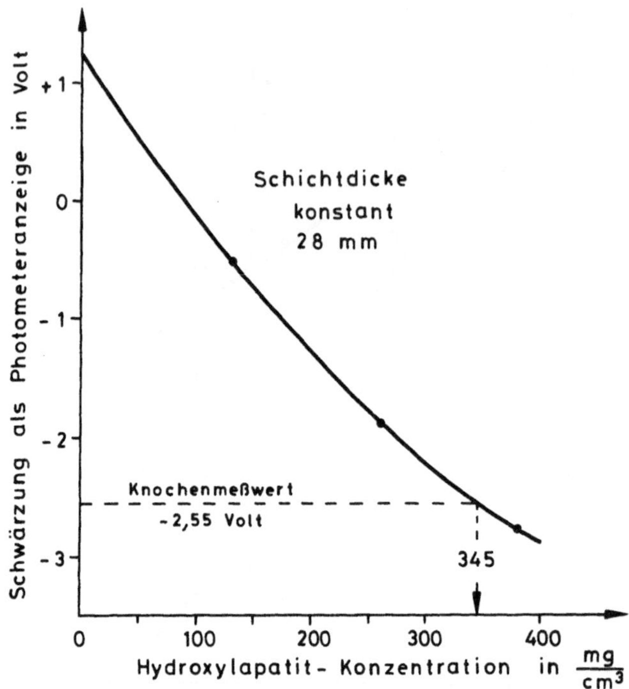

Abb. 4-13 Beziehung zwischen Filmschwärzung (Ordinate) und Hydroxylapatit-Konzentration des Referenzsystems bei konstanter
Schichtdicke. Übertragung der Kurvenpunkte aus Abb. 4-12

In Abb. 4-12 ist die Schwärzung als elektrische Spannung der Densito-
meteranlage aufgetragen worden. Für kleine Schwärzungsänderungen
(rΔS·ln 10 <<1) ergibt sich, wie schon gezeigt wurde, der lineare Zusammenhang

$$\Delta U = - \frac{1}{4} U_O \ r \ \ln 10 \cdot \Delta S.$$

Werden Meßwerte in Abhängigkeit von der Treppenstärke im Wendepunkt
der Schwärzungskurve aufgenommen, so umfaßt der lineare Bereich ein
größeres Schwärzungsintervall, in dem γ konstant ist. Die Steigung
dieser Geraden ergibt sich aus der Tabelle 3-2 zu:

$$\frac{S_i - S_O}{d_i - d_O} = \frac{\Delta S}{\Delta d} = - \gamma \left[(\mu_A - \mu_p) \ \frac{M_A}{P_A} + (\mu_p - \mu_W) \right] \lg e.$$

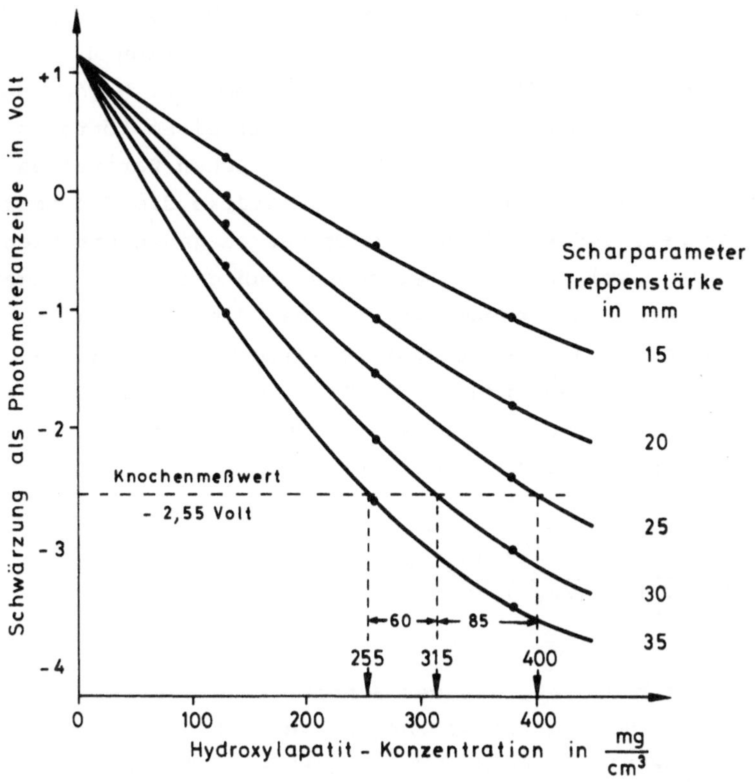

Abb. 4-14   Bestimmung des Knochenmineralgehalts aus dem Röntgenbild durch Schwärzungsvergleich mittels linearer Interpolation. Filmschwärzung(Ordinate) als Funktion der Mineralkonzentration des Referenzsystems bei verschiedenen Schichtdicken (= Scharparameter). Übertragung der Kurvenpunkte aus Abb. 4-12. Der Mineralgehalt des Knochens (Schichtdicke d_k=28mm) ist

$$M_k = M_{30} + (M_{30} - M_{35}) \cdot \frac{d_{30} - d_k}{d_{35} - d_{30}} = 315 + (315 - 255)\frac{30-28}{35-30} = 339 \ mg/cm^3$$

oder

$$M_k = M_{30} + (M_{25} - M_{30}) \frac{d_{30} - d_k}{d_{30} - d_{25}} = 315 + (400 - 315)\frac{30-28}{30-25} = 349 \ mg/cm^3$$

Die Steigung dieser Geraden wird bestimmt durch den γ-Wert des Filmes, den Schwächungskoeffizienten μ und die Konzentration M_A des Apatits in der Referenztreppe mit Palatal als Vergußmasse. Werden Referenztreppen mit verschiedenen Konzentrationen in einem Röntgenbild aufgenommen, wie in Abb. 4-12, ist in der graphischen Darstellung der Densitometeranzeige als Funktion der Treppenstärke die Konzentration M_A der Scharparameter. Diese Geraden oder Kurven gehen strahlenförmig von dem Punkt $d_O(= o\ mm)$, S_O aus. Betrachtet man das Schwärzungsintervall $\Delta S = S_i - S_O$ von S_O ausgehend, so kann man die Gleichung nach ΔS auflösen und für gleiche Schwärzungsintervalle bei verschiedenen Konzentrationen M_A und den entsprechenden Treppenstärken die dazugehörigen Gleichungen gleichsetzen und erhält wegen $d_O = O\ mm$, nach dem Verhältnis der Treppenstärken aufgelöst:

$$\frac{d_1}{d_2} = \frac{(\mu_A - \mu_p)\ M_{A2}/\rho_A + (\mu_p - \mu_W)}{(\mu_A - \mu_p)\ M_{A1}/\rho_A + (\mu_p - \mu_W)} \quad .$$

Diese Gleichung bedeutet, daß der Schnittpunkt der zur Abszisse parallelen Geraden S_i mit den Schwächungskurven zweier Konzentrationen stets zu denselben Verhältnissen der Treppenstärken führt, unabhängig von der Schwärzung S_i. Oft sind die Kurven nicht im Wendepunkt der Schwärzungskurve, sondern bei niedrigeren Schwärzungen aufgenommen worden. Dann sind die Kurven nicht linear und damit ist γ eine Funktion der Schwärzung bzw. bei konstanter Konzentration eine Funktion der Treppenstärke. Da beim Gleichsetzen der beiden Gleichungen nicht nur die Schwärzungsintervalle gleich sein müssen, sondern auch die entsprechenden Absolutwerte der Schwärzung, ergeben sich in beiden Fällen gleiche γ-Werte, die also auch bei nichtlinearen Kurven herausfallen. Die abgeleitete Gleichung ist somit allgemeingültig.

Die Gültigkeit dieser Gleichung ist im Rahmen unserer Messungen experimentell geprüft worden. Die experimentellen Ergebnisse stimmen voll mit der theoretisch abgeleiteten Gleichung überein.

Daß bei vorgegebener Schwärzung die Schnittpunkte mit den Kurven zu festen Verhältnissen der Abszissenwerte führen, läßt sich nur für Abb. 4-12 herleiten, aber nicht für Abb. 4-14. Die Kurven in Abb. 4-14 sind bei konstanter Treppenstärke der Referenztreppe aber stufenweiser Änderung der Konzentration erhalten worden. Diese Voraussetzung verletzt man, wenn man bei gleicher Schwärzung von einer Treppenstärke

zu einer anderen Treppenstärke übergeht. Das aus der Abb. 4-12 abgeleitete Verhältnis der Treppenstärken für je zwei Komponenten ermög-
licht es, das Verhältnis aus Messungen zu gewinnen und damit die
Kurven Punkt für Punkt aufzubauen auch für den Bereich, der aus dem
Röntgenbild nicht entnommen werden kann, sofern nur eine Kurve in dem
in Frage kommenden Schwärzungsbereich bekannt ist. Dieses Verfahren
kann dann auch zur Mineralgehaltsbestimmung benutzt werden. Die Form
der Kurve hängt davon ab, wo auf der Schwärzungskurve gemessen wird.
So ergibt sich bei Messung im Fuß, d.h. bei geringerer Schwärzung,
eine sich nach größeren Werten der Treppenstärke asymptotisch einer
Waagerechten nähernde Kurve; im mittleren Teil ergibt sich eine
Gerade und im Schulterbereich , d.h. also bei größerer Schwärzung,
eine sich nach kleineren Werten der Treppenstärke asymptotisch einer
Waagerechten nähernde Kurve.

5. Experimentelle Ergebnisse

5.1 Aluminiumtreppen - Kennlinienfelder

Allgemein wird als Voraussetzung der Reproduzierbarkeit und Zuver-
lässigkeit densitometrischer Knochenmineralmeßwerte die Lage der zu
vermessenden optischen Dichtewerte auf dem sog. linearen Teil der
Schwärzungskurve gefordert [87]. Ein derartiger linearer Teil, kennt-
lich an einer Plateaubildung der Gradientenkurve [230], ist jedoch
offensichtlich nicht immer gegeben (Abb. 5-6). Um so dringender war
die Frage zu beantworten, inwieweit die Messung einer vom Film aufge-
nommenen quasi-monoenergetischen Photonenstrahlung - und damit auch
des Schwächungskoeffizienten - aus der Filmschwärzung vom jeweiligen
örtlichen Gradienten (erster Differentialquotient) der verschiedenen
Bereiche der Schwärzungskurve beeinflußt wird. Aus einer derartigen
Abhängigkeit würde sich zwingend eine fehlerträchtige Abhängigkeit
auch der Mineralgehaltsbestimmung von der Lage auf der Schwärzungskurve ergeben. Der folgende experimentelle Ansatz ist letztlich eine
Untersuchung der Kennlinie von der Röntgenröhre bis zum entwickelten
Film. Zur Klärung dieser Frage wurden mit Hilfe einer Treppe aus
reinem Aluminium zunächst Schwärzungskurven bei verschiedenen Belichtungszeiten hergestellt (Abb. 5-1).

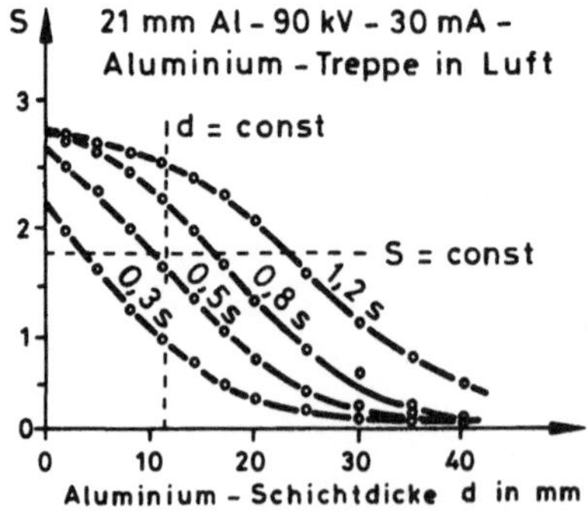

Abb. 5-1 Einfluß der Aluminiumschichtdicke (Aluminiumtreppe in Luft,
Abszisse) auf die Schwärzung des Röntgenfilms (Ordinate) bei
90 kV Röhrenspannung, 30 mA Röhrenstrom, 21 mm Aluminium-
Vorfilterung und verschiedenen Belichtungszeiten (in Se-
kunden, Angaben an den Kurven). Röntgengerät: Siemens Sire-
mobil 2S (Experimentiergerät): Film-Focus-Abstand 150cm;
Siemens Focus-Raster (150 cm) Pb 12/40; Siemens Titan HS
Rückfolie; DuPont Cronex 4X-Ray Screen Film

Für Aluminium in Luft gilt die Beziehung [169]:

$$\left.\frac{\Delta lg(i\cdot t)}{\Delta d}\right|_{S=const} = \mu_{Al}\cdot lge \quad oder \quad \mu_{Al} = \left.\frac{\Delta lnt}{\Delta d}\right|_{\substack{i=const \\ S=const}}$$

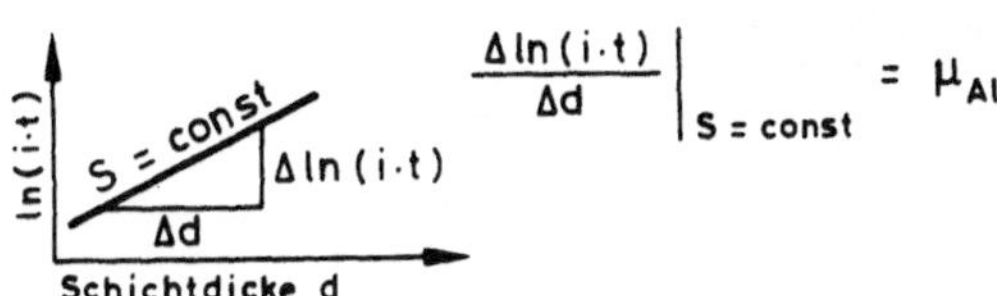

$$\left.\frac{\Delta ln(i\cdot t)}{\Delta d}\right|_{S=const} = \mu_{Al}$$

Abb. 5-2 Aluminium in Luft: Beziehung zwischen der Aluminiumschichtdicke und dem natürlichen Logarithmus der Röntgenquantenmenge bei gleicher Filmschwärzung (schematische Darstellung)

Zur Gewinnung von µ durch die Größen Δln(i·t) bzw. Δlnt in Abhängigkeit von Δd wurden für konstante Schwärzung S für verschiedene
Zeiten t die zugehörigen Schichtdicken d aus Abb. 5-1 in der Kurvenschar Abb. 5-3 aufgetragen, so daß nunmehr µ direkt errechnet werden
kann. Wie aus gut übereinstimmenden Steigungen der Geraden der Abb.
5-3 zu erkennen ist, ist für alle Aluminiumschichtdicken der Abb. 5-1
µ und somit auch die effektive Photonenenergie (E_{eff}) über einen
weiten Bereich etwa gleich (Abb. 5-6). Dies bedeutet, daß unter den
gegebenen Bedingungen durch die Vorfilterung von 21mm Al keine mit
der gewählten Methode meßbare (wesentliche) zusätzliche Aufhärtung
der Strahlung durch die verschieden starken Aluminiumschichtdicken mehr
stattfindet, und somit für Aluminium sowie Stoffe niedrigerer Kern-
ladungszahl die Voraussetzung einer quasi-monoenergetischen, "homo-
genisierten" Strahlung gegeben ist. Sowohl durch Calcium (Ordnungszahl 20) als auch Phosphor (Ordnungszahl 15) wäre allerdings eine
weitere Strahlenaufhärtung möglich.

Die Gradientenkurve wurde auf folgendem Wege gewonnen:

$$\gamma = \left.\frac{\Delta S}{\Delta lg(i\cdot t)}\right|_{d=const} \quad oder \quad \gamma = \left.\frac{\Delta S}{\Delta lgt}\right|_{\substack{i=const \\ d=const}}$$

Zur Gewinnung von γ durch die Größen ΔS und Δlgt wurden für konstante
d für verschiedene t die zugehörigen S aus Abb. 5-1 in Abb. 5-4 aufgetragen, so daß nunmehr γ direkt aus den Schwärzungskurven ermittelt
werden kann (vgl. Abb. 3-1).

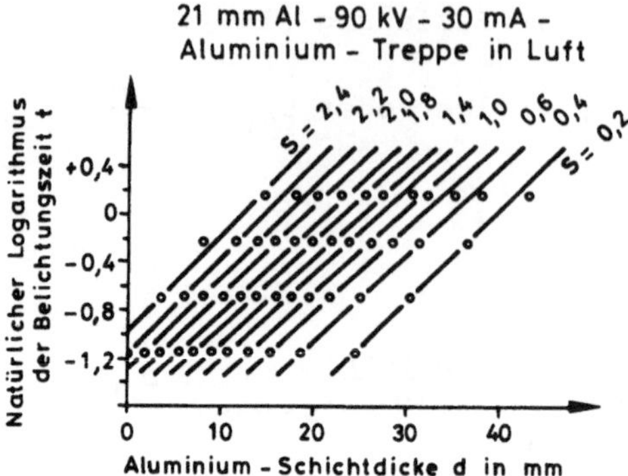

Abb. 5-3 Zusammenhang zwischen natürlichem Logarithmus der Belichtungszeit und Aluminiumschichtdicke für Kurven gleicher Filmschwärzung (aus Abb. 5-1)

Wird $\frac{\Delta S}{\Delta \lg t}$ an Stellen gleicher Schwärzung gemittelt und gegen S aufgetragen, so erhält man Abb. 5-6a. Über derselben Abszisse ist das Ver-
halten des Schwächungskoeffizienten μ (Aluminium) sowie der effektiven
Photonenenergie (über die Beziehung zwischen μ verschiedener Stoffe
und E_{eff} vgl. Abb. 5-5) bei konstantem Röhrenstrom und konstanter
Röhrenspannung dargestellt (Abb. 5-6 b, c). Man erkennt, daß trotz
kontinuierlicher Änderung des Gradienten und unabhängig vom linearen
Bereich der Schwärzungskurve eine relativ zuverlässige Bestimmung des
Schwächungskoeffizienten und der effektiven Photonenenergie, und damit
auch des Mineralgehaltes, über einen sehr weiten Bereich der Filmschwärzung möglich ist.

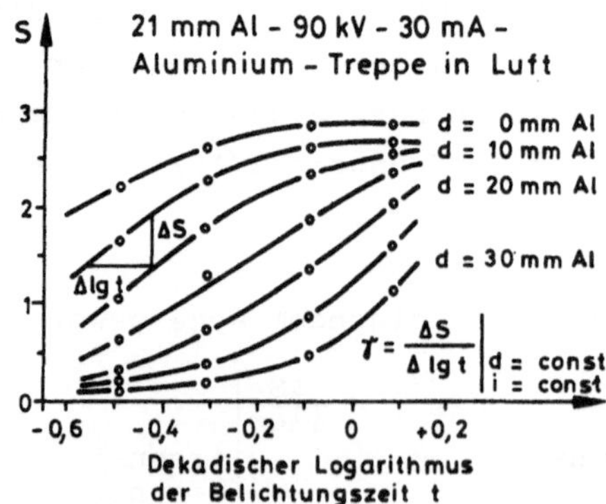

Abb. 5-4 Abhängigkeit der Filmschwärzung S vom dekadischen Logarithmus
der Belichtungszeit bei konstanter Aluminiumschichtdicke. Experimentelle Bedingungen wie Abb. 5-1

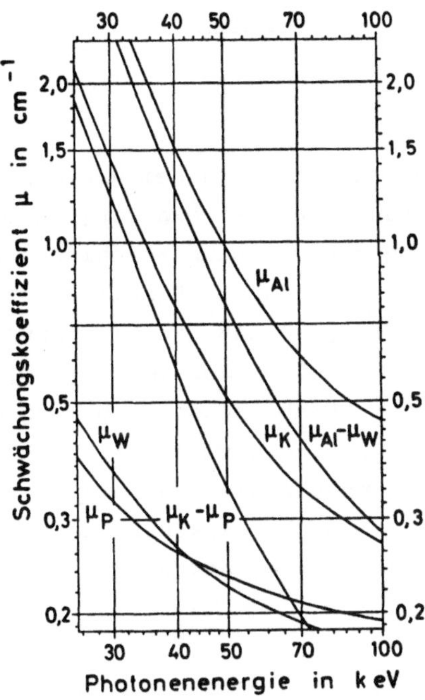

Abb. 5-5 Beziehung zwischen den Schwächungskoeffizienten µ verschiedener Stoffe und der effektiven Photonenenergie nach tabellarischen Angaben [95, 101]. Al, W, P, K = Aluminium, Wasser, Plexiglas, Knochen

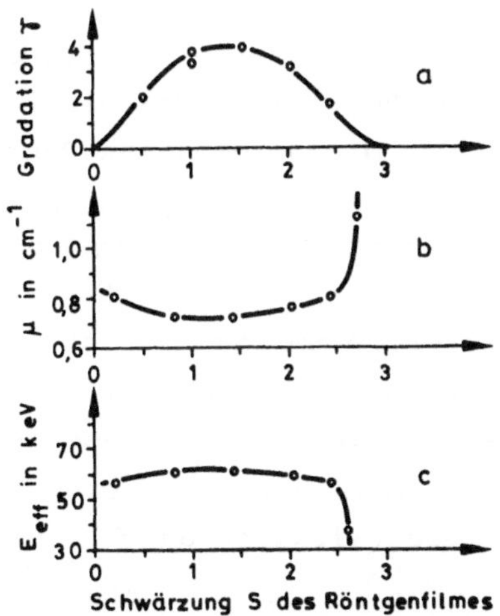

Abb. 5-6 Einfluß der Schwärzung des Röntgenfilms (Abszisse) auf Gradation (a), Schwächungskoeffizient (b) und effektive Photonenenergie (c) (Ordinaten). Experimentelle Bedingungen wie Abb. 5-1. Schwächungskoeffizient und effektive Photonenenergie wurden hier bei einer Gesamt-Aluminiumschichtdicke (effektive Filterdicke) von 41 mm Aluminium gemessen

5.2 Urografintreppen - Kennlinienfelder

5.2.1 Einführung

Polychromatische Strahlung verhält sich bei genügend kleiner Konzen-
trations- oder Dickenänderung, bei der ein vorgegebener Fehler nicht
überschritten wird, wie monochromatische Strahlung. Bei den folgenden
Berechnungen wird vorausgesetzt, daß im Bereich dieser genügend kleinen Änderungen gearbeitet wird, so daß die Gleichungen für monochromatische Strahlung angewendet werden können. Bei der Strahlenabsorption, der Berechnung der Strahlenabsorption und der Bestimmung
der einzelnen Komponenten sind Knochenmineral und Röntgenkontrastmittel von der Theorie her gesehen gleichwertig. Für orientierende
Messungen und Berechnungen sind Röntgenkontrastmittel einfacher zu
handhaben, denn ihre Zusammensetzung und physikalischen Daten sind
bekannt.

Der Weg zu Patientenmeßwerten sollte folgende Schritte umfassen:
Zuerst theoretische Berechnungen der einzelnen Größen, die die Absorption von Röntgenstrahlen bei Röntgenkontrastmitteln unterschiedlicher Konzentration aber gleicher Schichtdicke bewirken. Zum Zweiten
Bestimmung an durchgeführten Messungen an einem bekannten Untersuchungsgegenstand. Hier: Röntgenkontrastmittel verschiedener Konzentration
und verschiedener Schichtdicke. Zum Dritten: Übertragung auf Messungen
an Patienten zur quantitativen Bestimmung des Mineralgehaltes oder
Blutvolumens und Bestimmung der Mineralmenge an Röntgenkontrastmitteln.

In der Literatur wird die quantitative Bestimmung der Röntgenkontrastmittel unter folgenden Gesichtspunkten behandelt:
a) Arbeiten, die die Röntgenkontrastmittel selbst betreffen, wie Absorptionsmessungen an Röntgenkontrastmitteln mit monochromatischen
Strahlen [198], Schwärzungsmessungen von Kontrastmitteln bei Röntgenstrahlung verschiedener Energien [164] und Untersuchungen, ob Fortschritte in der Kontrastmittelentwicklung durch Brom zu erzielen sind
[86].
b) Bestimmung der Kontrastmittelkonzentration im Gewebe [100, 62, 194,
65].

Die Probleme, Knochenmineralgehalt bzw. Röntgenkontrastmittelkonzentration zu bestimmen, sind von der mathematischen Berechnung der
physikalischen Zusammenhänge her gesehen bis auf eine Ausnahme gleich.

Diese Ausnahme ist, daß man bei Bestimmung des Röntgenkontrastmittels
bei Messungen am Patienten eine Röntgenaufnahme mit und ohne Röntgenkontrastmittel herstellen kann, was bei der Bestimmung der Kontrastmittelkonzentration im Gewebe und der Gewebsdurchblutung sehr hilfreich ist.
Diese zusätzliche Information kann man bei der Mineralgehaltsbestimmung des Knochens nicht gewinnen. Unter der Voraussetzung, daß monochromatische Strahlung vorliegt, können die für eine quantitative
Messung an Patienten notwendigen physikalischen Größen aus Messungen
mit Röntgenkontrastmitteln verschiedener Konzentrationen ermittelt
werden. Dieses Vorgehen, aus Messungen Daten zu ermitteln, ist deshalb sinnvoll, weil diese Daten bei unter gleichen Bedingungen gewonnenen Durchblutungsmessungen verwendet werden sollen. Unter gleichen Bedingungen heißt, daß Testmessung und Patientenmessung unter
gleichen Absorptionsverhältnissen und damit unter gleicher wirksamer
Strahlenhärte durchgeführt werden.

Im folgenden werden die verschiedenen für die quantitative Auswertung
von Röntgenbildern notwendigen physikalischen Größen theoretisch ab-
geleitet. Anschließend werden mit Hilfe von geeigneten Messungen
Kennlinienfelder gewonnen, aus denen die theoretisch abgeleiteten
Größen in ihrem Betrag ermittelt werden können.
Für die theoretische Ableitung werden folgende Größen benötigt:

m = Masse in g
d = Schichtdicke in cm
V = Volumen in cm^3
ρ = spezifische Masse in g/cm^3
K = Massenkonzentration in g/cm^3
μ = Schwächungskoeffizient in cm^{-1}

Folgende Indices werden verwendet:

W = Wasser
R = Röntgenkontrastmittelsubstanz
L = Röntgenkontrastmittellösung, bezieht sich immer auf eine
anzugebende Konzentration.

5.2.2 Theoretische Betrachtung

Schichtdicke konstant, Röntgenkontrastmittel in Wasser gelöst

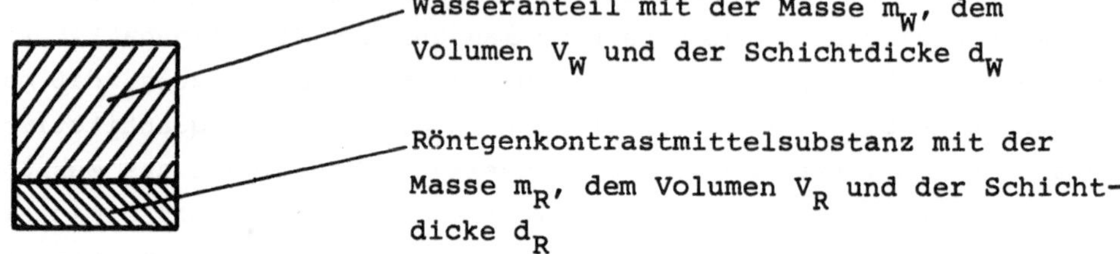

Abb. 5-7 Komponenten der Röntgenkontrastmittellösung

Hieraus ergeben sich folgende Beziehungen:

Gesamtmasse der Röntgenkontrastmittellösungen: $m_L = m_W + m_R$ (1)

Gesamtvolumen: $V_L = V_W + V_R$ (2)

Spezifische Masse der Röntgenkontrastmittelsubstanz: $\rho_R = \dfrac{m_R}{V_R}$ (3)

Spezifische Masse des Lösungsmittels Wasser: $\rho_W = \dfrac{m_W}{V_W}$ (4)

Spezifische Masse der Lösung: $\rho_L = \dfrac{m_L}{V_L}$ (5)

Massenkonzentration ($\cdot 100$ ergibt Konzentration in %) : $K = \dfrac{m_R}{V_L}$ (6)

Berechnung der spezifischen Masse der Röntgenkontrastmittelsubstanz:

1 in 5 eingesetzt ergibt: $\rho_L = \dfrac{m_R + m_W}{V_L}$ (7)

Hierin 6 eingesetzt ergibt: $\rho_L = \dfrac{m_W}{V_L} + K$ (8)

Auflösen nach m_W ergibt: $m_W = (\rho_L - K)\, V_L$ (9)

in 4 eingesetzt und nach V_W aufgelöst ergibt sich: $V_W = \dfrac{(\rho_L - K)\, V_L}{\rho_W}$ (10)

V_W in 2 eingesetzt und nach V_R aufgelöst ergibt: $V_R = \dfrac{V_L}{\rho_W}(\rho_W - \rho_L + K)$ (11)

V_R in 3 eingesetzt ergibt: $\rho_R = \dfrac{K\, \rho_W}{\rho_W - \rho_L + K}$ (12)

nach ρ_L aufgelöst ergibt: $\rho_L = \left(1 - \dfrac{K}{\rho_R}\right)\rho_W + K$ (13)

$$d_L = d_W + d_R = D = D_W$$

$$\mu_L d_L = \mu_W d_W + \mu_R d_R$$

$$\mu_L = \mu_W \frac{d_W}{d_L} + \mu_R \frac{d_R}{d_L}$$

$$d \cdot F = V$$

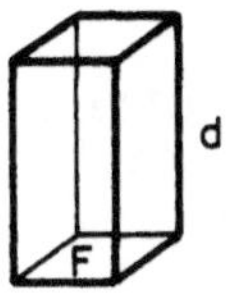

$$\mu_L = \mu_W \frac{Fd_W}{Fd_L} + \mu_R \frac{Fd_R}{Fd_L}$$

$$\mu_L = \mu_W \frac{V_W}{V_L} + \mu_R \frac{V_R}{V_L} \qquad (14)$$

Abb. 5-8 Quader

Dividieren Gleichung 6 durch Gleichung 3 ergibt: $\dfrac{K}{\rho_R} = \dfrac{V_R}{V_L}$ $\qquad (15)$

13 in 10 eingesetzt ergibt: $\dfrac{V_W}{V_L} = 1 - \dfrac{K}{\rho_K}$ $\qquad (16)$

15 und 16 in 14 eingesetzt ergibt:

$$\mu_L = \mu_W \left(1 - \frac{K}{\rho_R}\right) + \mu_R \frac{K}{\rho_R}$$

$$\mu_L = (\mu_R - \mu_W) \frac{K}{\rho_R} + \mu_W \, . \qquad (17)$$

Die folgende Gleichung für die Knochentreppe ist aber auch schon auf anderem Wege abgeleitet worden:

$$\mu_{Tr} = (\mu_K - \mu_W) \frac{M}{\rho_K} + \mu_W \, .$$

Nach Gleichung 17 ist:

$$\mu_W = \frac{\mu_L \rho_R - \mu_R K}{\rho_R - K} \qquad . \qquad (18)$$

Weiterhin ergibt sich aus Gleichung 17

$$\mu_R = (\mu_L - \mu_W) \frac{\rho_R}{K} + \mu_W \, . \qquad (19)$$

Messung mit einer Strahlenhärte, aber mit zwei Konzentrationen, ergibt nach Gleichung 18

$$\mu_W = \frac{\mu_{L1} \, \rho_R - \mu_R \, K_1}{\rho_R - K_1} = \frac{\mu_{L2} \rho_R - \mu_R K_2}{\rho_R - K_2} \qquad .$$

Aus dieser Gleichung erhält man für μ_R

$$\mu_R = \frac{\mu_{L2} (\rho_R - K_1) - \mu_{L1} (\rho_R - K_2)}{K_2 - K_1} \qquad . \qquad (20)$$

Nach Gleichung 17 ist: $\dfrac{\mu_R}{\rho_R} = \dfrac{\mu_L}{K} - \dfrac{\mu_W}{K} \left(1 - \dfrac{K}{\rho_R} \right)$ Messung mit einer

Strahlenhärte, aber zwei Konzentrationen, ergibt für diese Gleichungsform

$$\frac{\mu_R}{\rho_R} = \frac{\mu_{L1}}{K_1} - \frac{\mu_W}{K_1} \left(1 - \frac{K_1}{\rho_R} \right) = \frac{\mu_{L2}}{K_2} - \frac{\mu_W}{K_2} \left(1 - \frac{K_2}{\rho_R} \right) \;.$$

Auflösen nach μ_W ergibt

$$\mu_W = \frac{\mu_{L1} K_2 - \mu_{L2} K_1}{K_2 - K_1} \;. \tag{21}$$

Tab. 5-1 Übersicht über die abhängigen und unabhängigen Variablen in den Gleichungen

Gl. Nr.	17	18	19	20	21
μ_R	x	x	⊗	⊗	
μ_W	x	⊗	x		⊗
ρ_R	x	x	x	x	
K	x	x	x	x	x
μ_L	⊗	x	x	x	x
K_2				x	x
μ_{L2}				x	x

Gleichung 20 ist von μ_W unabhängig, Gleichung 21 ist von μ_R und ρ_R unabhängig, x kennzeichnet die Größen, die in der jeweiligen Gleichung vorkommen. ⊗ kennzeichnet die Größen, nach der die jeweilige Gleichung aufgelöst ist.

5.2.3 Beschreibung des Meßgegenstandes

Das Röntgenkontrastmittel befand sich in einer Hohltreppe mit den Maßen: Treppenstärke 2, 4, 6, 8, 10 mm, jede Treppenstufe hatte eine Grundfläche von 20 x 20 mm^2. Die Hohltreppe war begrenzt durch eine 2 mm dicke Plexiglaswand. Damit verringerte sich die auswertbare Treppengrundfläche in Richtung zunehmender Treppenstärke um 2 mm, so daß sie jetzt 20 x 18 mm^2 betrug. Der Röntgenstrahl mußte also außer der Röntgenkontrastmittellösung beim Eintritt in die Hohltreppe und beim Austritt jedesmal die Plexiglaswand von je 2 mm durchlaufen. Deshalb wurde, um die Absorption der Röntgenstrahlen ohne Röntgenkontrastmittel zu erhalten, neben die Röntgenkontrastmitteltreppe eine Platte von doppelter Wandstärke, also 4 mm Plexiglas, mit der Grundfläche 20 x 100 mm^2 gelegt. Die Röntgenkontrastmitteltreppe hatte zwei Öffnungen zum Füllen und Entleeren sowie zum Entlüften. An beide Öffnungen waren flexible Schläuche angebracht, die mit einem Stopfen verschlossen werden konnten. Der flexible Schlauch sollte die Ausdehnung der Flüssigkeit bei Temperaturänderungen auffangen und dadurch eine Beschädigung der Treppe durch Bildung von Rissen durch Überdruck vermeiden. Als Röntgenkontrastmittel wurde Urografin der Firma Schering AG, Berlin/Bergkamen mit den Konzentrationen 76% und 30% verwendet. Auf jedem Röntgenbild befanden sich zwei Treppen mit den beiden Konzentrationen und der Plexiglas-Platte mit der doppelten Wandstärke zur Bestimmung des "Nullwertes". Außerdem befand sich zur Bestimmung der Strahlenhärte folgende Treppe im Strahlengang:

    Aluminium-Treppe: 1, 2, 4, 7, 10 mm
    Plexiglas: 5, 10, 20, 30, 40, 60 mm
    Aluminium: 0,5; 1, 2, 3, 5, 7 mm
    "   : 3, 6, 9, 12, 15
    "   : 2, 5, 8, 11, 14, 17, 20, 25, 30, 35, 40 mm

In den abgeleiteten Gleichungen für μ kommt stets ρ_R vor. Deshalb wird zuerst ρ_R zahlenmäßig bestimmt. Nach Firmenangaben ist:

Urografin	76%	60%	30%
spez. Masse in g/cm^3 (Mittelwert)	1.4215	1.332	1.1635
Massenkonzentration in g/cm^3 (Kontrastmittelgehalt)	0,760	0,600	0,300

Daraus ergibt sich die spezifische Masse der Röntgenkontrastmittelsubstanz nach Kap 5.2.2 Gl. 12:

$$\rho_{R76\%} = \frac{0.76 \text{ g/cm}^3 \cdot 1\text{g/cm}^3}{1 \text{ g/cm}^3 - 1.4215\text{g/cm}^3 + 0,76 \text{ g/cm}^3} = 2.2452 \text{ g/cm}^3$$

$$\rho_{R60\%} = \frac{600 \text{ g/cm}^3}{1-1,332+0,600} = 2,2388 \text{ g/cm}^3$$

$$\rho_{R30\%} = \frac{0,300 \text{ g/cm}^3}{1-1,1635+0,300} = 2,1978 \text{ g/cm}^3$$

Mittelwert: $\rho_R = 2,2273 \text{ g/cm}^3$

Die Abnahme von $\rho_{R76\%}$, $\rho_{R60\%}$ und $\rho_{R30\%}$ bei abnehmender Konzentration könnte ihre Ursache darin haben, daß das Kontrastmittel ein konzentrationsabhängiges Lösungsvolumen hat.

5.2.4 Auswertung der Messungen

Gemessen und aufgetragen wurde U_M. Aus der Kennlinie $U_M = f(S)$ wurde die Schwärzung zu jedem U_M-Wert ermittelt. Daher sind die Werte auf der Ordinate, die die Schwärzung S wiedergibt, in den Abbildungen 5-9 (ff.) nicht linear. In Abb. 5-9 wurde die so ermittelte Schwärzung S gegen die Treppenstärke bzw. Flächenmasse der 76%igen Urografinlösung für vier Belichtungszeiten aufgetragen. Die Treppen befanden sich in Luft. Bei den Aufnahmen betrug die Röhrenspannung 90kV bei einem Röhrenstrom von 50 mA. Die Eigenfilterung der Röhre betrug 3 mm Aluminium, die zusätzliche Filterung betrug 18 mm Aluminium. Es wurden vier Röntgenaufnahmen mit 0,32; 0,5; 0,8 und 1,2 Sekunden Belichtungszeit aufgenommen. Die so gewonnene und in Abb. 5-9 dargestellte Kurvenschar entspricht der aus Abb. 3-10 Nr. 1. Verfährt man bei der Auswertung der Abb. 5-9 nach Abb. 3-10 Nr. 6, so gewinnt man Abb. 5-10. Die Kurvenschar in Abb. 5-10 läßt vermuten, daß die Belichtungszeiten oder der Röhrenstrom während der verschiedenen Aufnahmen nicht völlig exakt sind, sonst würden die Steigungen der Kurven für feste bzw. gleiche Treppenstärken für die verschiedenen Schwärzungen S als Scharparameter stets die gleichen sein. Die Kurvensteigungen in Abb. 5-10 ergeben:

$$\left. \frac{\Delta \ln (it)}{\Delta d} \right|_{S=const} = \mu_L \; \cdot$$

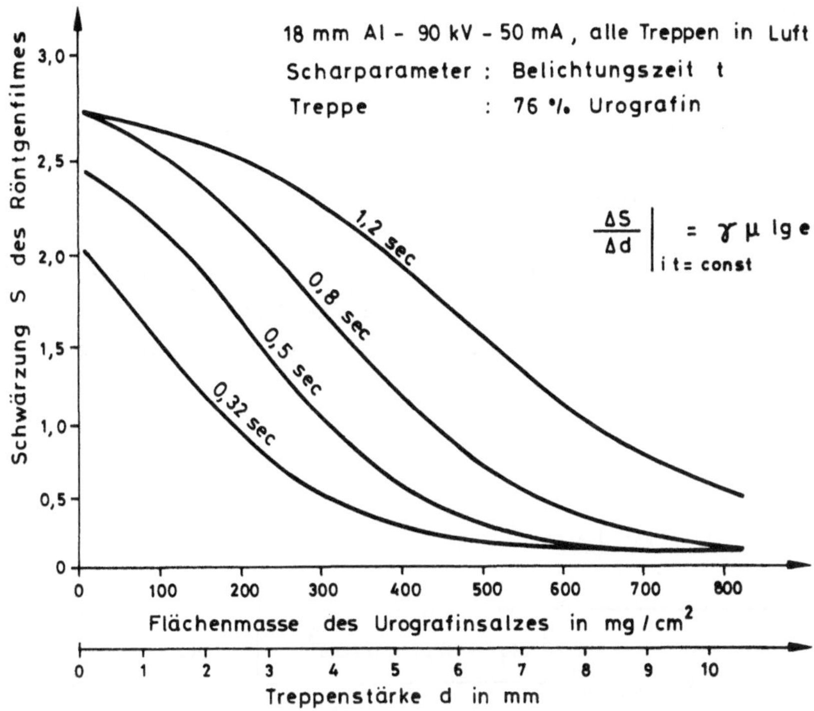

$$\left.\frac{\Delta S}{\Delta d}\right|_{i\,t=const} = \gamma\,\mu\,\lg e$$

Abb. 5-9 Filmschwärzung in Abhängigkeit von der Flächenmasse des Urografinsalzes für verschiedene Belichtungszeiten (76% Urografinlösung)

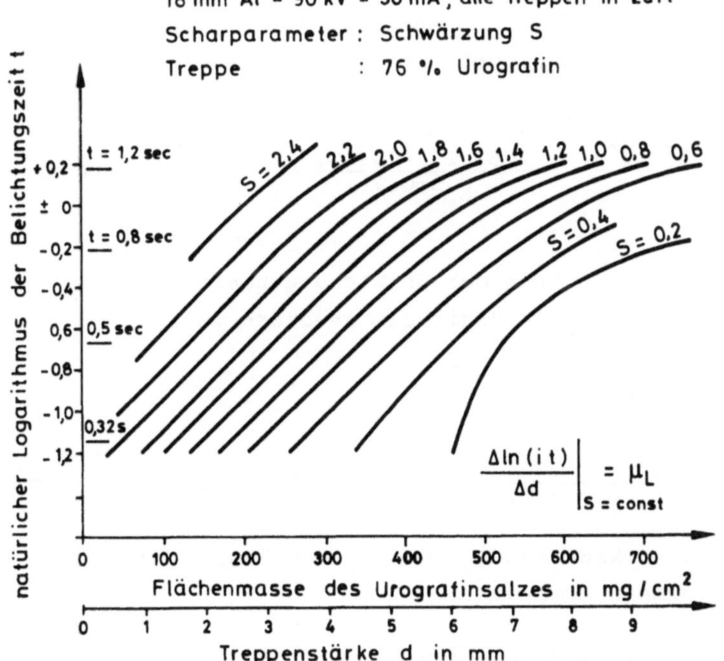

$$\left.\frac{\Delta\ln(i\,t)}{\Delta d}\right|_{S=const} = \mu_L$$

Abb. 5-10 Notwendige Belichtungszeit in Abhängigkeit von der Flächenmasse des Urografinsalzes für verschiedene Filmschwärzungen
(76% Urografinlösung)

Der gemittelte Wert der Steigungen aus Abb. 5-10 für t = 0,5 sec beträgt

$$\mu_{L,76\%} = \mu_{L1} = 2,87 \text{ cm}^{-1}$$

für $K_{76\%} = K_1 = 0,76 \text{ g/cm}^3$.

So wie Abb. 5-9 für 76% Urografin gewonnen wurde, wurde für 30% Urografin die Abb. 5-11 gewonnen. Gemäß den Auswerteverfahren Abb. 3-10 Nr. 6 und 7 wurde Abb. 5-12 gewonnen. Die Steigungen für t = 0,5 sec betragen

$$\mu_{L,30\%} = \mu_{L2} = 1,4 \text{ cm}^{-1}$$

für $K_{30\%} = K_2 = 0,3 \text{ g/cm}^3$

$\rho_R = 2,2273 \text{ g/cm}^3$	$K_1 = 0,76 \text{ g/cm}^3$	$K_2 = 0,30 \text{ g/cm}^3$
	$\mu_{L1} = 2,87 \text{ cm}^{-1}$	$\mu_{L2} = 1,4 \text{ cm}^{-1}$

Aus diesen Werten kann der Schwächungskoeffizient μ_W für das Lösungsmittel der Urografin-Substanz nach Kap. 5.2.2 Gl.21 gewonnen werden, ohne daß ρ_R und μ_R gekannt sein müssen.

$$\mu_W = \frac{\mu_{L1}K_2 - \mu_{L2}K_1}{K_2 - K_1} = \frac{2,87 \cdot 0,3 - 1,4 \cdot 0,76}{0,3 - 0,76} \text{ cm}^{-1} = 0,441 \text{ cm}^{-1}$$

Nach Kap. 5.2.2 Gl. 20 kann der Schwächungskoeffizient μ_R der Urografin-Substanz ohne μ_W-Abhängigkeit gewonnen werden:

$$\mu_R = \frac{\mu_{L2}(\rho_R - K_1) - \mu_{L1}(\rho_R - K_2)}{K_2 - K_1}$$

$$= \frac{1,4(2,2273 - 0,76) - 2,87(2,2273 - 0,3)}{0,3 - 0,76} \text{ cm}^{-1} = 7,56 \text{ cm}^{-1}$$

Ist μ_R bekannt, so kann aus K_1 und μ_{L1} der Abb. 5-10 μ_W nach Kap. 5.2.2 Gl. 18 berechnet werden:

$$\mu_W = \frac{\mu_L \rho_R - K}{\rho_R - K} = \frac{2,87 \cdot 2,2273 - 7,56 \cdot 0,76}{2,2273 - 0,76} \text{ cm}^{-1} = 0,441 \text{ cm}^{-1}$$

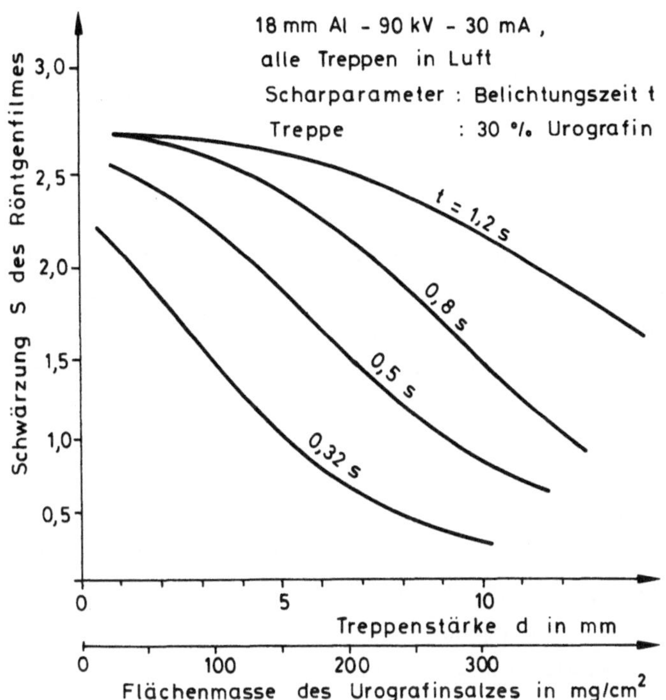

Abb. 5-11 Filmschwärzung in Abhängigkeit von der Flächenmasse des
Urografinsalzes für verschiedene Belichtungszeiten (30% Urografinlösung)

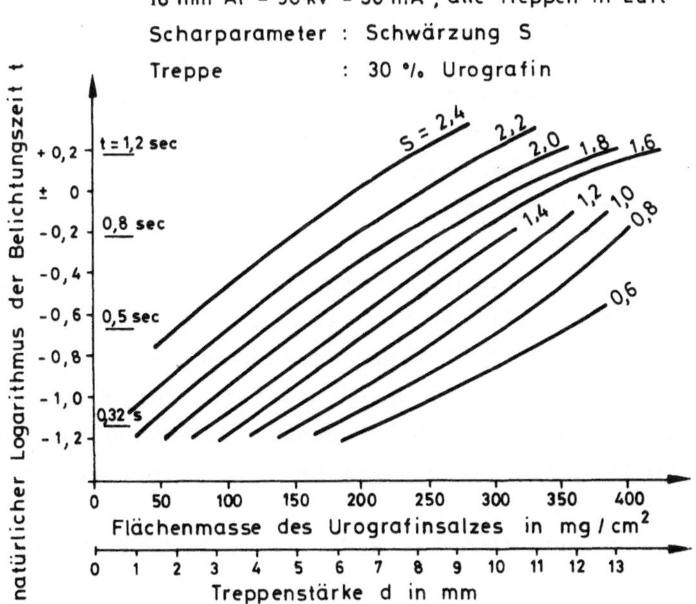

Abb. 5-12 Notwendige Belichtungszeit in Abhängigkeit von der Flächenmasse des Urografinsalzes für verschiedene Filmschwärzungen
(30% Urografinlösung)

Das gleiche läßt sich auch mit den Werten der Abb. 5-12 durchführen:

$$\mu_W = \frac{\mu_L \rho_R - \mu_R K}{\rho_R - K} = \frac{1,4 \cdot 2,2273 - 7,56 \cdot 0,3}{2,2273 - 0,3} \ \text{cm}^{-1} = 0,441 \ \text{cm}^{-1}$$

Die μ_W-Werte für beide Konzentrationen sind, was eigentlich selbstverständlich sein sollte, gleich. Das läßt aber vermuten, daß bei den Messungen und Berechnungen gravierende systematische Fehler nicht vorliegen, sonst wären, auch bei einem Fehler durch geometrische Verhältnisse bedingt, verschiedene Werte herausgekommen. Es soll hier nur gezeigt werden, daß nach diesen Überlegungen brauchbare Werte zu erzielen sind. Dieses sollen orientierende Messungen sein. Für genaue Werte müßten Meßreihen erstellt werden, die eine Fehlerrechnung ermöglichen.

μ wird hier aus Differenzen im Zähler und Nenner bestimmt. Damit können sich große relative Fehler ergeben: Die absoluten Fehler beziehen sich auf den Absolutwert, und die Absolutwerte werden klein bei deren Differenzbildung bei gleichbleibendem Fehlerbetrag. Die Kurven der Abb. 5-9 wurden aus vielen Meßwerten gewonnen. Da jede Kurve glatt gezeichnet wurde, fand ein Fehlerausgleich statt. Bei der Konstruktion der Abb. 5-10 fand ein weiterer Fehlerausgleich statt. Eine Fehlerrechnung ist hier schwer durchzuführen, trotz vieler Meßwerte. Das gilt erst recht für die graphische Bestimmung von μ_L. Eine Fehlerrechnung, die sich nur auf zufällige Fehler bezieht, ist nicht sinnvoll, da systematische Fehler durch die Meßanordnung oder während der Messung(z.B. Röhrenstrom bei den vier Röntgenaufnahmen nicht immer auf Sollwert) nicht auszuschließen sind. Es würde dann eine Genauigkeit vorgetäuscht, die nicht vorhanden ist. Im Gegensatz zu diesen Messungen stehen Patienten-Messungen, die oft nur einen Wert liefern. Ein Fehlerausgleich über Kurven ist damit nicht möglich.

Die hier durchgeführten Berechnungen sollen nur größenordnungsmäßig zeigen, ob die graphische Auswertung sinnvoll ist; und wenn ja, wie sie durchzuführen ist. Die Ergebnisse der vorangegangenen Berechnungen zeigen, daß die Annahmen richtig waren und trotz polychromatischer Strahlung wie bei monochromatischer Strahlung gerechnet werden kann, wenn die Voraussetzungen, kleine Bereiche (Δ-Stücke), eingehalten werden.

Ist μ_W bekannt, kann nach Kap. 5.2.2 Gl. 19 μ_R berechnet werden:

$$\mu_R = (\mu_L - \mu_W) \frac{\rho_R}{K} + \frac{\rho_R}{K} + \mu_W \ .$$

Nach Daten der Abb. 5-10:

$$\mu_R = (2,87-0,441)\ \frac{2,2273\ \mathrm{cm}^{-1}}{0,76} + 0,441\ \mathrm{cm}^{-1} = 7,56\ \mathrm{cm}^{-1}\ .$$

Nach Daten der Abb. 5-12:

$$\mu_R = (1,4-0,441)\ \frac{2,2273\ \mathrm{cm}^{-1}}{0,30} + 0,441\ \mathrm{cm}^{-1} = 7,56\ \mathrm{cm}^{-1}\ .$$

Aus Abb. 3-10 Nr. 11 und Nr. 12 wurde Nr. 13 gewonnen. Führt man diese Auswertung entsprechend für Abb. 5-9 und Abb. 5-11 durch, für eine Schichtdicke von 0,5 cm, so erhält man Abb. 5-13. In Abb. 5-13 ist außerdem die Schwärzung für die Röntgenkontrastmitteltreppe ohne Röntgenkontrastmittel, also für eine Platte der doppelten Wandstärke der Röntgenkontrastmitteltreppenwand für die Belichtungszeit T = 0,32 sec als $S_{0;t=0,32\ sec}$ und für die Belichtungszeit t = 0,5 sec als $S_{0;t=0,5\ sec}$ als waagerechter Strich eingetragen. Die Kurven-Schwärzung in Abhängigkeit von der Konzentration für die beiden Belichtungszeiten schneiden die zu ihnen gehörenden waagerechten Geraden bei der Konzentration K_x in diesem Falle bei $K_x = -0,15\ \mathrm{g/cm}^3$. Dieser Wert K_x kann auch aus der Gl. 17 Kap. 5.2.2 ermittelt werden. In dem Falle, daß das Röntgenkontrastmittel verschwindet, also $\mu_L = 0$ wird, muß eine "negative" Röntgenkontrastmittelkonzentration der Lösungsmittel μ_W auftreten. Gl. 17 Kap. 5.2.2 wird dann zu:

$$\mu_L = (\mu_R - \mu_W)\ \frac{K_x}{\rho_R} + \mu_W = 0$$

$$(\mu_R - \mu_W)\ \frac{K_x}{\rho_R} + \mu_W = 0$$

$$K_x = -\ \frac{\mu_W \rho_R}{\mu_R - \mu_W}$$

$$K_x = -\ \frac{0,441 \cdot 2,2273}{7,56 - 0,441}\ \mathrm{g/cm}^3 = -\ 0,138\ \mathrm{g/cm}^3$$

$$\mu_R = \mu_W\ \left(1 - \frac{\rho_R}{K_x}\right)$$

$$\mu_R = 0,441\ \left(1 - \frac{2,2273}{-0,15}\right)\ \mathrm{cm}^{-1} = 7,0\ \mathrm{cm}^{-1}$$

$$\mu_W = \frac{\mu_R}{1 - \rho_R/K_x} = \frac{7,56}{1 - \dfrac{2,2273}{-0,15}}\ \mathrm{cm}^{-1} = 0,477\ \mathrm{cm}^{-1}\ .$$

So wie aus Abb. 3-10 Nr. 13 die Nr. 14 gewonnen werden kann, kann aus
Abb. 5-13 die Abb. 5-14 gewonnen werden, und zwar für konstante Schwärzungen der natürliche Logarithmus der Röntgenmenge in Abhängigkeit
von der Konzentration K des Röntgenkontrastmittels. Die Steigung dieser Kurve ergibt:

$$\frac{\Delta \ln(it)}{\Delta K}\bigg|_{\substack{S=const \\ d=const}} = (\mu_R - \mu_W)\,\frac{d_T}{\rho_R}\ .$$

Aufgelöst nach $\mu_R - \mu_W$ erhält man:

$$\mu_R - \mu_W = \frac{\Delta \ln(it)}{\Delta K}\cdot\frac{\rho_R}{d_T}\ .$$

Für die Steigung der Kurven ergibt sich bei einem Intervall $\Delta\ln(it)=$
0,2 ein mittleres Konzentrationsintervall $\Delta K = 0,1244$ g/cm^3. In die
Gleichung eingesetzt ergibt das:

$$\mu_R - \mu_W = \frac{0,2}{0,1255\ \text{g/cm}^3}\cdot\frac{2,2273\ \text{g/cm}^3}{0,5\ \text{cm}} = 7,099\ \text{cm}^{-1}$$

$$\mu_R = \frac{\Delta \ln(it)}{\Delta K}\cdot\frac{\rho_R}{d_T} + \mu_W$$

$$\mu_R = 7,099\ \text{cm}^{-1} + 0,441\ \text{cm}^{-1} = 7,54\ \text{cm}^{-1}\ .$$

5.3 Bildfehlererfassung über eine Leeraufnahme

Bei der näheren Analyse der Schwärzungskurven des Hydroxylapatit-Referenzsystems stellte sich heraus, daß gleichen Schwärzungsmeßwerten
der drei Hydroxylapatit-Konzentrationskurven nicht, wie erwartet werden sollte, übereinstimmende Hydroxylapatit-Flächenmassen entsprachen
(Abb. 5-16). Es bestand daher der Verdacht, daß die Ursache wegen der
Strahlenausbreitungsgeometrie in differenten Strahlenintensitäten in
der Filmebene zu suchen sei. Der Korrekturversuch der Kurven mit
Hilfe einer Leeraufnahme des Wasserphantoms (Abb. 5-15) führte jedoch
nicht zu dem erwarteten Ausgleich der Abweichungen (siehe auch Abb.
7-14), so daß von den Auswirkungen der Strahlenausbreitungsgeometrie
unabhängige Phänomene hierfür verantwortlich zu machen sind.

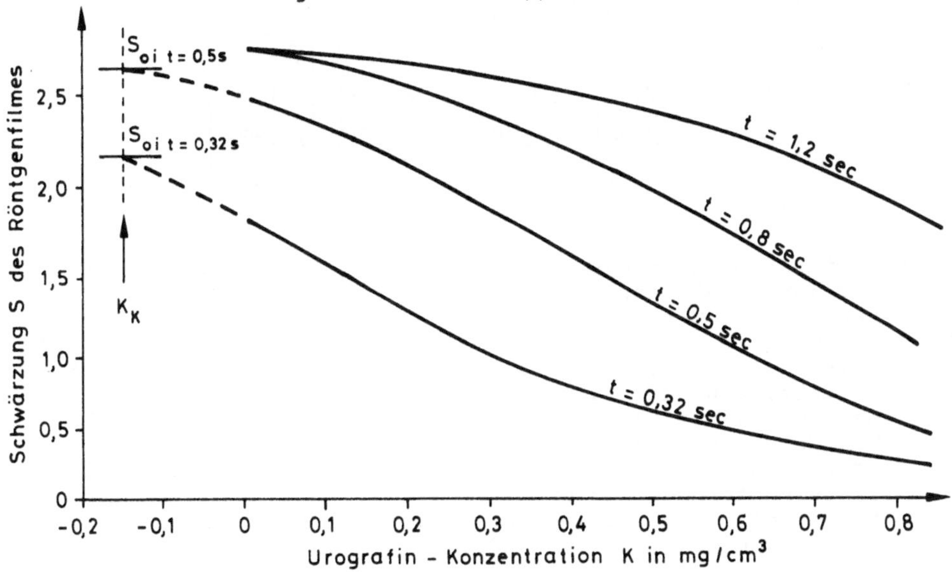

Abb. 5-13 Filmschwärzung in Abhängigkeit von der Urografin-Konzentration für verschiedene Belichtungszeiten

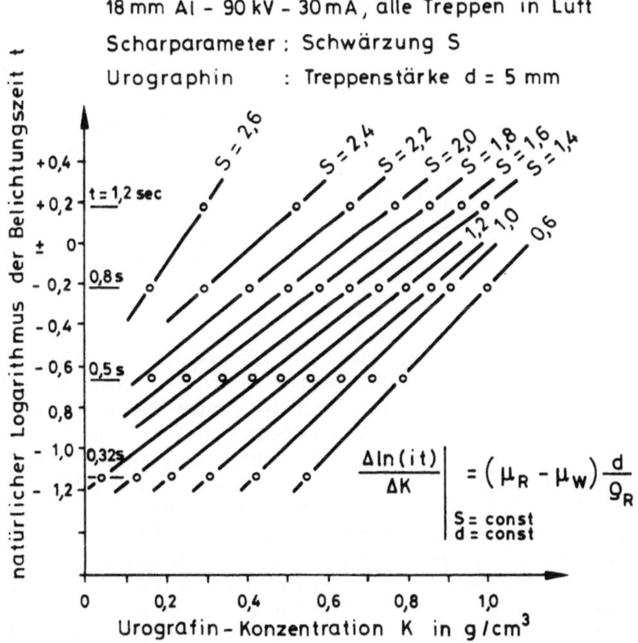

Abb. 5-14 Notwendige Belichtungszeit in Abhängigkeit von der Urografin-Konzentration für verschiedene Filmschwärzungen (logarithmische Darstellung)

21	24	13	15	12	10	8	11	15	18	13	16	12	17
20	18	12	15	14	7	1	1	12	16	12	14	11	15
17	15	11	11	12	9	0	3	8	11	6	9	3	12
24	24	24	17	18	17	10	14	17	16	17	15	12	22
38	39	33	33	30	31	28	33	29	26	33	29	28	36

Abb. 5-15 Röntgen-Leeraufnahme des Wasserphantoms. Schematische Darstellung. (Röhrenspannung 60kV, Röhrenstrom 50mA, Belichtungszeit 2.0 sec, Filter 3 mm Al). Die Meßfelderzahlen x (-0.01) ergeben die Original-Densitometermeßwerte in Volt (z.B. 39 x (- 0.01) = - 0.39 Volt). Sie zeigen vom Zentrum (0 Volt, Zentralstrahl) nach außen entsprechend der abnehmenden Strahlenintensität eine abnehmende optische Dichte. Die Meßwerte werden als Absolutbeträge zu den Meßwerten der korrespondierenden Meßpositionen der Knochen- und Referenzsystem-Aufnahmen addiert. Der waagerechte Abstand von der Mitte des Meßfeldes (0 bzw. - 0.03 Volt) bis zur Mitte der seitlichen Meßquadrate (- 0.17 und - 0.12 Volt) beträgt 9 cm

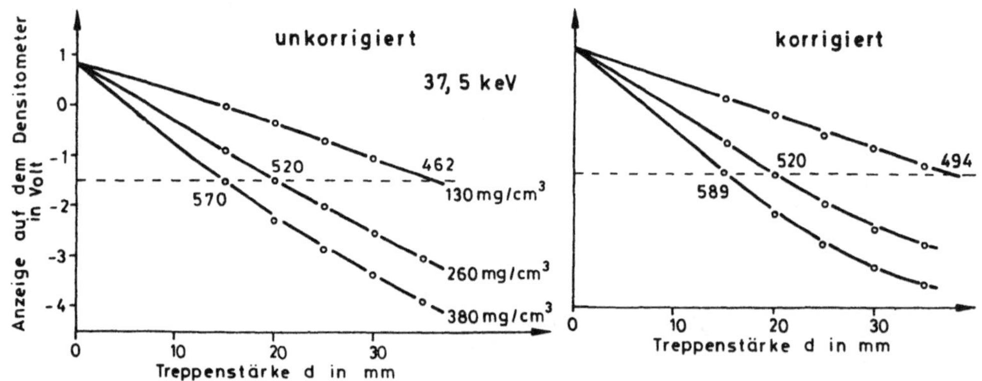

Abb. 5-16 Schwärzungskurven des Hydroxylapatit-Referenzsystems in Abhängigkeit von der Hydroxylapatit-Konzentration (Scharparameter) und der Schichtdicke des Systems (Abszisse). Optische Dichte (Ordinate) als Densitometermeßwert (Volt). Aufnahmebedingungen wie Abb. 5-15 entsprechend einer effektiven Photonenenergie E_{eff} = 37.5 keV. Links sind für den Photometermeßwert - 1.5 Volt die Flächenmassen (Konzentration x Schichtdicke) in mg/cm² eingetragen. Rechts: Entsprechend den Angaben zu Abb. 5-15 korrigierte Schwärzungskurven mit für den Photometermeßwert - 1.35 Volt angegebenen Flächenmassen. Die örtlichen Abweichungen der Schwärzung bei der Leeraufnahme werden bei der Korrektur der Referenztreppe bezogen auf die Treppenstufe d = 20 mm und M = 260 mg/cm²

Bei der Mineralgehaltsbestimmung des Knochens machen sich die in einem Leerbild erkennbaren Schwärzungsabweichungen durch eine falsche Mineralangabe unangenehm bemerkbar. Um einen Eindruck zu gewinnen von der Größenordnung der Fehler bei der Mineralangabe, sei auf Abb. 5-17 verwiesen. Je nach verwendeter Strahlenhärte kann ein Fehler in der Densitometerspannung durch Schwärzungsabweichung im Röntgenbild von $\Delta U = 0{,}2$ V bei der Mineralangabe zwischen $\Delta M = 50$ mg/cm^3, 100 mg/cm^2 und höher unbemerkt entstehen. Das bedeutet, daß bei geringem Gesamtmineralgehalt durch diese Fehler negative Mineralgehalte gemessen werden können.

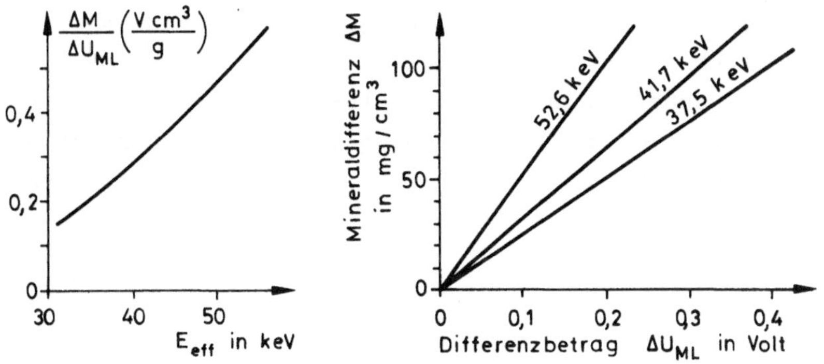

Abb. 5-17 Ungleichmäßige Schwärzung der Leeraufnahme täuscht einen Mineralkonzentrationsunterschied vor, der abhängig von der wirksamen Photonenenergie ist. Linke Darstellung: Mineralkonzentrationsunterschied pro Densitometerspannungsunterschied in Abhängigkeit von der wirksamen Photonenenergie. Rechte Darstellung: Mineralkonzentrationsunterschied in Abhängigkeit von dem Densitometerspannungsunterschied für verschiedene wirksame Photonenenergien

5.4 Strahlenenergieabhängige Fehler der Referenztreppe

Aufgrund des unerwarteten Befundes nicht übereinstimmender Flächenmassen bei gleicher Filmschwärzung, d.h. gleicher Strahlenabsorption
durch entsprechende Schichtdicken der drei Konzentrationsstufen des
Hydroxylapatit-Referenzsystems (Abb. 5-16), wurden die Beziehungen
zwischen Filmschwärzung und Hydroxylapatit-Flächenmasse des Hydroxyl-
apatit-Polyester-Wasser-Referenzsystems systematisch bei verschiedenen
Röhrenspannungen untersucht (Abb. 5-18). Die Flächenmassen (Konzentration · Schichtdicke) wurden aus Schwärzungskurven analog Abb. 5-16
bestimmt. Wegen des im Vergleich zu den übrigen Komponenten des Referenzsystems großen Schwächungskoeffizienten von Hydroxylapatit kann
eine gleiche Strahlenabsorption durch gleiche Flächenmassen von
Hydroxylapatit erwartet werden. Dies trifft aber nicht zu, es werden
vielmehr energieabhängig erhebliche Unterschiede festgestellt. Nur
der mittlere Kurvenverlauf (50kV Röhrenspannung) entspricht der erwarteten Übereinstimmung der Flächenmassen der drei Konzentrationen
für gleiche Schwärzungswerte.

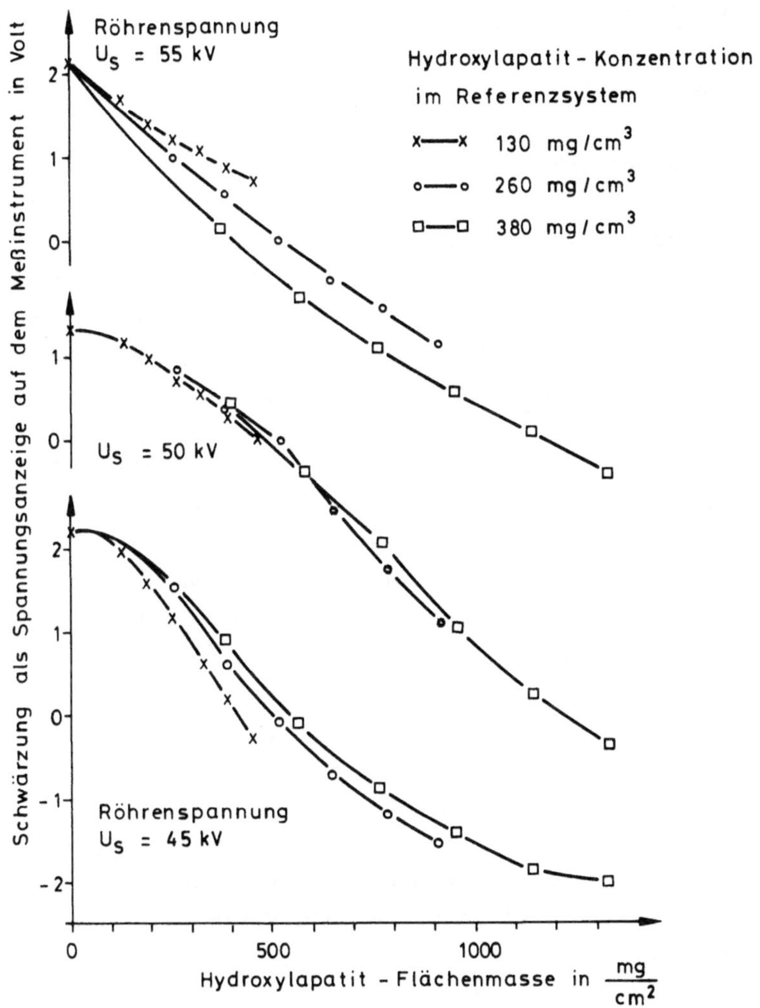

Abb. 5-18   Beziehung zwischen Filmschwärzung (Ordinaten) und Hydroxylapatit-Flächenmassen des Hydroxylapatit-Polyester-Wasser-
Referenzsystems in drei verschiedenen Strahlenenergiebe-
reichen. Aufnahmen mit Röntgengerät BTS 70 (Röntgenmüller)
mit M 100 Sechspulsgenerator (Restwelligkeit 13.4 %) bei
55 kV, 50 kV und 45 kV Röhrenspannung

6. Fehler der Röntgendensitometrie

6.1 Allgemeines

6.1.1 Was wird gemessen?

Fast niemals wird die Frage gestellt, was denn überhaupt gemessen wird.
Fast jeder meint, er wisse genau, was er messe. Aber gerade das muß
häufig bezweifelt werden, denn es werden außer dem Meßwert des zu
messenden Gegenstandes auch die verschiedensten Fehler mitgemessen,
deren Wert größer sein kann als der Meßwert selbst. Häufig wird der
Fehler eingeengt als zufälliger Fehler allein gesehen, ohne dabei zu
bedenken, daß der zufällige Fehler nur einer der möglichen Fehler ist
und es auch noch andere Fehler gibt. Es ist oft schwer, Meßergebnisse
mit der notwendigen Genauigkeit zu erhalten. Noch viel schwieriger ist
es, falsche Resultate zu reproduzieren. Aber genau das ist notwendig,
um den Fehler quantitativ zu erfassen, damit eine Fehleranalyse und
als Schlußfolgerung daraus eine Fehlerbeseitigung möglich wird. Es
wird oft übersehen, daß Fehler und besonders die systematischen Fehler
auch Meßwerte sind, so wie der Meßwert des zu messenden Gegenstandes.
Das Problem ist nur: der zu messende Gegenstand ist bekannt und liefert einen mit unbekannten Fehlern überlagerten Meßwert. Das Vorhanden-
sein von Fehlern wird deshalb oft übersehen oder bestritten, und falls
einige Fehler für möglich gehalten werden, sind sie schwer zu objekti-
vieren und erst recht schwer in Betrag und Vorzeichen vom Gesamtmeß-
wert zu isolieren.

6.1.2 Fehlersuche

6.1.2.1 Durch Änderung einzelner Parameter

Auch wenn man den Fehler des Meßwertes für unbedeutend hält, sollte
man es nachprüfen: durch Erstellen von Meßdaten, wobei man alle Parameter bis auf einen, den man stufenweise ändert, konstant hält. Um zu
prüfen, ob bei der Röntgenbildauswertung die knochengleiche Apatit-
Palatal-Referenztreppe "fehlerfreie" Meßwerte liefert, wurde unter
Konstanthaltung aller anderen Daten an der gleichen Stelle der Ver-
suchsanordnung, und damit auch im Röntgenbild, einmal das 35 mm - Ende
der Treppe und dann das 10 mm - Ende der Treppe der Mitte zugewandt
hingelegt [199],siehe Abb. 6-1.

Meßwerte für die Stufen des Referenzsystems
bei mittlerer Lage im Untersuchungsgefäß

o übliche Lage (35 mm Stufe zur Mitte)
× gedreht

Röhrenspannung : 50 kV ; 1,0 mAs
Bild - Fokus - Abstand : 1 m

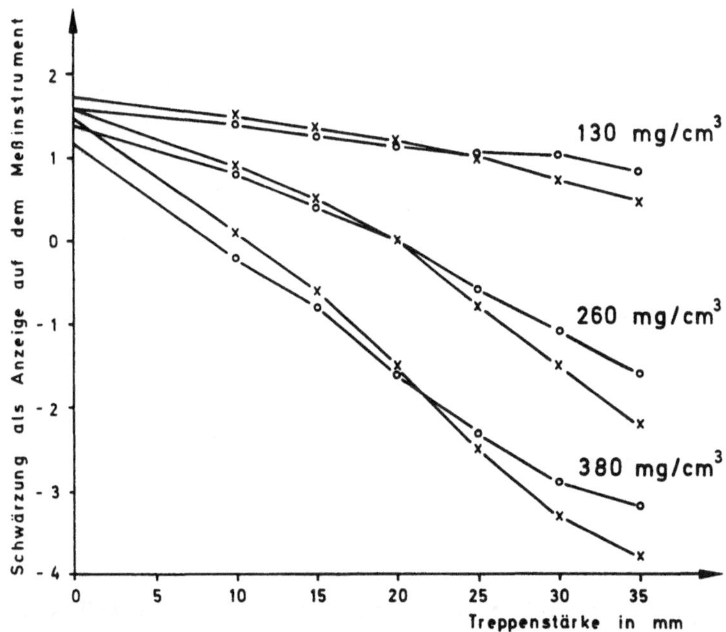

Abb. 6-1 Bei der Auswertung einer Röntgenaufnahme mit einer Referenztreppe neben dem Fuß eines Patienten erhält man unterschiedliche Densitometerwerte je nach Lage des Referenzsystems.

Die Meßwerte als Zahlenkolonnen sagen dem Betrachter oft noch nicht
viel aus. Sie müssen "aufgeschlossen" werden, d.h., sie müssen den
physiologischen und psychologischen Gegebenheiten des Menschen entsprechend in geeigneter Form dargeboten werden. Das kann in Form einer
graphischen Darstellung geschehen, wie in Abb. 6-1.

Man kann auch statistische Verfahren heranziehen. Die Statistik ist
eine Zusammenfassung von Methoden, die es erlauben, optimale Entscheidungen im Falle von Ungewißheit zu treffen. Durchgeführt wird diese
wissenschaftliche Methodik über Stufen: Erstens werden Beobachtungen
gemacht, zweitens wird die Abstraktion wesentlicher Elemente als
Basis einer Hypothese oder Theorie durchgeführt usw. Das Problem ist,
"Beobachtungen zu machen", die unvermutete Fehler überhaupt erst sichtbar machen. Bei Fehlern, von deren Existenz man nichts weiß, kann man

durch gezielte Messungen bei Veränderung jeweils eines Parameters nachprüfen, ob die Meßergebnisse unabhängig von der Änderung der Parameter stets gleich sind. Dann kann man hoffen, daß kein Fehler vorliegt. Liegt ein Einfluß vor, dann muß nachgeprüft werden, welche Abhängigkeiten vorhanden sind. In Abb. 6-1 sind die Meßwerte abhängig von der Änderung des Parameters. Drehen der Referenztreppe um 180° ruft eine Änderung der Meßwerte hervor, deren Änderung umso größer ist, je weiter die Meßwerte vom Drehpunkt entfernt liegen.

Die graphische Darstellung hat gegenüber den statistischen Verfahren, die meistens nur eine Zahl liefern, den Vorteil, daß sie mehrere Freiheitsgrade in ihrer Aussage hat. Sie kann so ausgeführt werden, wie sie bei der Mineralgehaltsbestimmung des Knochens benutzt wird. So läßt sich für einen zu messenden Knochen aus den Kurven für die zwei Ausrichtungen ein und derselben Referenztreppe jeweils ein entsprechender Wert gewinnen. Die Abweichung dieser Werte voneinander gibt den Fehler an, der von der unterschiedlichen Ausrichtung der Treppe zum Knochen herrührt, ohne daß man damit den richtigen Wert angeben kann.

6.1.2.2 <u>Durch Änderung der Versuchsvoraussetzungen</u>

Bei Vergleich der Meßfehler verschiedener Versuchsreihen sind die Versuchsvoraussetzungen zu berücksichtigen:

a) <u>Wiederhol-Bedingungen:</u> Bei Messungen unter Wiederhol-Bedingungen bestimmt der Beobachter den Meßwert mit ein und demselben Meßgerät unter gleichen Arbeitsbedingungen. Hierbei sind systematische Fehler nicht erkennbar. Der Fehler bleibt bei dieser Art der Meßwertstellung sehr klein.

b) <u>Vergleich-Bedingungen:</u> "Verschiedene Beobachter führen Messungen in verschiedenen Laboratorien unter Verwendung von verschiedenen Meßgeräten der gleichen Bauart durch. In diesem Fall ist die Standardabweichung im allgemeinen größer als im Fall der Wiederhol-Bedingungen, weil unter Vergleich-Bedingungen die Meßergebnisse auch noch infolge systematischer Fehler ' zwischen den Laboratorien' voneinander abweichen" [58].

c) <u>Unterschiedliche Bedingungen:</u> Fehler, die dem Meßverfahren oder der Methode anhaften - unabhängig von Beobachter und verwendetem Gerät -, werden durch Messungen unter Vergleich-Bedingungen nicht erfaßt. Um auch diese Fehler zu erkennen, bei denen es sich ebenfalls um systematische Fehler handelt, muß ein und derselbe Meßgegenstand nach verschiedenen Verfahren und Methoden gemessen werden. Bekannte systematische Fehler können, da sie einen bestimmten Betrag und ein bestimmtes Vorzeichen besitzen, durch Korrektur des Meßwertes ausgeschaltet werden.

6.1.3 Ursachen der Fehler

6.1.3.1 Meßfehler

Meßfehler sind Fehler bei der Gewinnung des Meßwertes. Es ist oft sehr schwierig, die systematischen und manchmal auch die groben Fehler zu entdecken. Man unterscheidet folgende Fehlergruppen:

a) Zufällige Fehler: Die Skala eines Meßinstrumentes wird beim Ablesen von allen möglichen Richtungen betrachtet.
b) Systematische Fehler: Die Skala eines Meßinstrumentes wird bei allen Ablesungen aus dem gleichen Winkel betrachtet.
c) Grobe Fehler: Die Skala eines Meßinstrumentes mit mehreren Skalen wird beim Ablesen verwechselt.

6.1.3.2 Statistische Schwankungen

a) Statistische Schwankungen innerhalb einer Probe: Für die Untersuchung der statistischen Schwankungen einer Probe wird vorausgesetzt, daß der Meßfehler Null ist. Als Beispiel einer statistischen Schwankung einer Probe sei angeführt: Der Mineralgehalt an dem zu untersuchenden Knochen ist nicht an allen Stellen gleich, sondern zeigt biologisch bedingte individuelle Schwankungen innerhalb der Probe.
b) Statistische Schwankungen von Probe zu Probe: Auch hier wird vorausgesetzt, daß der Meßfehler Null ist, und als Beispiel sei angeführt: Bei gleicher Konstellation können die Meßwerte von Patient zu Patient, also von Probe zu Probe, auf Grund individueller Ursachen schwanken.

Die Statistik befaßt sich im allgemeinen nicht mit der Aufklärung der Ursachen der Variabilität. Die Statistik bestimmt, wie stark zwei Stichproben voneinander oder ein Stichprobenkollektiv und eine Kurve (z.B. Regressionsgerade) voneinander abweichen, ohne den Gründen für diese Unterschiede nachzugehen. Bei den Messungen sind Meßfehler und statistische Schwankung oft nur sehr schwer zu trennen. Eine Trennung ist oft nur durch große Meßreihen möglich, für die meistens das Personal, das Geld und die Zeit fehlt und für die auch meistens die wissenschaftliche Notwendigkeit nicht gegeben ist. Da es sich bei diesen Messungen um Menschen handelt, die zu diesem Zweck in großen Versuchsreihen untersucht werden müßten, verbieten sich diese Messungen wegen der Strahlenbelastung von selbst. Bei der Untersuchung der Fehler der Röntgendensitometrie werden nur systematische Fehler untersucht. Auch Fehler durch natürliche Grenzen werden zu den systematischen Fehlern gezählt, da innerhalb einer Röntgenaufnahme durch Ungenauigkeiten beim Ablesen entweder alle Werte zu groß oder zu klein abgelesen werden und damit das Vorzeichen des Fehlers dasselbe bleibt.

6.1.4 Einfluß der Auswertung auf Meßgenauigkeitsanforderungen

Die Ergebnisse vieler experimenteller Untersuchungen stehen und fallen nicht nur mit den Messungen, sondern auch mit den Auswertungen. Es hat keinen Zweck, genauer zu messen als an Genauigkeit bei der Auswertung benötigt wird, etwa wenn der Film als Signalträger schon eine Schwankung von 5% hat, oder beim vier-Felder-χ^2-Test eine grobe Rasterung gewählt wird. Benötigt das Auswerteverfahren eine Genauigkeit von 5%, so ist es nutzlos auf 0,5% genau zu messen. Es bringt keine weiteren Erkenntnisse. Oft lassen sich bei weniger harten Anforderungen an die Genauigkeit sehr viel mehr Messungen durchführen. Der wissenschaftliche Aussagewert kann bei vielen, aber nicht so genauen, Messungen erheblich größer sein als bei sehr wenigen, aber sehr genauen, Messungen, besonders, wenn die Schwankungen von Probe zu Probe schon sehr groß sind. Daher sollte man sich bei der Planung einer Meßreihe auch mit dem Auswerteverfahren auseinandersetzen und die Anforderung an die Genauigkeit in vernünftige Relationen setzen. Bei den zum Auffinden der Fehler der Röntgendensitometrie vorausgegangenen Messungen wurde der Betrag des zu erwartenden Fehlers vorher abgeschätzt und daraus ermittelt, wie genau gemessen werden muß, um den Fehler mit ausreichender Genauigkeit quantitativ erfassen zu können.

Genauere Messungen kosten Zeit und Geld und bringen keine besseren
Erkenntnisse. Die theoretischen Berechnungen wurden ständig mit diesen zur Kontrolle durchgeführten Messungen verglichen. Stimmte die
Theorie mit den Messungen überein, so konnte die entwickelte Theorie
richtig sein, mußte es aber nicht.

Die nicht zu vermeidenden Fehlwege und die umfangreichen Messungen,
die zum Auffinden und zur experimentellen und theoretischen quantitativen Angabe der systematischen Fehler führten, werden im Folgenden
nicht beschrieben, da sie nicht zum Verständnis beitragen und das
Ganze nur unübersichtlich machen. Gebracht werden nur die theoretischen
Ab- oder Herleitungen sowie die experimentellen und theoretischen Ergebnisse.

6.2 Zusammenstellung möglicher Fehlerquellen

6.2.1 Fehlerberücksichtigung in wissenschaftlichen Arbeiten

Eine Zusammenstellung möglicher Fehlerquellen ist nützlich und Voraussetzung zur Abschätzung des Fehlers bei quantitativen Messungen.
Eine Reihe von Fehlern der in die Messung eingehenden Größen ist
meßtechnisch schwer zu erfassen. So wird z.B. bei der Mineralgehaltsbestimmung des Calcaneus der die Messung Durchführende nicht bereit
sein, noch zusätzlich die hundert- oder tausendfache Zeit der Cal-
caneusmessung für die Fehlerbestimmung der in die Messung eingehenden
Größen aufzubringen. Diese Fehlerbestimmung ist als grundsätzliche
Untersuchung an den Anfang der Einführung eines neuen Meßverfahrens
zu stellen. Sehr häufig werden aber schon vorhandene Ideen oder Verfahren nur aufgegriffen und nach und nach von verschiedenen Personen
immer weiterentwickelt und dann allmählich in die Wissenschaft eingeführt. Meistens ist es nicht möglich, den Anfang der Einführung dieser
Methode zu bestimmen. Dabei wird an systematische Fehler nicht gedacht,
bzw. der Gedanke an mögliche,aber bisher nicht bekannte systematische
Fehler wird beiseite geschoben mit dem Argument: man wisse genau, was
man messe, und habe alles fest im Griff. Systematische Fehler lassen
sich durch wiederholtes Messen nicht finden. Wie in den folgenden
Kapiteln aufgezeigt wird, ist der Betrag der systematischen Fehler
in der Röntgendensitometrie und damit deren Einfluß auf den Meßwert
viel größer als die Summe der zufälligen Fehler.

Eine Arbeit gilt als wissenschaftlich, wenn sie statistisch abgesichert ist. Eine statistische Absicherung setzt ja fehlerfreies Messen voraus. Für diese statistische Absicherung wird viel Aufwand betrieben. Im Gegensatz dazu wird bis auf kümmerliche rudimentäre Ansätze kaum Fehlerrechnung, Fehlerbetrachtung und Fehleranalyse betrieben, und wenn, werden nur wenige Fehler in Betracht gezogen. Bei systematischen Fehlern wird so getan, als ob es sie gar nicht gibt, denn sie sind ja angeblich beseitigbar. Der Grund für dieses Verhalten dürfte darin liegen, daß es für die statistische Absicherung von wissenschaftlichen Untersuchungen Schemata gibt, die bekannt sind und schematisch angewendet werden können. Zufällige und erst recht systematische Fehler aufzufinden, verlangt kreative Arbeit. Bei der Fehlersuche muß die Phantasie des Wissenschaftlers oft größer sein als bei der eigentlichen wissenschaftlichen Arbeit. Die Meßmethoden, die unerkannte systemastische Fehler enthalten, werden im Laufe der Zeit zur "gesicherten Methode" und liefern "gesichertes Wissen", und Messungen, die deren Aussagekraft in Frage stellen, sind dann "physikalischer Unsinn". Der Mensch fühlt sich geborgen in seinen oft mit erheblichen systematischen Fehlern behafteten Meßmethoden, die Messungen für ihm liebgewordene Modellvorstellungen liefern. Ohne diese Sicherheit meint er Gefahr zu laufen, unwissenschaftlich zu werden oder zu sein. Mit dem, was man äußert, identifiziert man sich, es wird damit zum Bestandteil der Persönlichkeit. Die Grundlage, das "gesicherte Wissen", wird damit ebenfalls zum Bestandteil der Persönlichkeit. Ein Anzweifeln des Inhaltes der eigenen Äußerung wird subjektiv als ein Angriff auf die Integrität der eigenen Persönlichkeit empfunden, und das kann nicht zugelassen werden. Wenn man das etablierte Wissen verteidigt, ist es keine Schande, wenn es sich als falsch herausstellt, denn wenn so viele renommierte Wissenschaftler es. als richtig angesehen haben, kann es nicht verwerflich sein, sich dem angeschlossen zu haben. Wird doch erkennbar, daß die Meßmethode Werte liefert, die von den wahren Werten erheblich abweicht, so gibt man sich mit der Erklärung zufrieden, daß das Meßverfahren gut sei, aber die Komplexität des biologischen Untersuchungsobjektes und das Hilfsmittel zur Messung, die schwer quantitativ beschreibbare polychromatische Röntgenstrahlung, im Gegensatz zur monochromatischen Strahlung, nicht geeignet seien, genaue Werte zu liefern. Dieses wird als eine einleuchtende Erklärung angesehen, die nicht bewiesen zu werden braucht. So gibt man sich mit pseudowissenschaftlichen Erklärungen zufrieden, die einen der Mühe entheben, auf Fehlersuche zu gehen.

6.2.2 Fehlermöglichkeiten der Röntgendensitometrie

Die Fehlerquellen werden unabhängig von ihrer Gewichtigkeit aufgezählt.
Sie sollen dem Untersucher die Möglichkeit geben, je nach Meßverfahren aus der Liste die Fehler herauszusuchen, die für ihn in Frage
kommen. Durch geschickte Wahl des Meßverfahrens (z.B. wenn alles, was
zur Meßwertgewinnung benötigt wird, auf einer Röntgenaufnahme untergebracht und als Meßindikator gleiche Schwärzungswerte benutzt werden)
können viele Größen und damit auch deren Fehler, auch systematische,
wegfallen.

6.2.2.1 Umgang mit Fehlern

1) Fehlerrechnung

    a) Mittelwert: Ist x_i der gemessene Wert (Istanzeige) des richtigen
    Wertes x_r (Sollanzeige), so gibt die Differenz beider Werte den
    Fehler F_i an:

$$F_i = x_i - x_r = \text{Fehler}$$

    Ist der richtige Wert x_r unbekannt, so wird der Mittelwert $\bar{x}$
    aus n Messungen x_i bestimmt:

$$\text{Mittelwert: } \bar{x} = \frac{1}{n} \sum_{i=1}^{n} x_i .$$

    b) Standardabweichung: Die zufällige Abweichung der Einzelwerte von
    ihrem Mittelwert wird Standardabweichung S genannt:

$$\text{Standardabweichung: } S = \sqrt{\frac{1}{n-1} \sum_{i=1}^{n} (x_i - \bar{x})^2} .$$

2) Fehlerfortpflanzung

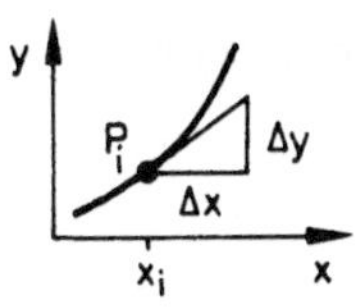

x_i sind einzelne voneinander unabhängige
Meßgrößen. Δx_i sind die genügend kleinen
Fehler der Meßgrößen x_i. Das Meßergebnis
y sei eine Funktion:

$$y = F(x_1, x_2, x_3, \ldots x_i \ldots x_r)$$ einer oder
mehrerer Meßgrößen x_i

y ist der Wert der Funktion

Δy ist der Fehler der Funktion y.

a) Fehlerfortpflanzung für systematische Fehler:

Der systematische Fehler Δy errechnet sich zu:

$$\Delta y = \sum_{i=1}^{r} \left(\frac{\partial F}{\partial x_i} \, \Delta x_i \right) = \frac{\partial F}{\partial x_1} \, \Delta x_1 + \frac{\partial F}{\partial x_2} \, \Delta x_2 + \ldots + \frac{\partial F}{\partial x_r} \, \Delta x_r$$

(Vorzeichen beachten!)

b) Fehlerfortpflanzung für Rechengrößen der zufälligen Fehler:
Standardabweichung: Sind unter der Voraussetzung einer Normal-
verteilung der Meßwerte die Standardabweichungen S_1 bis S_r
(gewonnen aus Meßreihen mit gleicher Anzahl der Einzelwerte) der
voneinander unabhängigen Meßgrößen $\bar{x}_1$ bis $\bar{x}_r$ bekannt, so berechnet sich die Standardabweichung S_y des Meßergebnisses
y = F $(\bar{x}_1, \bar{x}_2, \ldots \ldots \bar{x}_i \ldots \bar{x}_r)$

unter der Voraussetzung $S_i \ll \bar{x}_i$:

$$S_y = \sqrt{\sum_{i=1}^{r} \left(\frac{\partial F}{\partial x_i} \, S_i \right)^2}$$

6.2.2.2 Aufzählung der Fehlerquellen

a) Röntgenanlage
1) Austrittsintensität aus der Anode ist winkelabhängig (elliptische
   Verteilung)
2) Strahlenhärte ist geringfügig winkelabhängig
3) Polychromatische Röntgenstrahlung mit all ihren Nachteilen
4) Qualität der Röntgenstrahlung ändert sich mit Alterung des
   Anodenmaterials im Brennfleck
5) Nicht vom Brennfleck ausgehende Röntgenstrahlung (Stielstrahlung)
6) Strahlenqualität abhängig von der Art der Gleichrichtung (bei Vergleich von Röntgenaufnahmen verschiedener Röntgengeräte)
7) Schwankungen der Röhrenspannung
8) Schwankungen des Röhrenstromes

9) Angaben der Belichtungszeiten oder mAs stimmen bei mehreren Belichtungen im Verhältnis zueinander nicht genau mit den tatsächlichen überein

10) Die Auftastung der Röhrenspannung während einer Röntgenbildbelichtung bzw. der zeitliche Verlauf sind nicht immer gleich

11) Spontane Änderungen des Brennfleckes

b) Strahlenabsorption

1) Ungleiche Filterung durch Dickenschwankungen der Strahlenfilter über die Fläche

2) Verwendung von Legierungen als Filter (z.B. technisches Aluminium statt Reinaluminium verursacht flockiges Aussehen auf der Röntgenaufnahme)

3) Ungleiche Anordnung der Lamellen in der Rasterblende (bewirkt ungleichmäßige Verteilung der Intensität der Röntgenstrahlung über die Fläche)

4) Änderung der Strahlenqualität durch Streustrahlung

5) Struktureinfluß (bei gleicher Flächenmasse absorbiert strukturierte Materie weniger Strahlung als homogen verteilte)

6) Winkelabhängigkeit der Strahlenqualität (Intensität und Strahlenhärte) wegen unterschiedlicher Wege in planparallelen Platten (Geometrieeinfluß)

c) Untersuchungsobjekt

1) Referenztreppe

α) Fehler durch ungenaue Angabe der Treppenstärke

β) Fehler durch ungenaue Angabe der Konzentration

γ) Bei Mehrkomponentensystem: Ungleiche Verteilung der Komponenten (Flockigkeit auf der Röntgenaufnahme)

2) Gewebegleiches Referenzsystem mit Untersuchungsobjekt nicht völlig identisch in der Zusammensetzung bzgl. der Strahlenabsorption

3) Winkelabhängigkeit der Strahlenqualität (Intensität und Strahlenhärte) wegen unterschiedlicher Wege in planparallelen Platten (Geometrieeinfluß)

4) Durchmesser von Knochen und Blutgefäßen ungenau bestimmbar

α) Struktur des Meßgegenstandes ist unregelmäßig

β) Durchmesser auf der Röntgenaufnahme ist abhängig von der Belichtung

5) Ungleiche Strahlenaufhärtung und Strahlenintensität bei Untersuchungsobjekt und Referenzsystem bei gleichen Absorptionseigenschaften

6) Schwankungen der Schwärzung innerhalb einer Röntgenaufnahme durch unterschiedliche Absorption des nicht interessierenden Teiles des Körpergewebes.

d) Blutgefäß

1) Das Röntgenkontrastmittel löst sich nicht gleichmäßig im Blut

2) Das Kontrastmittel im Blut bildet Stromfäden oder Strukturen, deren Lageschwankungen durch Stromwirbel registriert werden

3) Rückwirkung der Blutdruckschwankung während des Pulses auf den Ausfluß des Kontrastmittels aus dem Katheter

4) Das vom Katheter in das Blutgefäß auslaufende Kontrastmittel wird entsprechend der ungleichmäßigen Geschwindigkeit der Blutströmung ungleichmäßig verdünnt

5) Durchmesserschwankungen der Blutgefäße im Rhythmus des Pulses

6) Am Meßort werden bei gleichmäßig zunehmender oder abnehmender Konzentration des Kontrastmittels durch ungleichmäßige Fließgeschwindigkeit des Blutes Konzentrationsschwankungen vorgetäuscht.

e) Patient

1) Bewegungen des Patienten

2) Dickenänderung des Patienten in Richtung des Röntgenstrahles durch

   α) Muskelkontraktion

   β) Pulsation des Blutes in den großen Blutgefäßen

   γ) Darmbewegungen

f) Röntgenbild, Cine- und Videoverfahren

   α) Gemeinsames

      1) Verstärkerfolie hat Schwankungen in ihren Eigenschaften über die Fläche

      2) Verstärkerfolie hat bzgl. der Röntgenstrahlung winkelabhängige Helligkeitsverteilung (Geometrieeinfluß)

      3) liegt der Arbeitspunkt auf dem krummlinigen Teil der Kennlinie, so führen geringfügige Änderungen der Lage des Arbeitspunktes schon zu merklichen Meßwertänderungen

      4) Schwankungen von Bild zu Bild und Schwankungen innerhalb eines Bildes durch Röntgenquantenrauschen und Körnigkeit des Filmes oder der Videoanlage

5) Die zeitliche Auflösung ist begrenzt durch die Anzahl der
   Bilder

6) Bei der automatischen Bildhelligkeitsregulierung ändern
   sich Röhrenspannung und Röhrenstrom automatisch während
   der Aufnahme

7) Bei Vergleich von Röntgen-Aufnahmen, die zu verschiedenen
   Zeiten aufgenommen worden sind, sind Alterungen der An-
   lage zu berücksichtigen:
   Brennfleckänderung der Röntgenröhre in Abhängigkeit
   von der Betriebsstundenzahl
   Alterung der Verstärkerfolie in Abhängigkeit von der
   Dauer der Benutzung
   Alterung des Bildverstärkers und der Fernsehaufnahme-
   röhre
   Änderung der Kennlinie der Videoanlage durch Alterung

β) Cine-Verfahren

1) Angabe der Bildfolgefrequenz auf dem Gerät stimmt nicht
   mit der wahren Bildfolgefrequenz überein

2) Resthelligkeit des Röhrenstromes und Bildfolgefrequenz
   rufen Schwebungen der Bildhelligkeit hervor

3) Der Bildstand der einzelnen Bilder ist nicht exakt derselbe

γ) Video-Verfahren

1) Bei den Videoanlagen laufen die Zeilen während des Bildauf-
   baues von oben nach unten und liefern dadurch eine zeitliche Verzerrung

2) Ungünstiges Signal-Rauschverhältnis bei der Fernsehaufnahmeröhre und der Magnetbandspeicherung

3) Nachleuchten der Fernsehaufnahmeröhre des Bildverstärkers
   und der Verstärkerfolie

4) Bildverstärkerröhre und Fernsehaufnahmeröhre haben eine
   ungleichmäßige Helligkeitsverteilung über der Fläche, die
   mit der Betriebsstundenzahl zunimmt.

Im folgenden werden die gefundenen systematischen Fehlerursachen beschrieben.

6.3 Strahlenausbreitungsgeometrie

6.3.1 Vorbemerkungen

Die signifikante, relativ kontinuierliche Abnahme der Filmschwärzung
(Abb. 5-15) mit wachsendem Abstand vom Zentralstrahl kann trotz eines
Fokus-Filmabstandes von 150 cm verschiedene Ursachen haben. Sie führt
bei ihrer Berücksichtigung zu einer "Verbesserung" der röntgendensitometrischen Meßabweichungen (Abb. 7-14). Die geometrischen Eigenschaften des Brennflecks, Verkantung von Film und Rasterblende, ungleichmäßige Strahlenabsorption durch das Raster sowie ein falscher Fokus-
Raster-Abstand können Intensitätsunterschiede auf dem Röntgenfilm
hervorrufen. Abgesehen von diesen praktisch bekannten, zu berücksich-
tigenden und zum Teil eliminierbaren Einflüssen ergeben sich aus der
Art der Erzeugung der Röntgenstrahlen und deren Richtungsverteilung
Unterschiede der Strahlenqualität in der Objekt- und Filmebene. Wegen
der Vorzugsrichtung der aus der Kathode der Röntgenröhre emittierten
Elektronen und ihrer Streuung im Anodenmaterial hängen Intensität
(Energieflußdichte) und Strahlenhärte, die nur in einem bestimmten
Winkel zum Elektronenstrahl ein Maximum aufweisen, von der Austrittsrichtung der Röntgenstrahlung aus der Röhre ab [103]. Bei ausreichend
kleinem Öffnungswinkel des wirksamen Strahlenkegels, der durch den
Fokus-Objekt-Film-Abstand bestimmt wird, kann man diese Abweichungen
zwar theoretisch richtig, wie dies in der Regel getan wird, als gering
bezeichnen [93]. Aber die Größenordnung dieser Abweichungen erweist
sich beim praktischen Vorgehen als unbekannt; auch entzieht sie sich
der unmittelbaren Kalkulation. Es ist in der quantitativen Röntgenfilmauswertung daher erforderlich, ihren möglichen Einfluß nicht zuletzt
experimentell zu berücksichtigen.

Der unbefriedigende Erfolg dieses Korrekturversuchs (Abb. 5-16 und
7-14) ließ, unabhängig von den oben bereits angesprochenen Ursachen
einer inhomogenen Filmschwärzung, unter anderem einen grundsätzlichen
Einfluß der Geometrie der Strahlenausbreitung auf das Meßergebnis vermuten; dies umso mehr, als bereits aus Untersuchungen zur Richtungs-
abhängigkeit der Filmschwärzung in der Filmdosimetrie ein unter Umständen ganz erheblicher Einfluß des Strahleneinfallswinkels auf das
Meßergebnis bekannt ist [16]. Bei dieser Sachlage erschien es angebracht, sowohl zur Interpretation der gefundenen densitometrischen

Meßabweichungen (Abb. 7-13 und 7-14) als auch zur künftigen Einschätzung der Größenordnung des grundsätzlichen Einflusses der Strahlenausbreitungsgeometrie auf die röntgendensitometrische Mineralgehaltsbestimmung mittels eines auf demselben Film mitabgebildeten Referenzsystems in Abhängigkeit von geometrischen Parametern (Fokus-Film-Abstand, Meßobjekt-Referenzobjekt-Abstand auf dem Film) und von der Strahlenenergie, folgende Punkte zu untersuchen (Abb. 6-2):

(1) Abhängigkeit der Filmschwärzung vom Strahleneinfallswinkel;

(2) Einfluß der Winkelabhängigkeit der Flächenintensität in der Filmebene auf die Mineralgehaltsbestimmung;

(3) Einfluß der Winkelabhängigkeit der effektiven Schichtdicke auf die Mineralgehaltsbestimmung.

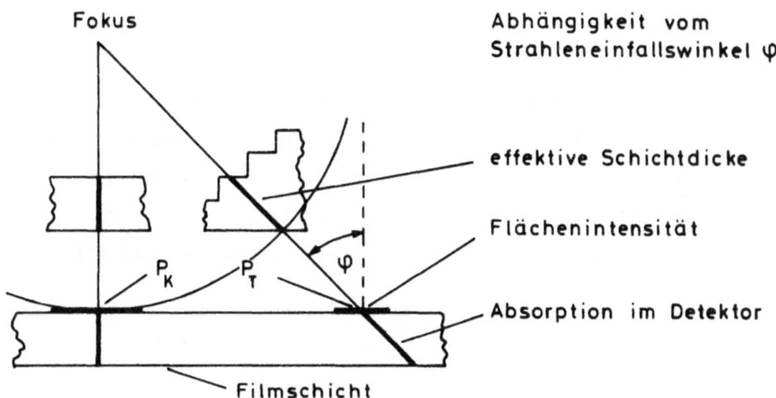

Abb. 6-2   Einfluß der Strahlenausbreitungsgeometrie auf die effektive Schichtdicke des durchstrahlten Objekts, die Oberflächenintensität und die Absorption im Detektor (Leuchtstoffschicht der Verstärkerfolie, AgBr-Schicht des Films). Schematische Darstellung. P_K = Meßort Knochen; P_T = Meßort Referenztreppe; φ = Strahleneinfallswinkel; gestrichelte Linie = Flächennormale. Der Kreis um den Fokus (= Mittelpunkt) soll die kugelförmige Ausbreitung des Strahlungsfeldes von einer idealen punktförmigen Strahlenquelle andeuten.

Um Irrtümern von vornherein vorzubeugen, ist darauf hinzuweisen, daß die unmittelbare Abhängigkeit der <u>Filmschwärzung</u> vom Strahleinfallswinkel und das Verhältnis der <u>Flächenintensität</u> bei senkrechtem

Strahleneinfall zur Flächenintensität bei schrägem Einfall auf derselben Filmebene zwei völlig unabhängig voneinander zu betrachtende Phänomene sind. Im ersten Fall ist die Filmschwärzung bei konstantem Fokus-Film-Abstand bei verschiedenen Strahleneinfallswinkeln (z. B. am Ort des Zentralstrahls P_K, Abb. 6-2) zu untersuchen. Im zweiten Fall gelten für die Unterschiede in den Flächenintensitäten an den Orten von Zentral- und Seitenstrahl (Meßorte P_K und P_T, Abb. 6-2) das quadratische Abstandsgesetz und der Strahleneinfallswinkel. Die Abhängigkeit der effektiven Schichtdicke vom Strahleneinfallswinkel bezieht sich naturgemäß auf sämtliche im Strahlengang befindliche Objekte (Untersuchungsobjekt, Wasserphantom, Strahlenaustrittsfenster, Filter, Rasterblende, Filmkassette). Die folgenden theoretischen Überlegungen lassen sich nur unter der vereinfachenden Vorstellung einer in der Praxis naturgemäß nicht vorkommenden idealen punktförmigen Strahlenquelle realisieren, bei der intensitätsgleiche Raumbereiche des sich im leeren Raum ausbreitenden Strahlungsfeldes einer Kugeloberfläche entsprechen. Die Abbildung eines derartigen Strahlungsfeldes findet in der Tangentialebene des Films statt, der mit seiner Mitte die Kugeloberfläche berührt (Abb. 6-2). Der Berührungspunkt bildet die Stelle des kürzesten Abstands zum Fokus ("Zentralstrahl"). Vergleicht man die Situation mit einem geographischen Kartennetzentwurf, so handelt es sich beim Röntgenbild um eine echte perspektivische Azimutalprojektion des Strahlungsfeldes, bei der das Projektionszentrum im Fokus liegt ("Zentralprojektion").

6.3.2 Berechnung der Flächenintensität

Als Vorbereitung für die Untersuchungen in den späteren Abschnitten soll zunächst das Verhältnis der Flächenintensität I_{OK} des Zentralstrahls (Meßort P_K des Knochens) zur Flächenintensität I_{OT} des Seitenstrahls (Meßort P_T der Referenztreppe) in der Filmebene in Abhängigkeit von geometrischen Parametern der Strahlung und des Films charakterisiert werden (Abb. 6-3). Hierzu werden die aus der Optik bekannte Formulierung des Zusammenhangs zwischen der Lichtstärke einer idealen punktförmigen Lichtquelle und der Beleuchtungsstärke einer ebenen Fläche in Abhängigkeit vom Strahleneinfallswinkel φ [74] sowie das quadratische Abstandsgesetz angewandt. Nach Abb. 6-3 ergibt sich die Flächenintensität I aus der sich über die gesamte Kugeloberfläche gleichmäßig ausbreitend gedachten Strahlenintensität Φ pro Kugeloberflächeneinheit. Senkrecht zur Richtung der Strahlung ist im Abstand A von der Strahlenquelle (Röntgenfokus) am Ort P_K die Intensität I_{SK}:

$$I_{SK} = \frac{\Phi}{A^2}$$

und im Abstand $\sqrt{A^2+a^2}$ am Ort P_T die Intensität I_{ST}:

$$I_{ST} = \frac{\Phi}{A^2+a^2} \cdot$$

Das Verhältnis der Intensität am Meßort P_K zu der am Meßort P_T für senkrechten Strahleneinfall beträgt:

$$\frac{I_{SK}}{I_{ST}} = \frac{\Phi}{A^2} \cdot \frac{A^2+a^2}{\Phi} = \left(1 + \frac{a^2}{A^2} \right) = \frac{1}{\cos^2 \varphi} \cdot$$

Der Röntgenfilm ist eben und liegt im Punkt P_K senkrecht zur Strahlrichtung. Dadurch hat der Film im Punkt P_T eine Neigung zur Strahlrichtung, den Winkel φ . Die Fläche, auf die die Intensität I_{ST} fällt, wird vergrößert auf dem Film abgebildet. Nach Abb. 6-3 beträgt das Verhältnis y^*/y der Vergrößerung in Richtung des Neigungswinkels φ :

$$\frac{y^*}{y} = \frac{1}{\cos \varphi} \cdot$$

Aus derselben Abbildung ergibt sich aus den geometrischen Abmessungen für $\cos \varphi$:

$$\cos \varphi = \frac{A}{\sqrt{A^2+a^2}} \cdot$$

Damit ist:

$$\frac{y^*}{y} = \frac{\sqrt{A^2+a^2}}{A} \; .$$

In der Realität ergibt die Abbildung eines Quadrates unter diesen Bedingungen nicht ein Rechteck sondern ein Trapez. Die Berechnung zeigt, daß, wenn die abzubildende Fläche immer kleiner wird, das Trapez sich in seiner Form immer mehr dem Rechteck nähert, so daß für sehr kleine Flächen die obige Gleichung als Flächenvergrößerung erhalten wird.

Wird die auf den Film fallende Flächenintensität mit I_o bezeichnet, so beträgt sie am Meßort P_K: $I_{SK} = I_{oK}$ und am Meßort P_T:

$$I_{oT} = I_{ST} \cdot \frac{y}{y^*} = \frac{\Phi}{A^2+a^2} \cdot \frac{A}{\sqrt{A^2+a^2}} = \Phi \frac{A}{(A^2+a^2)^{3/2}} \; .$$

Das Verhältnis der Intensität am Meßort P_K zu der am Meßort P_T beträgt:

$$\frac{I_{oK}}{I_{oT}} = \frac{\Phi}{A^2} \cdot \frac{(A^2+a^2)^{3/2}}{A \cdot \Phi} = (\cos\varphi)^{-3} = \left(1 + \frac{a^2}{A^2} \right)^{3/2}$$

bzw.

$$I_{oK} = I_{oT} \left(1 + \frac{a^2}{A^2} \right)^{3/2} \; .$$

Die Intensität I_{oK} ist wegen des kürzeren Strahlenweges A um die Differenz ΔI_o größer als die Intensität I_{oT} mit dem längeren Strahlenweg $\sqrt{A^2+a^2}$, d. h.

$$I_{oK} = I_{oT} + \Delta I_o = I_{oT} \left[1 + \frac{\Delta I_o}{I_{oT}} \right] = I_{oT} \cdot e^{+\ln\left(1+\frac{\Delta I_o}{I_{oT}}\right)} \; .$$

Bei Schwärzungsgleichheit an beiden Meßorten des Röntgenfilmes sind auch die Intensitäten gleich. Damit wird aber ein um ΔM zu kleiner Mineralgehalt an der Referenztreppe abgelesen. Für die Abweichung ergibt sich folgender Zusammenhang mit der Strahlenausbreitungsgeometrie:

$$1 + \frac{\Delta I_o}{I_{oT}} = \left(1 + \frac{a^2}{A^2} \right)^{3/2}$$

bzw.

$$I_{ok} = I_{oT} + \Delta I_o = I_{oT} \left(1 + \frac{\Delta I_o}{I_{oT}}\right) = I_{oT} \cdot e^{+\ln\left(1 + \frac{\Delta I_o}{I_{oT}}\right)} .$$

Die letztere Vereinfachung wurde durch Reihenentwicklung [26] erzielt. Hiernach ist

$$\ln(1+x) = \frac{x}{1} - \frac{x^2}{2} + \frac{x^3}{3} - \frac{x^4}{4} + ..$$ für $-1 < x \leq +1$. In der quantitativen Filmauswertung (z. B. Mineralgehaltsbestimmung des Knochens) praktisch vorkommende Fokus-Film-Abstände von z. T. A = 50 cm bis 150 cm sowie Filmdurchmesser von 2a = 10 cm bis 30 cm erlauben den Abbruch der Reihe bereits nach dem ersten Glied für

$$x = \frac{a^2}{A^2}$$ für $+0.001 < x < +0.1$ (vgl. Tab. 6-1), so daß

$$\frac{3}{2} \ln\left(1 + \frac{a^2}{A^2}\right) = \frac{3a^2}{2A^2}$$ gesetzt werden kann. Im ungünstigsten Fall

Tab. 6-1
$$\ln\left(1 + \frac{\Delta I_o}{I_{oT}}\right) = \frac{3}{2} \ln\left(1 + \frac{a^2}{A^2}\right) \approx \frac{3}{2} \frac{a^2}{A^2}$$

A(cm) \ a(cm)		5	10	15
50	$\frac{3}{2} \ln\left(1 + \frac{a^2}{A^2}\right)$	0,01493 (100 %)	0,05883 (100 %)	0,12927 (100 %)
	$\frac{3}{2} \frac{a^2}{A^2}$	0,015 (+ 0,5 %)	0,06 (+ 2,0 %)	0,135 (+ 4,4 %)
100		0,00375 (100 %)	0,01493 (100 %)	0,03338 (100 %)
		0,00375 (+ 0,1%)	0,015 (+ 0,5 %)	0,03375 (+ 1,1%)
150		0,00167 (100 %)	0,00665 (100 %)	0,01493 (100 %)
		0,001667 (+ 0,06%)	0,00667 (+ 0,2%)	0,015 (+ 0,5 %)

(A = 50 cm, a = 15 cm) beträgt die Abweichung für 3x/2 + 4.4 % (3/2 ln (1+x) = 100 %), im übrigen liegen die Abweichungen zwischen 0.1 % (A = 100 cm, a = 5 cm) und 2 % (A = 50 cm, a = 10 cm). Die insgesamt günstigsten Verhältnisse finden sich im Bereich des größten Fokus-Film-Abstandes von 150 cm, der für die zugrunde liegenden Untersuchungen benutzt wurde.

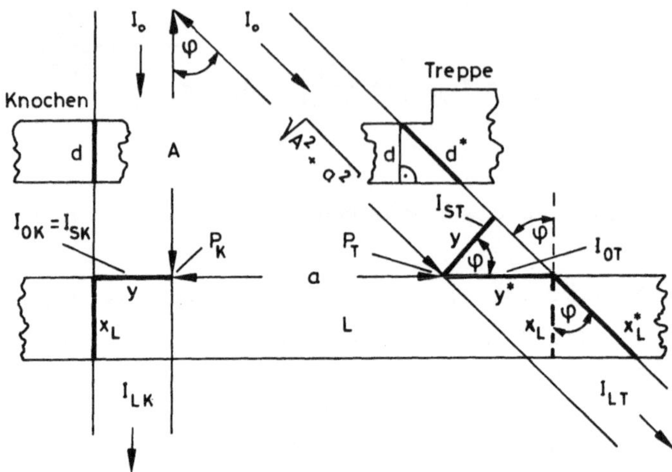

Abb. 6-3 Einfluß des Strahleneinfallswinkels auf die Absorption ener-
giehomogener Strahlung in parallelflächigen Schichten.
L = absorbierende Schicht (z. B. Leuchtstoff und/oder photographische Emulsion), x_L ihre senkrechte Schichtdicke.
I_o = ankommende (vorgeschwächte oder ungeschwächte) Strahlenintensität. φ = Strahleneinfallswinkel (gegen die Flächennormale). y = Kantenlänge der bei senkrechtem Strahleneinfall
bestrahlten Fläche. x^* und y^*: Für schräg einfallende Strahlung effektive Schichtdicke und Kantenlänge. I_{LK} und I_{LT}:
Nach senkrechtem bzw. schrägem Durchtritt durch die Schicht
L geschwächte Intensitäten (vor Durchtritt durch die Schicht
L: I_{OK} bzw. I_{OT}). d und d* = Schichtdicken von Knochen und
Referenztreppe bei senkrechtem und schrägem Strahleneinfall.
A = Fokus-Film-Abstand; a = P_K-P_T-Abstand (P_K = Meßort Kno-
chen, P_T = Meßort Referenztreppe).

6.3.3 Berechnung der Filmschwärzung

Der immer wieder für den diagnostischen Strahlenenergiebereich nachge-
wiesene Befund einer Abhängigkeit der Filmschwärzung vom Strahleneinfallswinkel mit Abnahmen bis auf 60 bis 30 % der bei senkrechtem Strahleneinfall hervorgerufenen Schwärzung [15, 83, 258] machte den Versuch
einer Einschätzung der zu erwartenden Größenordnung einer hierdurch
möglichen röntgendensitometrischen Meßabweichung erforderlich. Da der
Leuchtstoff Lanthan-Oxibromid LaOBr einen im Vergleich zum AgBr des
Films sehr hohen Schwächungskoeffizienten [49, 50, 132] sowie eine
wesentlich höhere Schichtdicke als die AgBr-Schicht aufweist, könnte

ein Einfluß einer mit wachsendem Einfallswinkel offensichtlich abnehmenden Strahlenabsorption durch die Detektorschicht relevant werden.

Wird die Absorption von Röntgenstrahlen durch die AgBr-Schicht eines Röntgenfilms mit weniger als 1 % angegeben [72], so beträgt bei einer Erzeugungsspannung von 80 kV ihre Absorption durch eine $CaWO_4$-Universalfolie bereits 30 bis 40 % [1]; bei der gleichen Röhrenspannung wurde die Strahlenabsorption durch hochverstärkende $CaWO_4$- und LaOBr-Folien (Auftrag 1000 g Leuchtstoff/m^2) bei Vorfilterung durch 20 cm Wasser mit 27 % ($CaWO_4$) und 42 % (LaOBr) gemessen [49]. Bei der Benutzung von Verstärkerfolien könnte sich daher eine Winkelabhängigkeit der Filmschwärzung unter Umständen in besonderem Maße bemerkbar machen. Entsprechende experimentelle Untersuchungen oder theoretische Berechnungen sind indessen bisher nicht bekannt geworden.

Bei der Frage nach einer Winkelabhängigkeit der Filmschwärzung durch die Geometrie der Strahlenabsorption ist zunächst festzustellen, daß nach den veröffentlichten experimentellen Befunden eine unmittelbare Abhängigkeit von der Oberflächenintensität sicher nicht besteht (Abb. 6-4). Dies ist auch nicht zu erwarten, da die Oberflächenintensität nichts über die absorbierte Strahlendosis aussagt.

In erster Näherung ist daher der Aussage einer Winkelunabhängigkeit der absorbierenden Dosis bei im Verhältnis zur Halbwertschicht dünner absorbierender Schicht nachzugehen [254].

Neben dem Verhalten der empfindlichen Schicht des Films aus den oben erwähnten Gründen ist insbesondere das Verhalten der Leuchtstoffschicht der Verstärkerfolie zu untersuchen.

Die zu untersuchende Strahlung sei die an den Meßorten P_K und P_T ankommende, bereits infolge Durchtritts durch Knochen und Referenzsystem sowie Aluminiumfilter und Wasserphantom geschwächte Strahlung (Abb. 6-3). Die bisherigen ungeschwächten Flächenintensitäten seien I_{oK} und I_{oT}. Damit können die Ergebnisse der folgenden theoretischen Untersuchung der Winkelabhängigkeit der Filmschwärzung bei der späteren Untersuchung des Einflusses der primär unterschiedlichen Strahlenintensität in der Filmebene wie des längeres Wegs der Schrägstrahlung durch die zu untersuchende Materie auf den Mineralgehalt des Knochens unmittelbar berücksichtigt werden.

Da zunächst nur der Einfluß des Strahleneinfallswinkels φ auf die Absorption in der Detektorschicht L interessiert, werden die Fokus-Film-Abstände bei senkrechtem und schrägem Strahleneinfall als gleich angenommen und die einfallenden Intensitäten als I_o bezeichnet. Nach Abb. 6-3 bestehen die Verhältnisse $I_{oT} = I_{ST} \cdot \cos \varphi$,

$$\cos \varphi = \frac{I_{oT}}{I_{ST}} = \frac{x_L}{x_L^*} = \frac{y}{y^*} \quad \text{sowie} \quad x_L^* = \frac{x_L}{\cos \varphi} \ , \ \text{wobei} \ x_L \ \text{die Dicke der}$$

Schicht L (Leuchtstoffschicht und/oder AgBr-Schicht des Films) und x_L^* die effektive Schichtdicke bei Schrägstrahlung und y bzw. y^* die Kantenlänge der bei senkrechtem bzw. schrägem Strahleneinfall bestrahlten Fläche sind.

Bei senkrechtem Strahleneinfall (Meßpunkt P_K) beträgt die absorbierte Strahlenintensität, wenn I_K die Flächenintensität auf der Schicht L und I_{LK} die Intensität nach Durchdringen der Schicht L ist,
$\Delta I_{LK} = I_K - I_{LK}.$

Die Schwächung der Strahlung durch die Schicht L ist

$$I_{LK} = I_K \cdot e^{-\mu_L x_L} \quad \text{und damit} \quad \Delta I_{LK} = I_K \cdot \left(1 - e^{-\mu_L x_L} \right) \ .$$

Bei schrägem Strahleneinfall (Meßpunkt P_T) betragen die absorbierte Strahlung $\Delta I_{LT} = I_T - I_{LT}$ und die Schwächung mit

$$I_{oT} = I_{ST} \cdot \cos \varphi \quad \text{sowie} \quad x_L^* = \frac{x_L}{\cos \varphi}$$

$$I_{LT} = I_{oT} \cdot e^{-\mu_L x_L^*} = I_{ST} \cdot \cos \varphi \cdot e^{-\frac{\mu_L \cdot x_L}{\cos \varphi}} \quad \text{und somit}$$

$$\Delta I_{LT} = I_{ST} \cdot \cos \varphi \left[1 - e^{-\frac{\mu_L x_L}{\cos \varphi}} \right] \ .$$

Die Bedingungen, unter denen von einer "Gleichheit" der Strahlenabsorption bei senkrechtem und schrägem Strahleneinfall $\Delta I_{LK} = \Delta I_{LT}$ gesprochen werden kann, lassen sich an den in Reihe entwickelten Schwächungsgleichungen untersuchen.

Entsprechend der Reihenentwicklung einer e-Funktion

$$e^{-x} = 1 - x + \frac{x^2}{2!} - \frac{x^3}{3!} + \frac{x^4}{4!} - \ldots \quad \text{ist} \quad e^{-\mu_L x_L}$$

$$= 1 - \mu_L x_L + \frac{(\mu_L x_L)^2}{2!} - \frac{(\mu_L x_L)^3}{3!} + \ldots$$

unter der Bedingung $\dfrac{(\mu_L x_L)^2}{2} \ll \mu_L x_L$ entsprechend $\dfrac{\mu_L x_L}{2} \ll 1$ (siehe unten) kann die unendliche Reihe für die Exponantialfunktion nach dem linearen Glied abgebrochen werden, so daß $e^{-\mu_L x_L} \approx 1 - \mu_L x_L$, d. h. der Intensitätsabfall der Exponentialfunktion linear angesetzt werden kann:

$$I_{LK} = I_K \cdot e^{-\mu_L x_L} \approx I_K \cdot (1 - \mu_L x_L) \quad \text{und damit}$$

$$\Delta I_{LK} = I_K \cdot \left(1 - e^{-\mu_L x_L}\right) \approx I_K \cdot \mu_L x_L .$$

Voraussetzung für $\dfrac{\mu_L x_L}{2} \ll 1$ ist eine "sehr kleine" Schichtdicke x_L, eine relative Aussage infolge der Bindung von x_L an den Absorptionskoeffizienten der Schicht L und damit die Wellenlänge der Strahlung. Abgesehen von der Möglichkeit, über ein hinreichend kleines μ_L die für die Erfüllung der Voraussetzung notwendige Strahlenhärte festzulegen, kann die Aussage über die vorausgesetzte Größenordnung von x_L auch über die Halbwertschicht (HWS) x_{LH} präzisiert werden:

Nimmt die Intensität infolge Absorption durch das Material der Schicht L um die Hälfte ab, so ist

$$I_{LK} = \frac{I_K}{2} = I_K \cdot e^{-\mu_L x_{LH}} \quad \text{bzw.} \quad e^{+\mu_L x_{LH}} = 2 \ , \quad \mu_L x_{LH} = \ln 2 \quad \text{und die HWS-}$$

Dicke $x_{LH} = \dfrac{\ln 2}{\mu_L}$. Ist x_{LH} bekannt, so ist nach Ersetzen des Schwächungskoeffizienten $\mu_L = \dfrac{\ln 2}{x_{LH}}$ in der Ungleichung $\dfrac{\mu_L x_L}{2} \ll 1$ die vorausgesetzte Beziehung zwischen der Schichtdicke x_L und der Halbwertschicht unmittelbar aus

$$\frac{x_L}{x_{LH}} \cdot \frac{\ln 2}{2} \ll 1 \quad \text{bzw.} \quad x_L \ll \frac{2}{\ln 2} x_{LH} \quad \text{abzulesen.}$$

Das Ziel der Untersuchung sind die Verhältnisse bei schrägem Strahleneinfall. Die Reihenentwicklung der e-Funktion

von $\quad I_{LT} = I_K \cdot \cos \varphi \cdot e^{-\dfrac{\mu_L x_L}{\cos \varphi}} \quad$ ergibt unter den oben diskutierten

Voraussetzungen mit $e^{-\dfrac{\mu_L x_L}{\cos \varphi}} \approx 1 - \dfrac{\mu_L x_L}{\cos \varphi}$,

$$I_{LT} \approx I_K \cos \varphi \left(1 - \frac{\mu_L x_L}{\cos \varphi} \right) \quad \text{und als absorbierte Strahlenintensität}$$

bzw. Strahlendosis $\qquad \Delta I_{LT} = I_K \cdot \cos \varphi \left[1 - e^{-\dfrac{\mu_L x_L}{\cos \varphi}} \right] \approx$

$$I_K \cdot \cos \varphi \, \frac{\mu_L x_L}{\cos \varphi} \; , \quad \text{das heißt}$$

$$\Delta I_{LT} \approx I_K \cdot \mu_L x_L \quad \text{und} \quad \Delta I_{LT} = \Delta I_{LK} = I_K \left(1 - e^{-\mu_L x_L} \right) \text{, wobei als}$$

Ausdruck der Unabhängigkeit der im Detektorflächenvolumen absorbierten Dosis vom Einfallswinkel dieser vollständig aus der Gleichung verschwindet.

Dieser Punkt bedarf noch näherer Untersuchung. Bei schrägem Strahleneinfall ist die Bedingung für eine "Linearisierung" der Exponentialfunktion aus

$$e^{-\dfrac{\mu_L x_L}{\cos \varphi}} = 1 - \frac{\mu_L x_L}{\cos \varphi} + \frac{\left(\dfrac{\mu_L x_L}{\cos \varphi} \right)^2}{2!} - \frac{\left(\dfrac{\mu_L x_L}{\cos \varphi} \right)^3}{3!} + \ldots \ \text{mit} \ \frac{\left(\dfrac{\mu_L x_L}{\cos \varphi} \right)^2}{2}$$

$$\ll \frac{\mu_L x_L}{\cos \varphi} \quad \text{bzw.} \quad \frac{\mu_L x_L}{2 \cdot \cos \varphi} \ll 1 \quad \text{gegeben.}$$

Diese Betrachtungsweise entspricht im Grunde derjenigen, mit welcher die Problematik des Strahleneinfallswinkels bisher als grundsätzlich gelöst betrachtet und daher nicht weiter verfolgt wurde [15, 72]. An dieser Stelle wäre zunächst einmal der Einsatz praktischer Daten zu fordern.

Da in der Literatur praktisch nirgends quantitative Hinweise über Emulsionszusammensetzungen der photographischen Schicht vorliegen, d. h. Daten über das Verhältnis von Silberbromid zu Gelatine (Bindemittel für AgBr-Körner), ihre effektive Dichte, effektive Ordnungszahl und effektiven Schwächungskoeffizienten praktisch nicht zu erhalten sind, darüber hinaus das Verhältnis AgBr zu Gelatine, AgBr-Gehalt, Korngröße, Auftrag etc. je nach Verwendungszweck und Hersteller außerordentlich variabel ist [1, 14, 68, 132], ist eine Einschätzung der tatsächlichen Verhältnisse der photographischen Schicht hinsichtlich einer Winkelabhängigkeit der Schwärzung nur experimentell zu gewinnen, wie sie von einer Reihe von Untersuchern vorgenommen worden ist [15, 66, 68, 80, 83, 106, 258].

Eine gewisse Einschätzung der Verhältnisse ist aber auf folgendem Wege möglich:
Bei einem AgBr-Auftrag (A) für "folienlose" Filme von $A = 50 \text{ g/m}^2$, für "Folienfilme" (zur Benutzung mit Verstärkerfolien) von $A = 20 \text{ g/m}^2$ [1], für beidseitig begossene Dosimetriefilme (Ilford Typ PM 3 und PM 2) von $A = 34$ und 44 g/m^2 [132] errechnet sich die spezifische Schichtdicke d_ρ, wenn die Packungsdichte hypothetisch der spezifischen Masse des AgBr gleichgesetzt wird (d. h. Raumerfüllung $\eta = P/\rho = 1.0$ [72] aus $d_\rho = \dfrac{A[\text{g/m}^2]}{\rho[\text{g/cm}^3]}$ zu 7.73 µm , 3.09 µm , 5.3 µm bzw. 6.8 µm (spez. Masse von AgBr ist $\rho = 6.47 \text{ g/cm}^3$). Da die maximale Raumerfüllung für AgBr bei dichtester Kugelpackung $\eta_{max} = 0.74$ ist [63], für normale Emulsionen jedoch nur 0.20-0.30 beträgt [72], ist die tatsächliche Schichtdicke d größer (10 - 20 µm). Wesentlich ist bei der Betrachtung der Schwächung der Strahlung für grobe Abschätzungen jedoch die Masse des AgBr.

Für die Strahlenenergie $E = 50$ keV beträgt der Massenschwächungskoeffizient von AgBr $\frac{\mu}{\rho} = 6.8 \text{ cm}^2/\text{g}$ [80, 132] und $\mu = 44 \text{ cm}^{-1}$. Anhand dieser Zahlen läßt sich mit $\varphi = 80°$, $\frac{\mu \cdot d}{2 \cdot \cos \varphi} \approx 0.1$ und mit $\varphi = 85°$ $\frac{\mu \cdot d}{2 \cdot \cos} \approx 0.25$ berechnen. Dies bedeutet, daß zumindest für sehr große Einfallswinkel eine nicht mehr vernachlässigbare Winkelabhängigkeit zu erwarten ist.

Eine wesentlich deutlichere Winkelabhängigkeit lassen die Verhältnisse bei Verstärkerfolien vermuten, deren Leuchtstoffe wie Wolfram-, Yttrium-, Gadolinium- und Lanthansalze zum Teil wesentlich höhere Ordnungszahlen, in jedem Falle aber erheblich größere Schichtdicken als das Filmsilber aufweisen. Untersucht man eine hochverstärkende, mit Leuchtstoff LaOBr beschichtete Folie, wie sie in den Untersuchungen benutzt wurde (Auftrag $A = 1000 \text{ g/m}^2$; $\rho = 6.28 \text{ g/cm}^3$;

140

$\mu/\rho = 10 \text{ cm}^2/\text{g}$ bei 50 keV [49, 50]; spez. Schichtdicke $\frac{A}{\rho} = 160 \text{ µm}$), so ergibt sich für $\frac{\mu \cdot d}{2}$ bereits 0.5 und bei einem Strahleneinfallswinkel von $\varphi = 20^\circ$ für $\frac{\mu \cdot d}{2 \cdot \cos \varphi} \approx 0.53$, bei $\varphi = 45^\circ$ 0.707 und bei 80° schließlich 1.0. Niedrigere Werte ergeben sich erwartungsgemäß für $CaWO_4$-Folien (Tab. 6-2).

Tab. 6-2 Technische und physikalische Daten der photographischen Schicht von Röntgenfilm und der Leuchtschicht von Verstärkerfolien.
A = Auftrag=Flächenkonzentration des Silberbromids bzw. der Leuchtstoffe; d = Schichtdicke der photographischen Emulsion bzw. der Leuchtschicht; $d_\rho = A/\rho$ = spezifische Schichtdicke des Silberbromids bzw. des Leuchtstoffs (Calciumwolframat bzw. Lanthanoxybromid); ρ = spezifische Masse; μ/ρ = Massenschwächungskoeffizient; μ = linearer Schwächungskoeffizient

	A $\frac{g}{m^2}$	d µm	$d_\rho = \frac{A}{\rho}$ µm	ρ $\frac{g}{cm^3}$	$\frac{\mu}{\rho}$ (50 keV) $\frac{cm^2}{g}$	μ (50 keV) cm^{-1}	Literatur
"Folienloser" Film	35 – 50	15 – 20	5,4 – 7,7	AgBr 6,47	AgBr 6,8	AgBr 44	Ackermann et al. 1968 Frieser 1975, l.c. p.50
"Folienfilm"	14 – 20	8 – 13	2,2 – 3,1				Greening 1951 Mauderli 1957
Feinzeichnende Folie (Vorder-)	200 – 400	100 – 200	29 – 59	CaWO₄ 6,8	CaWO₄ 4,4	CaWO₄ 30	Degenhardt 1981 Degenhardt et al. 1975
Hochverstärkende Folie (Vorder-)	300 – 1000	200 – 600	44 – 147				Goering & Dümmling 1968
Hochverstärkende Folie (Vorder-)	1000	200	160	LaOBr 6,28	LaOBr 10,0	LaOBr 62,8	Degenhardt 1981 Degenhardt et al. 1975

Die Zahlen zeigen, daß derartige Abschätzungen einer "Winkelunabhängigkeit" der absorbierten Strahlendosis im Hinblick auf den quantitativen Anteil der verschiedenen beteiligten Einflußparameter (φ, μ, Schichtdicke) genauere Angaben von Gültigkeitsbereichen nicht zulassen. Diese Frage läßt sich jedoch theoretisch untersuchen.

Die Gleichungen für die Schwächung der Strahlung durch die Detektorschicht L (Abb. 6-3) bei senkrechtem und schrägem Strahleneinfall sind

$$I_{LK} = I_K \cdot e^{-\mu_L x_L} \quad \text{und} \quad I_{LT} = I_{oT} \cdot e^{-\mu_L x_L^*}$$

$$\text{bzw.} \quad I_{LT} = I_{ST} \cdot \cos\varphi \cdot e^{-\frac{\mu_L x_L}{\cos\varphi}} \, .$$

Die absorbierten Intensitäten bei senkrechtem und schrägem Strahlein-
fall ΔI_{LK} und ΔI_{LT} sind

$$\Delta I_{LK} = I_K \cdot \left(1 - e^{-\mu_L x_L} \right) \quad \text{und} \quad \Delta I_{LT} = I_{oT} \cdot \left(1 - e^{-\mu_L x_L^*} \right) \quad \text{bzw.}$$

$$\Delta I_{LT} = I_K \cdot \cos\varphi \left(1 - e^{-\frac{\mu_L x_L}{\cos\varphi}} \right) .$$ Bei der letzteren Gleichung tritt
bei senkrechtem Strahleneinfall mit $\cos 0^{\circ} = 1$ die entsprechende erste
Absorptionsgleichung wieder auf.

Eine Einschätzung des Ausmaßes der Winkelabhängigkeit der Absorption
läßt sich durch Relativierung der Absorption bei schrägem auf die Absorption bei senkrechtem Strahleneinfall bei verschiedenen φ , Strahlenhärten und Schichtdicken gewinnen. Es gilt das Verhältnis

$$\frac{\Delta I_{LT}}{\Delta I_{LK}} = \frac{1 - e^{-\frac{\mu_L x_L}{\cos\varphi}}}{1 - e^{-\mu_L x_L}} \cdot \cos\varphi \, .$$

Die prozentuale Absorptionsabnahme zum senkrechten Strahleneinfall ist
dann bei $\varphi > 0^{\circ}$

$$\left[1 - \frac{\Delta I_{LT}}{\Delta I_{LK}} \right] \cdot 100 = \left[1 - \cos\varphi \, \frac{1 - e^{-\frac{\mu_L x_L}{\cos\varphi}}}{1 - e^{-\mu_L x_L}} \right] \cdot 100 \quad \text{(vgl. [80])}$$

Mit Hilfe dieser Beziehung lässt sich für beliebige Strahleneinfallswinkel die prozentuale Abnahme der Strahlenabsorption in Abhängigkeit
von der Photonenenergie und der Schichtdicke berechnen. Ist die Mate-

rialdicke bekannt, läßt sich durch Messung der winkelabhängigen Absorptionsabnahme der Schwächungskoeffizient des Materials ermitteln. In
gleicher Weise lassen sich theoretisch Schichttiefen für eine bestimmte Strahlenabsorption (Dosisberechnung) in Abhängigkeit vom Strahleneinfallswinkel voraussagen.

In Abb. 6-4 ist für eine Reihe praktisch interessierender und vorkom-
mender Materialien die Absorptionsabnahme in Abhängigkeit vom Strahleneinfallswinkel berechnet. Der Kurve mit der geringsten Winkelabhängigkeit wurden von BECKER (1961 b) veröffentlichte experimentelle Daten
über den Einfluß des Strahlungseinfallswinkels auf die Filmschwärzung
zugrunde gelegt. Die Meßpunkte entsprechen mit guter Näherung einem
$\mu \cdot d = 0.075$. Der mit 50 keV angegebenen Energie der benutzten Photonenstrahlung entspricht ein Massenschwächungskoeffizient des AgBr von
$\mu/\rho \approx 6.8$ cm^2/g [132]. Mit $\rho_{AgBr} = 6.47$ g/cm^3 ρ [72] beträgt dann der
lineare Schwächungskoeffizient $\mu \approx 44$ cm^{-1} und die spezifische AgBr-
Schichtdicke $d_\rho = \frac{0.075}{44}$ cm = 17 µm bei einer Packungsdichte des AgBr
von P = ρ. Dies entspricht einem Silberbromid-Auftrag von A = $\rho \cdot d$ =
11 mg/cm^2. Legt man eine Raumerfüllung [72] der AgBr-Körner in der
photographischen Emulsion von $\eta = P/\rho = 0.5$ zugrunde ($\eta_{max} = 0.74$
[63]), so verdoppelt sich bei gleichem Auftrag und halbierter Packungsdichte die Schichtdicke. Dies entspricht einem beidseitig begossenen
Film mit einer Emulsions-Schichtdicke von je 17 µm, wie sie in dieser
Größenordnung z. B. für "folienlose" Röntgenfilme angegeben wird
([1]; Tab. 6-2).

Die Ursache für die Winkelabhängigkeit der Strahlenabsorption läßt
sich am Beispiel der oben benutzten Filmdaten veranschaulichen. Bei
einem Strahleneinfallswinkel von beispielsweise 85° erhöht sich zwar
die Absorption von etwa 5 % (bei 0°) auf etwa 50 % der auffallenden
Intensität. Da diese jedoch nur noch 8.7 % der Strahlenintensität bei
senkrechtem Strahleneinfall beträgt, hat die tatsächliche Absorption -
bezogen auf gleiche Schichtvolumina - im Vergleich zum senkrechten
Strahleneinfall um 20 bis 30 % abgenommen. Der längere Absorptionsweg
bei schrägem Strahleneinfall "kompensiert" daher nicht die gleichzeitig auftretende Verminderung der einfallenden Quanten pro Volumen.

Da ein Strahleneinfallswinkel von maximal nur 3.8° zu berücksichtigen
ist (Fokus-Film-Abstand 150 cm, Zentral-Seitenstrahl-Abstand in der
Filmebene 10 cm; vgl. Tab. 6-3) und die errechneten winkelabhängigen

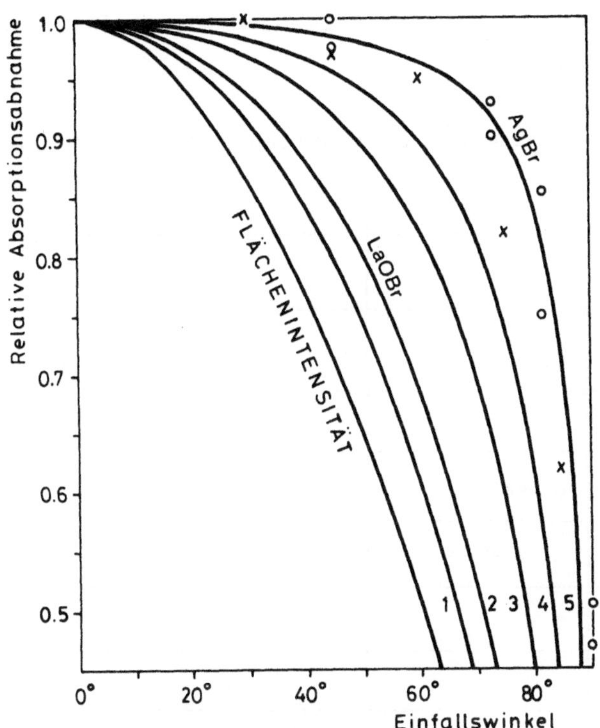

Abb. 6-4 Einfluß des Strahleneinfallswinkels auf die Strahlenabsorption dünner Schichten. Berechnete Kurven. Ordinate: Abnahme der Strahlenabsorption bei schrägem Strahleneinfall relativ zur Absorption bei senkrechtem Einfall. Abszisse: Einfallswinkel φ. d = Schichtdicke. Kurven: (1) Muskel=Hirn ($\mu \cdot d$ = 1.556, E = 20 keV, d = 2 cm)[*]; (2) LaOBr ($\mu \cdot d$ = 1.0084, E = 50 keV, d = 160 µm)[**]; (3) $CaWO_4$ ($\mu \cdot d$ = 0.4413, E = 50 keV, d = 147 µm)[**]; (4) Haut ($\mu \cdot d$ = 0.2334, E = 20 keV, d = 3 mm)[*,***]; (5) AgBr ($\mu \cdot d$ = 0.075, E = 50 keV, d = 17 µm). Eingetragene experimentelle Meßwerte zur Winkelabhängigkeit der Filmschwärzung: O nach [15], E = 50 keV; x nach [258], Röhrenspannung 70 kV. Zum Vergleich ist die Abhängigkeit der Flächenintensität vom Strahleneinfallswinkel $I_{\varphi > 0} = I_{\varphi = 0} \cdot \cos \varphi$ eingesetzt.

[*] μ und ρ nach [10, 95] [206, 248, 250].
[**] Berechnung für Flächenauftrag hochverstärkender Folien (1000 g/m²); Daten siehe Tab. 6-2.
[***] Photonenenergiebereich (20 keV) und Tiefe der Haarpapillen (3 mm) bei Epilationsbestrahlung nach [251]

Absorptionsverminderungen in diesem Bereich geringer sind als die Meßgenauigkeiten der Photometrie, war es nicht erforderlich, den unmittelbaren Einfluß des Strahleneinfallswinkels auf die Filmschwärzung experimentell abzuklären. Dies gilt in gleicher Weise im Hinblick auf die im folgenden Abschnitt durchgeführten theoretischen Untersuchungen über den durch die Strahlenausbreitungsgemometrie verursachten Meßfehler ΔM bei der Mineralgehaltsbestimmung des Knochens. Der hierbei zu berücksichtigende Strahleneinfallswinkel von maximal 16.7° (Fokus-

Filmabstand 50 cm, Abstand in der Filmebene 15 cm) fällt ebenfalls
praktisch nicht ins Gewicht.

Tab. 6-3 Einfallswinkel φ des Seitenstrahls gegen die Film-Flächennormale

A (cm) \ a(cm)	5	10	15
50 $\cos \varphi = \left(1 + \dfrac{a^2}{A^2}\right)^{-\frac{1}{2}}$	0,9950	0,9806	0,9578
50 φ	5.7°	11.3°	16.7°
100	0,9988	0,9950	0,9889
100	2.9°	5.7°	8.5°
150	0,9994	0,9978	0,9950
150	1.9°	3.8°	5.7°

Trotz aller Unzulänglichkeiten des Verfahrens (keine Berücksichtigung
der Streustrahlung, keine monochromatische Strahlung) sprechen die ausgewerteten experimentellen Daten dafür, daß sich die tatsächlichen winkelabhängigen Absorptionsverhältnisse in dieser Form näherungsweise
untersuchen lassen. Es wären allerdings Gültigkeitsbereiche dieses Verfahrens zu untersuchen, auf die hier jedoch nicht näher eingegangen werden soll.

Unabhängig von den soeben untersuchten Phänomenen sind allerdings die
durch den im Vergleich zum Zentralstrahl längeren Weg der schräg einfallenden Strahlung bedingten erheblichen Intensitätsunterschiede in
der Filmebene sowie die stärkere Schwächung der schrägen Strahlung infolge des längeren Weges durch Filter, Wasserbad, das zu untersuchende
Objekt etc. zu betrachten. Hierauf wird im folgenden Abschnitt eingegangen.

6.3.4 Einfluß durch Schrägstrahlung

Hat die unterschiedliche Strahlenintensität an differenten Meßorten des Films unter Umständen bereits einen gravierenden Einfluß auf die quantitative Filmauswertung, so ist der Einfluß der durch die Ausbreitungsgeometrie bedingten vermehrten Strahlenschwächung abseits vom Zentralstrahl nicht minder groß. Dies läßt sich am Beispiel eines parallelflächigen Objekts zeigen, auf dessen Flächen der Zentralstrahl senkrecht trifft (Abb. 6-3 und 6-5).

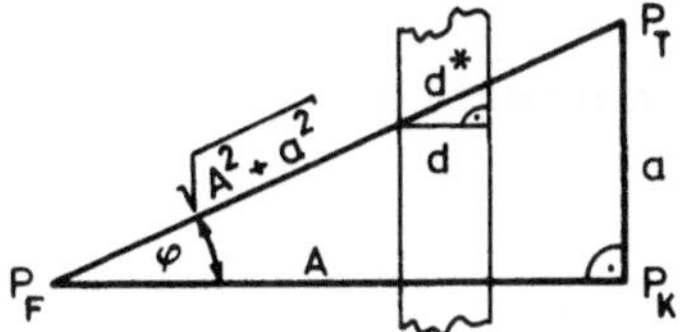

Abb. 6-5 Differente Weglängen d und d* von Zentralstrahl (A) und Seitenstrahl ($\sqrt{A^2+a^2}$) durch ein Parallelepiped (Zentralstrahl = Flächennormale). P_F = Fokus der Röntgenröhre. Im übrigen Bezeichnungen wie Abb. 6-2 und 6-3

Der Zentralstrahl legt die Strecke d (Schichtdicke des Objekts) durch das Meßobjekt zurück, der divergierende Seitenstrahl P_F-P_T jedoch die längere Strecke d*. In Abhängigkeit vom Fokus-Film-Abstand A und dem Abstand a vom Meßpunkt P_K (Zentralstrahl in der Filmebene) ist dann

$$\frac{d^*}{d} = \frac{\sqrt{A^2 + a^2}}{A} \quad \text{und damit} \quad d^* = d \cdot \sqrt{1 + \frac{a^2}{A^2}} \; .$$

Diese Abhängigkeit gilt entsprechend für den Durchtritt des "schrägen" Strahls durch das Wasserbad $D_W^* = D_W \cdot \sqrt{1 + \frac{a^2}{A^2}}$ wie durch die Aluminiumfilter $D_{Al}^* = D_{Al} \cdot \sqrt{1 + \frac{a^2}{A^2}}$, so daß die tatsächliche Schwächung der Strahlung am Meßpunkt P_T in der Filmebene

$$I_T = I_{oT} \cdot e^{-\left[(\mu_A - \mu_P) \frac{M_T}{P_A} d_T + (\mu_P - \mu_W) d_T + \mu_W D_W + \mu_{Al} D_{Al} \right] \cdot \sqrt{1 + \frac{a^2}{A^2}}}$$

beträgt.

6.3.5 Zusammenfassung der Einflüsse

1) Flächenintensität senkrecht zur Röntgenstrahlung

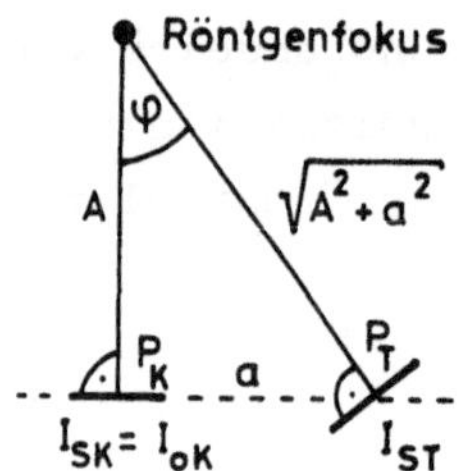

$$\frac{I_{SK}}{I_{ST}} = \left(1 + \frac{a^2}{A^2} \right) = \frac{1}{\cos^2\varphi} \; .$$

Abb. 6-6a

2) Flächenintensität auf dem Röntgenfilm

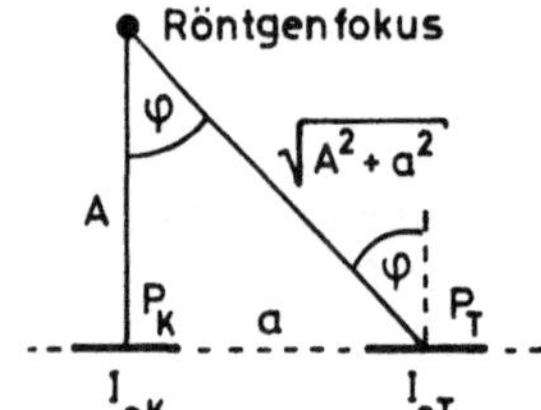

$$\frac{I_{oK}}{I_{oT}} = \left(1 + \frac{a^2}{A^2} \right)^{3/2} = \frac{1}{\cos^3\varphi} \; .$$

Abb. 6-6b

3) Prozentuale Abnahme der in der Verstärkerfolie absorbierten Pendelröntgenstrahlung

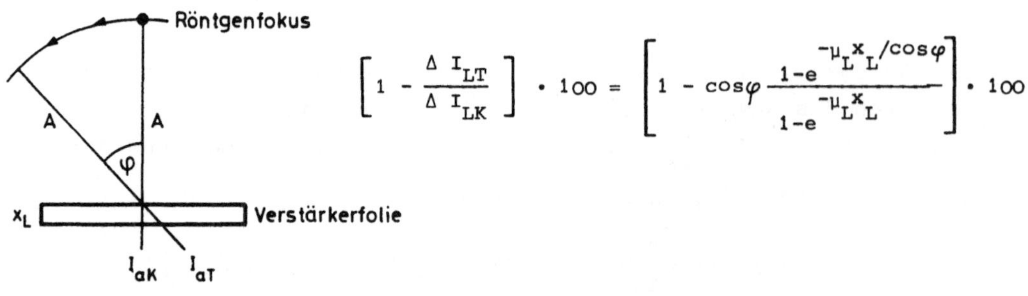

$$\left[1 - \frac{\Delta I_{LT}}{\Delta I_{LK}} \right] \cdot 100 = \left[1 - \cos\varphi \frac{1-e^{-\mu_L x_L / \cos\varphi}}{1-e^{-\mu_L x_L}} \right] \cdot 100$$

Abb. 6-6c

4) Prozentuale Abnahme der in der Verstärkerfolie absorbierten
   Röntgenstrahlung

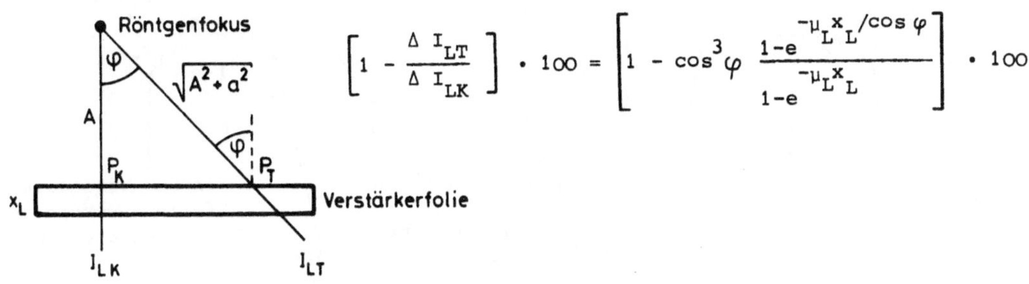

$$\left[1 - \frac{\Delta I_{LT}}{\Delta I_{LK}}\right] \cdot 100 = \left[1 - \cos^3\varphi \; \frac{1 - e^{-\mu_L x_L/\cos\varphi}}{1 - e^{-\mu_L x_L}}\right] \cdot 100$$

Abb. 6-6d

5) Schräge Strahlung hat einen längeren Weg durch die Materie

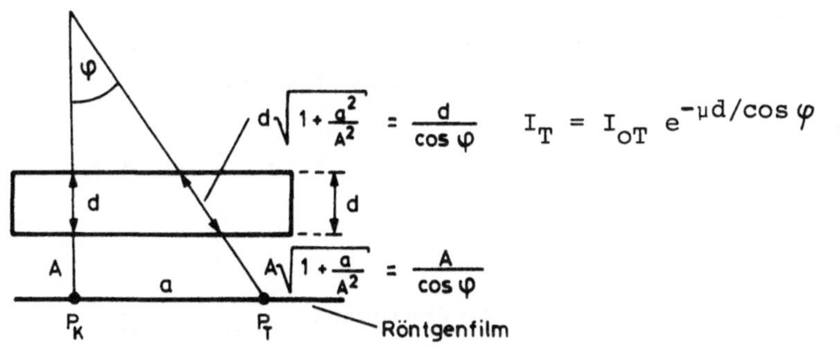

$$d\sqrt{1 + \frac{a^2}{A^2}} = \frac{d}{\cos\varphi} \qquad I_T = I_{oT}\, e^{-\mu d/\cos\varphi}\; .$$

$$A\sqrt{1 + \frac{a}{A^2}} = \frac{A}{\cos\varphi}$$

Abb. 6-6e

6) Summe der systematischen Fehler durch die Strahlenausbreitungsgeometrie

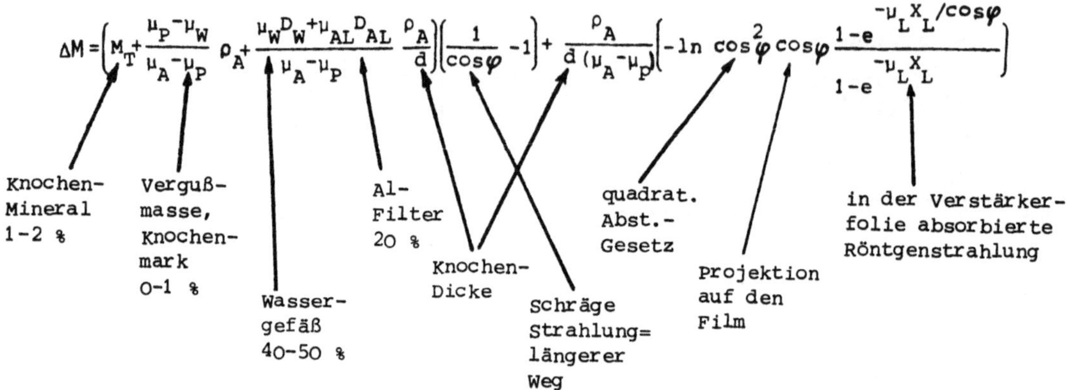

$$\Delta M = \left(M_T + \frac{\mu_P - \mu_W}{\mu_A - \mu_P}\,\rho_A + \frac{\mu_W D_W + \mu_{AL} D_{AL}}{\mu_A - \mu_P}\,\frac{\rho_A}{d}\right)\left(\frac{1}{\cos\varphi} - 1\right) + \frac{\rho_A}{d\,(\mu_A - \mu_P)}\left(-\ln\cos^2\varphi\,\cos\varphi\,\frac{1 - e^{-\mu_L X_L / \cos\varphi}}{1 - e^{-\mu_L X_L}}\right)$$

$\mu \rightarrow$ Einfluß der Strahlenhärte

$$\cos\varphi\,\frac{1 - e^{-\mu_L X_L / \cos\varphi}}{1 - e^{-\mu_L X_L}} \quad\left\{\begin{array}{l} = 1 \quad\text{, wenn Verstärkerfolie dünn gegen Halbwertsschicht} \\[1em] = \cos\varphi \quad\text{, wenn Verstärkerfolie dicker als Halbwertsschicht} \end{array}\right.$$

$- \ln f\,(\varphi)$ ergibt einen positiven Wert, da $f\,(\varphi) < 1$.

6.3.6 Berechnung der Fehler bei der Mineralgehaltsbestimmung

Es sei am Meßort P_K die Eintrittsintensität in die Verstärkerfolie I_K und die Austrittsintensität aus der Folie I_{LK}. Dann beträgt die laufend in der Verstärkerfolie absorbierte Strahlenleistung

$$\Delta I_{LK} = I_K - I_{LK} .$$

Die absorbierte Röntgenstrahlenintensität ΔI_{LK} wird in der Verstärkerfolie mit einer für die Verstärkerfolie charakteristischen Ausbeute in
sichtbares Licht umgewandelt, das den Röntgenfilm belichtet. Für die
Belichtung des Röntgenfilmes wird die Strahlenintensität durch die Belichtungszeit t begrenzt.

Die gleichen Überlegungen gelten auch für den Meßort P_T. Damit erhält man:

$$\Delta I_{LK} = I_K - I_{LK} = I_K \left(1 - e^{-\mu_L x_L} \right)$$

$$\Delta I_{LT} = I_T - I_{LT} = I_T \left(1 - e^{-\mu_L x_L / \cos\varphi} \right) .$$

Mit dem Densitometer als Indikator wird an den Meßorten P_K und P_T für $d_K = d_T = d$ Schwärzungsgleichheit ausgesucht, um die Mineralkonzentration M_K des Knochens durch die der Referenztreppe M_T bestimmen zu können. Da die Auswertung auf derselben Röntgenaufnahme vorgenommen wird, sind eine Reihe von in die Gleichungen eingehenden Größen wie Belichtungszeit t, Gradation des Filmes γ usw. konstant, so daß sie beim Gleichsetzen der Densitometerwerte sich herausheben. Damit ist dann:

$$\Delta I_{LK} = \Delta I_{LT} .$$

Einsetzen und Umformen ergibt:

$$\frac{I_K}{I_T} = \frac{1 - e^{-\mu_L x_L / \cos\varphi}}{1 - e^{-\mu_L x_L}}$$

mit:
$$\frac{1}{\cos\varphi} = \sqrt{1 + \frac{a^2}{A^2}} .$$

Setzt man der einfacheren Schreibweise wegen:

$$\frac{I_K}{I_T} = V ,$$

dann ergibt sich für I_K

$$I_K = I_T \, V .$$

Werden ein zu untersuchender Knochen am Meßort P_K (Zentralstrahl) und eine knochengleiche Referenztreppe am Meßpunkt P_T durchstrahlt (Abb. 6-2, 6-3), so betragen die Austrittsintensitäten einschließlich der Schwächung durch Aluminiumfilter (Al)

$$I_K = I_{oK} \cdot e^{-(\mu_A-\mu_P)\,\frac{M_K}{\rho_A} \cdot d_K - (\mu_P-\mu_W) \cdot d_K - \mu_W D_W - \mu_{Al} D_{Al}}$$

und

$$I_T = I_{oT} \cdot e^{-(\mu_A-\mu_P)\,\frac{M_T}{\rho_A}\, d_T - (\mu_P-\mu_W)\, d_T - \mu_W D_W - \mu_{Al} - D_{Al}} \ .$$

Der einfacheren Schreibweise wegen wird eingesetzt:

$$I_K = I_{oK}\, e^{-f(K)} \quad \text{und} \quad I_T = I_{oT}\, e^{-f(T)} \ .$$

In dieser Gleichung ist noch nicht der Einfluß der durch die Schrägstrahlung bei der Strahlenintensität I_T hervorgerufene um $\sqrt{1 + a^2/A^2}$
längere Weg durch die einzelnen absorbierenden Schichten berücksichtigt.
Da in $f(T)$ in jedem Summanden eine Schichtdicke als Faktor enthalten
ist, muß zur Berücksichtigung des längeren Weges mit $\sqrt{1 + a^2/A^2} = $
$1/\cos \varphi$ multipliziert werden. Damit wird:

$$I_K = I_{oK} \cdot e^{-f(K)}$$

$$I_T = I_{oT} \cdot e^{-f(T)/\cos \varphi} \ .$$

Setzt man I_K und I_T in die Gleichung $I_K = I_T V$ ein, so erhält man:

$$I_{oK} \cdot e^{-f(K)} = I_{oT} \cdot e^{-f(T)\,1/\cos \varphi} \cdot V \ .$$

Dividieren durch I_{oK} ergibt:

$$e^{-f(K)} = e^{-f(T)/\cos \varphi}\, \frac{I_{oT}}{I_{oK}} \cdot V \ .$$

Das Verhältnis I_{oT}/I_{oK} wird bestimmt durch die unterschiedliche Weg-
länge der Röntgenstrahlung, deren Intensität mit dem Quadrat der Entfernung abnimmt und durch die Projektion der Strahlung auf den Röntgen-

film, eine Fläche, die mit dem Winkel φ zur Senkrechten der Strahlung geneigt ist. Für das Verhältnis wurde berechnet:

$$\frac{I_{oT}}{I_{oK}} = \cos^3 \varphi = \left(1 + \frac{a^2}{A^2} \right)^{-3/2} = \left(1 + \frac{\Delta I}{\Delta I_{oT}} \right)^{-1} .$$

Damit wird:

$$e^{-f(K)} = e^{-f(T)/\cos \varphi} \cdot V \cos^3 \varphi$$

mit

$$V \cos^3 \varphi = R = \cos^3 \varphi \; \frac{1-e^{-\mu_L x_L/\cos \varphi}}{1-e^{-\mu_L x_L}}$$

$$= \left(1 - \frac{a^2}{A^2} \right)^{-3/2} \; \frac{1-e^{-\mu_L x_L \sqrt{1+a^2/A^2}}}{1-e^{-\mu_L x_L}} .$$

Damit wird die Intensität I_T, die die gleiche Schwärzung des Röntgenfilmes hervorruft wie I_K zu:

$$I_K = I_{oK} \cdot e^{-f(K)} = I_{oK} \cdot e^{-f(T)/\cos \varphi} \cdot R$$

bzw.:

$$I_K = I_{oK} \cdot e^{-f(K)} = I_{oK} \cdot e^{-f(T) 1/\cos \varphi + \ln R} .$$

An dieser Nahtstelle zeigte sich, wenn man die Untersuchung der Absorptionsverhältnisse des Röntgenfilms glaubt vernachlässigen zu können, und daher mit der Oberflächenintensität argumentiert, die Irrtumsmöglichkeit im Verständnis der Winkelabhängigkeit der Strahlenabsorption dünner Schichten, wie sie auch auf dem Gebiet der Oberflächenstrahlentherapie lange Zeit eine erhebliche Rolle gespielt hat.

152

$$J_k = J_{oT} \cdot e^{-\left[(\mu_A - \mu_P)\frac{M_T}{\rho_A}d + (\mu_P - \mu_W)d + \mu_W D_W + \mu_{Al} D_{Al}\right]\sqrt{1 + \frac{a^2}{A^2}} + \ln R}$$

$$= J_{oT} \cdot e^{-(\mu_A - \mu_P)\frac{M_K}{\rho_A}d - (\mu_P - \mu_W)d - \mu_W D_W - \mu_{Al} D_{Al}}$$

Logarithmieren und Gleichsetzen der Exponenten läßt jetzt den Ausdruck
für den Mineralgehalt M_K gewinnen:

$$-\left[(\mu_A - \mu_P)\frac{M_K}{\rho_A}d + (\mu_P - \mu_W)d + \mu_W D_W + \mu_{Al} D_{Al}\right]$$

$$= -\left[(\mu_A - \mu_P)\frac{M_T}{\rho_A}d + (\mu_P - \mu_W)d + \mu_W D_W + \mu_{Al} D_{Al}\right]\sqrt{1 + \frac{a^2}{A^2}} + \ln R$$

bzw.

$$M_K(\mu_A - \mu_P)\frac{d}{\rho_A} = M_T(\mu_A - \mu_P)\frac{d}{\rho_A}\sqrt{1 + \frac{a^2}{A^2}}$$

$$+ \left[(\mu_P - \mu_W)d + \mu_W D_W + \mu_{Al} D_{Al}\right]\sqrt{1 + \frac{a^2}{A^2}}$$

$$- \left[(\mu_P - \mu_W)d + \mu_W D_W + \mu_{Al} D_{Al}\right] - \ln R$$

$$M_K = M_T\sqrt{1 + \frac{a^2}{A^2}} + \frac{\rho_A}{(\mu_A - \mu_P)d}\left[(\mu_P - \mu_W)d + \mu_W D_W + \mu_{Al} D_{Al}\right]\left(\sqrt{1 + \frac{a^2}{A^2}} - 1\right) - \frac{\rho_A \ln R}{(\mu_A - \mu_P)d}$$

$$+ \ln\left(1 + \frac{a^2}{A^2}\right)\frac{\rho_A}{(\mu_A - \mu_P)d} \; .$$

Weiterhin ist:

$$M_T = \frac{1}{\cos\varphi} = M_T + M_T\,(1/\cos\varphi - 1)$$

und

$$\Delta M = M_K - M_T \; .$$

Damit wird:

$$\Delta M = \left(M_T - \frac{\mu_P \mu_W}{\mu_A \mu_P}\rho_K + \frac{\mu_W D_W + \mu_{Al} D_{Al}}{\mu_A - \mu_P} \right)(1/\cos\varphi - 1) - \frac{\rho_A}{d(\mu_A - \mu_P)}\ln R \; .$$

Diese Gleichung läßt folgende Zusammenhänge klar erkennen:

Der Meßfehler ΔM wächst

1. mit dem Quadrat des Abstands a vom Zentralstrahl in der Filmebene
2. mit abnehmendem Schwächungskoeffizienten, d. h. mit zunehmender Strahlen- bzw. Photonenenergie, praktisch also mit zunehmender Röhrenspannung
3. mit der spezifischen Masse des zu untersuchenden Materials
4. mit abnehmendem (quadratischen) Fokus-Film-Abstand
5. mit abnehmender Schichtdicke des Meßobjekts.

Das additive Korrekturglied zeigt, daß es sich bei dem Meßfehler ΔM_G um eine um diesen Betrag zu niedrige Messung des Mineralgehalts des Knochens handelt (vgl. Abb. 7-13 und 7-14). Tab. 6-4 gibt einen Eindruck der Größenordnung der Mineralgehaltsfehlbestimmung auf der Grundlage der durch die Strahlungsgeometrie bedingten Intensitätsunterschiede an den Meßpunkten P_K und P_T in Abhängigkeit von Photonenenergie

Tab. 6-4 Einfluß der Strahlengeometrie (primärer Intensitätsunterschied in der Filmebene) auf die Messung des Knochenmineralgehaltes: Abhängigkeit des Meßfehlers ΔM_G (mg/cm^3) von der Photonenenergie E_{eff} (keV) (vgl. Aufnahmebedingungen zu Abb. 7-13 und 7-14) und vom Fokus-Filmabstand A (cm); Abstand P_K-P_T konstant a = 10 cm (Abb. 6-3)

E_{eff} (keV) \ A (cm)	50	75	100	125	150
37,5	62	27	15	10	7
41,7	78	35	19	13	9
52,6	126	56	31	20	14

und Fokus-Film-Abstand. Zur Berechnung wurden praktisch vorkommende Meßgrößen herangezogen, und zwar die Schichtdicke d = 3 cm entsprechend dem medio-lateralen Durchmesser des Corpus calcanei im Meßbereich, wie er in Kapitel 7.2 definiert wird ; ein konstanter Abstand a = 10 cm zwischen P_K und P_T, wie er in etwa den realen Verhältnissen beim Messen des Calcaneus-Mineralgehaltes entspricht, und die spezifische Masse des Hydroxylapatits $\rho_A = 3$ g/cm^3. Die Werte für die den in Tab. 6-4 angegebenen Photonenenergiebereichen entsprechenden Schwächungskoeffizienten wurden Abb. 5-5 entnommen. Die Energiebereiche entsprechen den Aufnahmebedingungen zu Abb. 7-13 und 7-14.

Einen Überblick über die Größenordnung des Gesamtmeßfehlers ΔM bei verschiedenen Photonenenergien, wie sie im experimentellen Teil der Arbeit benutzt wurden, bei konstantem P_K-P_T-Abstand a und verschiedenen Fokus-Film-Abständen A gibt Tab. 6-6. Entsprechend den praktischen Gegebenheiten wurde dabei wieder mit folgenden Konstanten gerechnet: $\rho_A = 3$ g/cm^3, d = 3 cm sowie zusätzlich mit der Schichtdicke des Wasserphantoms $D_W = 10$ cm, der Schichtdicke der Aluminiumfilterung $D_{Al} = 1$ cm (vereinfachte Zahlen), mit Mineralgehalt M = 0.2 g/cm^3 und den verschiedenen Schwächungskoeffizienten für Hydroxylapatit-Palatal μ_A-μ_P, für Wasser μ_W und Aluminium μ_{Al} bei verschiedenen Photonenenergien entsprechend den Aufnahmebedingungen zu Abb. 7-13 und Abb. 7-14 (Tab. 6-5). Die Daten für die Schwächungskoeffizienten wurden Abb. 5-5 entnommen.

Tab. 6-5 Schwächungskoeffizienten für Hydroxylapatit-Palatal, Wasser und Aluminium in Abhängigkeit von der effektiven Photonenenergie

μ (cm^{-1}) E_{eff} (keV)	$\mu_A - \mu_P$	μ_W	μ_{AL}
37,5	0,675	0,286	1,77
41,7	0,515	0,257	1,40
52,6	0,317	0,218	0,91

ΔM besteht insgesamt aus einem "Schwächungsanteil", bedingt durch den längeren Weg der Seitenstrahlen des Röntgenstrahlenkegels durch die Materie, und einem "geometrischen Anteil", bedingt durch primäre Intensitätsunterschiede an den vom Zentralstrahl und Seitenstrahl getroffenen Meßorten auf dem Film.

Wie aus den Tab. 6-6 und 6-8 ersichtlich, hat bei gleichem Trend, wie er sich bereits in Tab. 6-4 abzeichnete, der Meßfehler bei Berücksichtigung der vermehrten Schwächung des Seitenstrahls infolge der längeren Wegstrecke durch die Materie noch um das Zwei- bis Dreifache zugenommen, wobei der "Schwächungsanteil" von Aluminiumfilter und Wasserphantom zusammen den "geometrischen Anteil" noch übertrifft. Entscheidend ist hier die Abnahme von ΔM mit Zunahme des Fokus-Film-Abstands und Wachsen von ΔM mit der Röhrenspannung (Tab. 6-6, Abb. 6-7, 6-8, 6-9). Bei niedriger Röhrenspannung überwiegt der "Schwächungsanteil" bei weitem, mit wachsender Photonenenergie gewinnt der "geometrische Anteil" von ΔM an Boden (Tab. 6-8, Abb. 6-9). Auf den Einfluß des Abstandes von der Bildmitte und der Schichtdicke des Meßobjekts auf die Größe von ΔM wurde bereits oben hingewiesen (vgl. Abb. 6-7).

Tab. 6-6   Einfluß der Strahlengeometrie auf die Messung des Knochenmineralgehaltes: Größe des Gesamtmeßfehlers ΔM (mg/cm^3) in Abhängigkeit von effektiver Photonenenergie und Fokus-Film-Abstand (A) bei konstantem Abstand a = 10 cm des Referenzobjekts von der Bildmitte (Zentralstrahl)

Photonenenergie in keV	ΔM in $\frac{mg}{cm^3}$				
	a = 10 cm				
	A				
	50 cm	75 cm	100 cm	125 cm	150 cm
37,5	201	89	50	32	22
41,7	236	105	59	38	26
52 6	325	145	81	52	36

Zur Aufstellung der Tabelle 6-8 ist es sinnvoll, den strahlengeometrischen Summanden näher zu untersuchen. Der strahlengeometrische Summand

$$- \frac{\rho_A}{\mu_A - \mu_P} \ln R \; ,$$

der übrigens positiv ist, da $\ln R$ negative Werte liefert, wird bestimmt durch den Faktor $\ln R$. Der Betrag dieses Faktors ist in Tab. 6-7

Tab. 6-7 Der Betrag von ln R für verschiedene Einfallswinkel bei
unterschiedlichen Absorptionseigenschaften der Verstärkerfolie

φ	$\ln \cos^2\varphi$	ln R			$\ln \cos^3\varphi$
		$\mu_L x_L = 0,01$	$\mu_L x_L = 1$	$\mu_L x_L = 2$	
5°	-0,0076	-0,0076	-0,0092	-0,0102	-0,0114
10°	-0,0306	-0,0307	-0,0371	-0,0412	-0,0459
15°	-0,0693	-0,0695	-0,0840	-0,0934	-0,1040

für verschiedene Winkel und verschiedene $\mu_L x_L$ berechnet und wird dort
mit den Werten $\ln \cos^2\varphi$ und $\ln \cos^3\varphi$ verglichen. Der Betrag $\ln \cos^2\varphi$
wird bei sehr dünnen Schichtdicken der Verstärkerfolie (Schichtdicke
sehr klein gegenüber der Halbwertsschicht) erreicht. Nähert oder überschreitet die Schichtdicke die Halbwertsschicht, nähert sich ln R dem
Wert $\ln \cos^3\varphi$, siehe Tab. 6-7

$$\ln R = \ln \cos^3\varphi \; \frac{1-e^{-\mu_L x_L/\cos\varphi}}{1-e^{-\mu_L x_L}} \; .$$

Für die Aufstellung der Tabelle 6-8 wurden Werte der hochverstärkenden
LaOBr-Verstärkerfolie verwendet. Für die Strahlenhärten 37.5/41.7/52.6
keV beträgt der Schwächungskoeffizient μ_L 137/92/55 cm^{-1}. Da die wirksame Schichtdicke $x_L = 0.016$ cm beträgt, ergibt sich somit für $\mu_L x_L$
für die drei Strahlenhärten 2.19/1.47/0.88. Zum Vergleich wurden die
Werte für eine CaWO$_4$-Verstärkerfolie herangezogen, die für eine Strahlenhärte von 52.6 keV einen Schwächungskoeffizienten $\mu = 30$ cm^{-1} und
bei einer wirksamen Schichtdicke von x = 0.006 cm für $\mu_L x_L = 0.18$ ergibt. Als Neigungswinkel wurde für die Berechnung $\varphi = 5^\circ$ gewählt.
Daraus ergibt sich für einen Film-Fokus-Abstand A = 75 cm ein Abstand
der Meßorte P_T von P_K von a = 6.6 cm. Außerdem wurden für $\mu_p - \mu_W$ für
37.5/41.7/52.6 keV die Werte -0.015/-0.005/+0.013 cm^{-1} ermittelt.

Die Werte für ΔM aus der Tabelle 6-8 geben den Betrag an, um den die
"knochengleiche Referenztreppe" den Mineralgehalt zu niedrig ausweist.

Tab. 6-8   "Schwächungsanteil" und "geometrischer Anteil" des Gesamtmeßfehlers ΔM (mg/cm^3) in Abhängigkeit von der Photonenenergie bei konstantem A (75 cm) und a(6.6 cm)

Anteil / E_{eff}	LaOBr			$CaWO_4$
	37,5 keV	41,7 keV	52,6 keV	52,6 keV
M	0,8	0,8	0,8	0,8
	2 %	1 %	1 %	1 %
$\mu_p - \mu_w$	-0,3	-0,1	0,5	0,5
	1 %	-	-	1 %
$\mu_w D_w$	16	19	26	26
	38 %	39 %	39 %	41 %
$\mu_{AL} D_{AL}$	10	10	11	11
	24 %	20 %	17 %	17 %
"geom. Anteil"	15	19	29	25
	35 %	40 %	43 %	40 %
Summe ΔM	42	49	67	63
	100 %	100 %	100 %	100 %

Ist der Mineralgehalt des Meßobjektes niedriger als der systematische
Fehler ΔM, so wird ein negativer Mineralgehalt am knochengleichen Referenzsystem abgelesen.

Dieser systematische Fehler ist Bestandteil der Meßmethode und für
sie charakteristisch. Viele Meßverfahren haben systematische Fehler.
Bei gleichbleibenden konstanten Meßbedingungen ist der systematische
Fehler stets derselbe in Betrag und Vorzeichen. Ein solcher Fehler
wird durch Kalibrieren (Einmessen) nach DIN 1319 behoben.

Bei der hochverstärkenden LaOBr-Verstärkerfolie ist der geometrische
Anteil am Gesamtfehler mit 35-43 % sehr hoch. Bei der $CaWO_4$-Verstär-
kerfolie liegt er unter 40 %. Der Vorteil einer hochverstärkenden
LaOBr-Verstärkerfolie mit einer geringeren Strahlenbelastung für den
Patienten hat bei der quantitativen Röntgendensitometrie einen etwas
größeren Fehler zur Folge. Um zu genauen Meßwerten zu kommen, ist ein
Kalibrieren der Meßanlage - Röntgengerät, Meßaufbau und Meßanlage wie
Densitometer - notwendig.

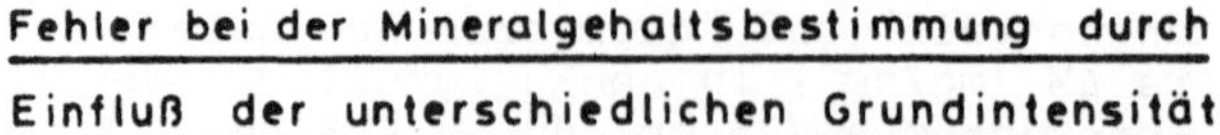

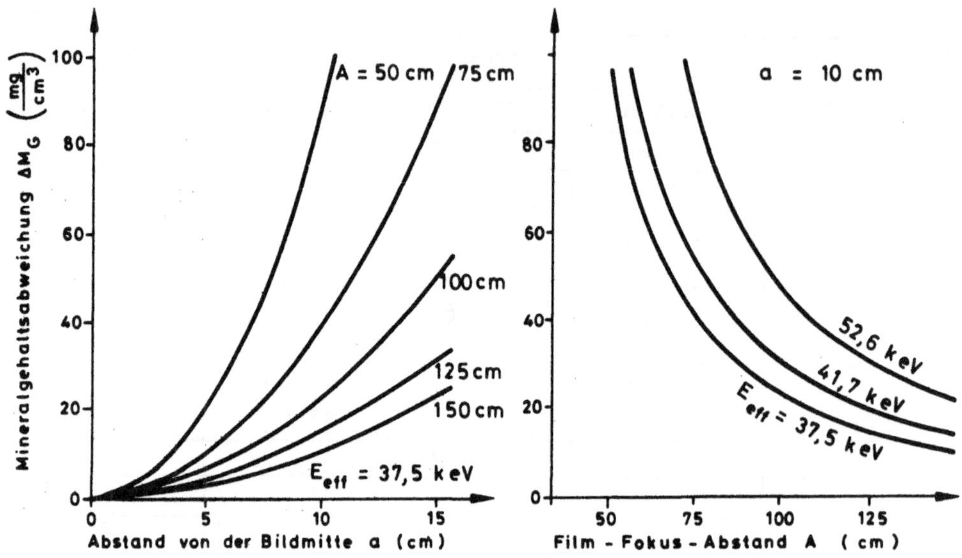

Abb. 6-7 Einfluß der ungeschwächten, infolge unterschiedlicher Strahlenweglänge differenten Strahlenintensität am Meßort P_K (Zentralstrahl) und Meßort P_T (Seitenstrahl) auf den Mineralge-
haltsmeßfehler ΔM_G. Links: In Abhängigkeit vom Abstand a von
der Bildmitte bei verschiedenen Fokus-Film-Abständen A.
Rechts: In Abhängigkeit vom Fokus-Film-Abstand A bei unterschiedlicher effektiver Photonenenergie des Bremsstrahlenspektrums

Bezieht man den systematischen Fehler ΔM mit -42/-49/-67/-63 mg/cm³
auf den zu Grunde gelegten Mineralgehalt M = 200 mg/cm³ als Meßgröße,
so erhält man folgende prozentuale Fehler bezogen auf den Meßwert:
-21%/-25%/-34%/-32%.

Viele Autoren haben densitometrisch gewonnene Werte des Mineralgehaltes spongiöser Knochen veröffentlicht. Auch wenn diesen Autoren dieser
im Vorhergehenden beschriebene quantitative Zusammenhang nicht bekannt
gewesen sein dürfte, werden ihre Meßwerte diese systematischen Fehler
zum großen Teil nicht enthalten, da sie ihre Meßanlage kalibriert haben dürften, indem sie zum Beispiel durch chemische Analyse des Meßgegenstandes den für die Kalibrierung notwendigen genauen Wert auf
diese Weise erhalten haben.

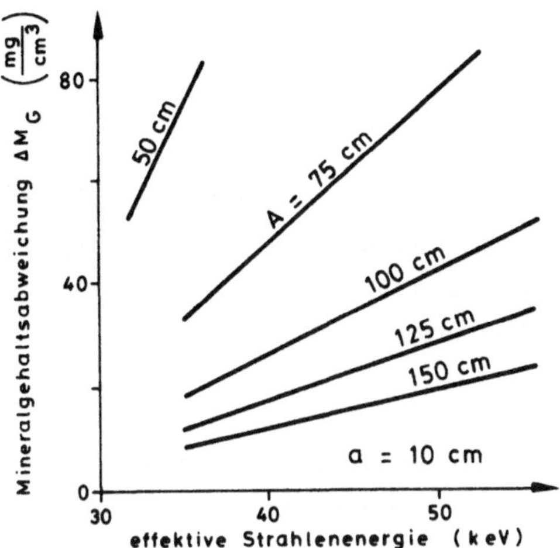

Abb. 6-8 Einfluß der ungeschwächten, infolge unterschiedlicher Strahlenweglänge differenten Strahlenintensität auf den Meßfehler
ΔM_G in Abhängigkeit von der effektiven Photonenenergie bei
verschiedenen Fokus-Film-Abständen A

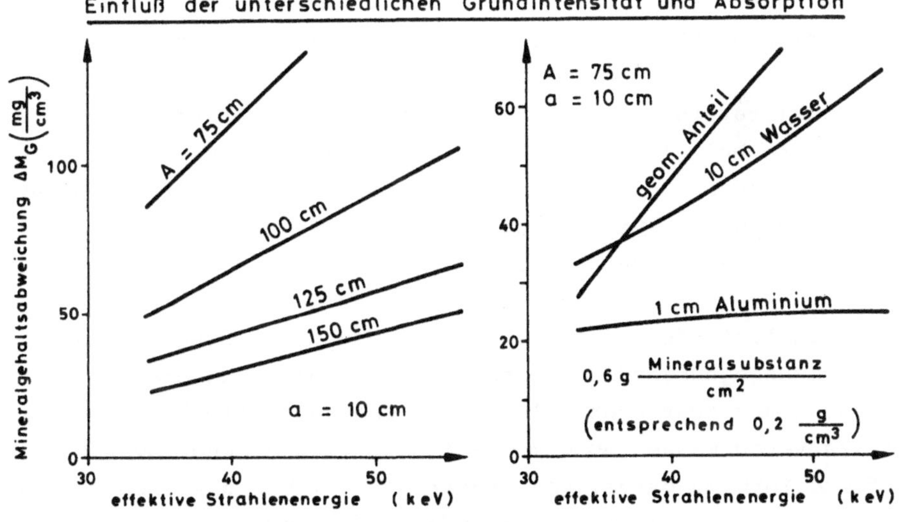

Abb. 6-9 Einfluß der Summe von (infolge unterschiedlicher Strahlenweglänge) differenter Grundintensität und differenter Strahlenschwächung auf den Gesamtmeßfehler ΔM. Links: In Abhängigkeit
von der effektiven Strahlenenergie bei verschiedenen Fokus-
Film-Abständen (A) und konstantem a = 10 cm. Rechts: In Abhängigkeit von der effektiven Strahlenenergie bei konstantem
Fokus-Film-Abstand (75 cm) und konstantem a = 10 cm (Abstand
von der Bildmitte). Darstellung des "geometrischen und des
Schwächungsanteils. Komponenten des "Schwächungsanteils" mit
Schichtdicken. Dem Flächengewicht von 0.6 g Mineralsubstanz/
cm² entspricht einem Mineralgehalt von 0.2 g/cm³ bei einer
Schichtdicke von 3 cm

6.4   Mehrkomponentensystem

6.4.1   Einfluß der Komponenten

Die Voruntersuchungen hatten ergeben, daß entgegen allgemeinen Erwartungen gleiche Hydroxylapatit-Flächenmassen der drei Gehaltsstufen des Referenzsystems unter den gegebenen Bedingungen stark differierende Schwärzungswerte, mithin eine unterschiedliche Strahlenabsorption aufwiesen (Abb. 5-15).

Der experimentelle Befund einer ausgeprägten Energieabhängigkeit dieses Phänomens (Abb. 5-18) ließ es naheliegend erscheinen, daß die Ursache hierfür in dem Zusammenspiel des Schwächungsverhaltens der einzelnen Komponenten des Hydroxylapatit-Palatal-Wasser-Referenzsystems zu suchen ist. Über diese Frage wird die folgende theoretische Analyse Aufschluß geben. Außerdem wird die Frage zu untersuchen sein, ob das Schwächungsverhalten des Referenzsystems neben dem bereits analysierten Einfluß der Strahlenausbreitungsgeometrie als ein zusätzlicher Faktor für die energieabhängigen Meßabweichungen der röntgendensitometrischen Mineralgehaltsmeßwerte verantwortlich zu machen ist.

Um eine qualitative Übersicht zu bekommen, welcher Art der Einfluß der Strahlenhärte bei gleicher Hydroxylapatitflächenmasse für verschiedene Konzentrationen auf die Schwärzungswerte und damit auf die Mineralgehaltsbestimmung ist, werden zwei anschauliche graphische Darstellungen des Kennlinienfeldes herangezogen.

Von dem Kennlinienfeld ist die Darstellung des Meßgegenstandes interessant. Der Meßgegenstand sei eine Referenztreppe bestehend aus drei Komponenten und zwar Hydroxyl-Apatit, ungesättigtem Polyesterharz Palatal als Verußmasse, um dem Apatit mit vorgegebener Konzentration eine feste Form zu geben, und Wasser, in welches die Treppe eingebettet ist, um die gleichen Untersuchungsbedingungen wie bei dem Fersenbein zur Mineralgehaltsbestimmung des Calcaneus zum Ausgleich der Weichteile zu schaffen.

Der in dieser Darstellung interessierende Kernteil des Kennlinienfeldes ist die Wiedergabe des natürlichen Logarithmus des Schwächungsgrades I/I_o für den Untersuchungsgegenstand, wiedergegeben durch μd, in Abhängigkeit von der Schichtdicke der Komponenten. Die nachfolgenden Detailkennlinien werden in der Summenkennlinie $S = f(\mu d)$ zusammenge-

faßt. Das Ergebnis ist die Darstellung der Filmschwärzung in Abhängigkeit von der Flächenmasse für verschiedene Apatitkonzentrationen.

In Abb. 6-11 besteht der Untersuchungsgegenstand aus einem Wassergefäß,
in dem sich ein Apatitblock befindet, der zur Hälfte mit einem Palatalblock in Strahlenrichtung bedeckt ist. In zwei graphischen Darstellungen wird der Schwächungskoeffizient der Vergußmasse Palatal μ_P durch
geeignete Wahl der Strahlenhärte geringfügig gegenüber dem des Wassers
μ_W derart verändert, daß er zum einen größer und zum anderen kleiner
als der des Wassers ist. Der Hydroxylapatitgehalt betrage M = O für den
Fall, daß nur Wasser (d_O = O cm), M_m für den Fall, daß nur Apatit in
Wasser, und M_1 für den Fall, daß Apatit und Palatal in Wasser durch-
leuchtet werden.

Das Ergebnis dieser graphischen Darstellung zeigt, daß bei $\mu_P > \mu_W$
bei gleicher Flächenmasse ein hoher Apatitgehalt eine starke Schwärzung
des Röntgenfilmes hervorruft und damit strahlendurchlässiger ist als
bei $\mu_P < \mu_W$, wo die Verhältnisse gerade umgekehrt sind.

Für die Mineralgehaltsbestimmung des Knochens wird die Darstellung
der Schwärzung in Abhängigkeit von der Treppenstärke bei verschiedenen
Mineralgehalten verwendet. In Abb. 6-10 wird der Einfluß auf die Kurven
gleichen Gehaltes für $\mu_P > \mu_W$ und $\mu_P < \mu_W$ bei nur geringfügiger Abweichung von μ_W dargestellt. Auch hier zeigen sich im Ergebnis große
Unterschiede.

Die Erwartung, gleiche Flächenmassen müssen auch gleiche Absorption
der Röntgenstrahlen bewirken, geht von der Annahme aus, daß sich, wie
in einem dieser Beispiele, Knochenmaterial in einem einzigen Medium,
z. B. Wasser, befindet und die Änderung der Schichtdicke sich nur auf
die des Knochenminerals in Wasser bezieht. In der Realität besteht der
Knochen aus mehreren Komponenten, die sich in zwei Gruppen zusammenfas-
sen lassen, wenn man den Schwächungskoeffizienten als Kriterium nimmt:
dem Knochenmineral- und dem Knochemarkgewebe, die beide zusammen den
Knochendurchmesser des Calcaneus bestimmen. Die ungleichmäßige Ober-
flächenstruktur des Weichteilgewebes wird durch ein Wasserbad ausgeglichen. Die Filmschwärzung wird nun von allen Komponenten, von denen
in den Abb. 6-10 und 6-11 nur drei berücksichtigt werden, bestimmt.
Die graphische Wiedergabe nur einer Komponente und zwar der Apatit-
Flächenmasse vernachlässigt die anderen Komponenten, als ob sie gar
nicht beteiligt seien. Dieses kann zu falschen Ergebnissen führen.

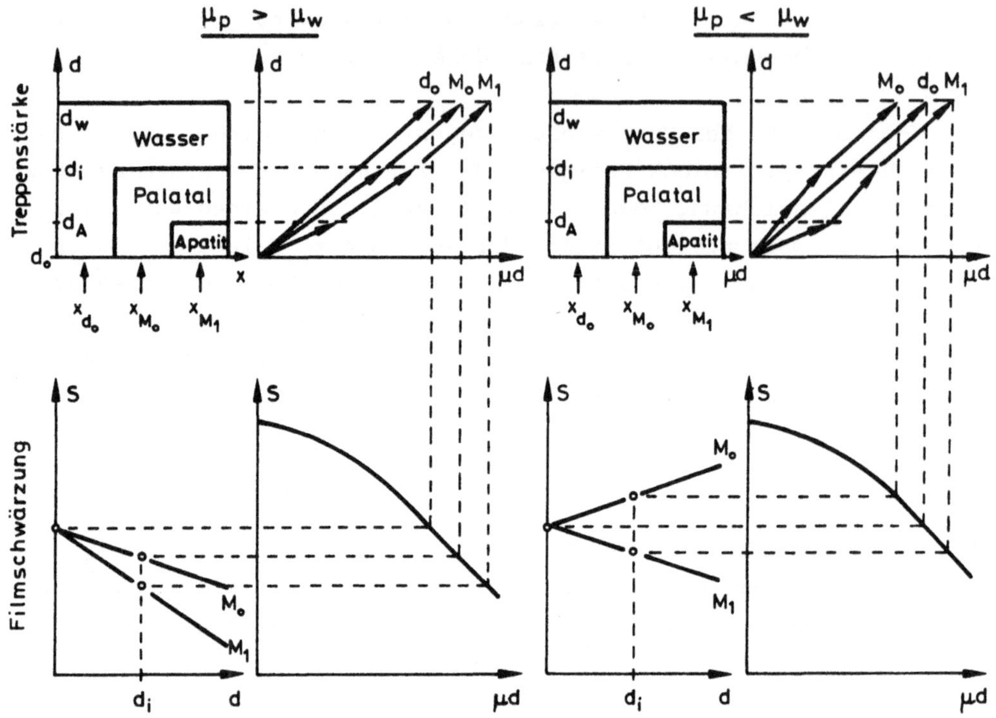

Abb. 6-10   Das Absorptionsverhalten von Röntgenstrahlen dargestellt
als Filmschwärzung in Abhängigkeit von der Treppenstärke
eines Apatitreferenzsystems für die drei Fälle: Wasser
allein, Palatalblock in Wasser und in Palatal eingebette-
tes Apatitpulver in Wasser für zwei Strahlenhärten

Bei dem knochengleichen Referenzsystem sollte die Vergußmasse, in die
das Knochenmineral eingebettet ist, denselben Schwächungskoeffizienten
für die verschiedenen zur Anwendung kommenden Röhrenspannungen haben
wie das Knochenmark. Bei der Mineralgehaltsbestimmung des Knochens
kommen dann falsche Ergebnisse zu Stande, wenn das Referenzsystem nicht
knochengleich ist. Der daraus resultierende Fehler ist ein systematischer Fehler, der bei vorgegebenen Meßbedingungen festliegt, damit
quantitativ bestimmbar, und im Meßergebnis zu berücksichtigen ist.

6.4.2   Filmschwärzung als Funktion der Schichtdicke

Zur Untersuchung der Zusammenhänge wird das Hydroxylapatit-Palatal-
Wasser-Referenzsystem mit den Schwächungskoeffizienten μ_A (Hydroxylapatit), μ_P (Palatal) und μ_W (Wasser) schematisch in den Hydroxylapatitgehalt M_O (reiner ungesättigter Polyesterharz-Palatal ohne Hydro-

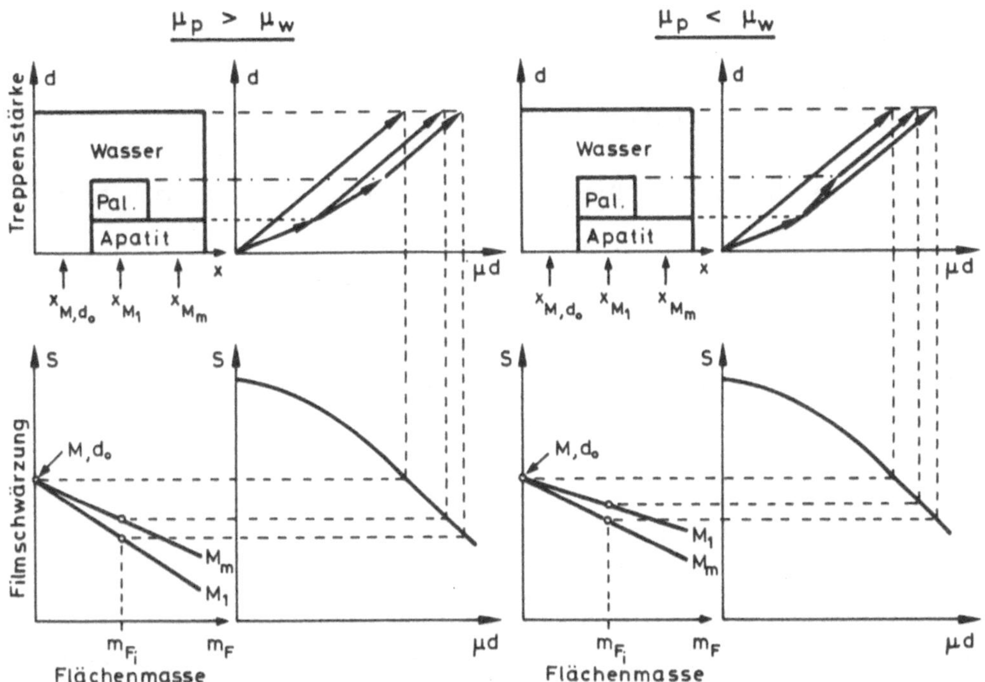

Abb. 6-11 Das Absorptionsverhalten von Röntgenstrahlen dargestellt
als Filmschwärzung in Abhängigkeit von der Apatitfläche
für die drei Fälle: Wasser allein, Apatit in Wasser und
dieselbe Apatitflächenmasse in Palatalblock in Wasser
für zwei Strahlenhärten

xylapatit), M_1 (niedriger Hydroxylapatitgehalt) $M_2 > M_1$ und M_{max} (rei-
nes Hydroxylapatit ohne Palatal) und die Schichtdicken (Treppenstärken)
d_o = 0 cm (Bereich außerhalb der Treppe im Wasser), d_1 (geringe
Schichtdicke) und $d_2 > d_1$ unterteilt. Die verschiedenen theoretischen
Meßpunkte der Schwärzungskurven der Abbildungen dieses Abschnitts werden durch zweiziffrige Zahlen gekennzeichnet. Die erste Ziffer bezieht
sich auf die Treppenstärke d, die zweite auf den Mineralgehalt M (z.
B. 11 = d_1, M_1).

Ausgangspunkt der folgenden Überlegungen ist die bei konstanten apparativen Bedingungen (Röhrenspannung, Röhrenstrom, Belichtungszeit,
Vor- und Nachfilterung) einschließlich konstantem D (Wasserschicht-
dicke) nach Gleichung 3.6 formulierte Beziehung zwischen Filmschwärzung und Schwächung der Röntgenstrahlung durch das Referenzsystem

$$\Delta S = -\gamma \cdot \Delta \left\{ \left[(\mu_A - \mu_p) \frac{M}{\rho_A} + (\mu_p - \mu_W) \right] \cdot d_T \right\} \cdot \lg e .$$

Unter diesen Bedingungen ist S = f(M,d). Somit kann die Änderung der Schwärzung bei konstantem M, d. h. S = f(d), konstantem d, d. h. S = f(M), und schließlich als S = f(M·d) (Schwärzung als Funktion der Flächenmasse) analysiert werden [170].

Bei konstantem M ist nach Differenzbildung nach d (d. h. mit $\Delta d = d_2 - d_1$)

$$\Delta S = -\gamma \cdot \lg e \; [(\mu_A - \mu_P) \frac{M}{\rho_A} + (\mu_P - \mu_W)] \cdot \Delta d.$$

Um die absoluten Schichtdicken d_i der Referenztreppe (d_0, d_1, d_2) frei wählen zu können, kann, wenn $\Delta d = d_i - d_0$ ist, mit $d_0 = 0$ cm $\Delta d = d_i$ festgesetzt werden:

$$\Delta S = -\gamma \cdot \lg e \cdot \; [(\mu_A - \mu_P) \frac{M}{\rho_A} + (\mu_P - \mu_W)] \; d_i \cdot \tag{6.1}$$

Diese Gleichung ist unter den drei Bedingungen (1) $\mu_P = \mu_W$, (2) $\mu_P > \mu_W$ und (3) $\mu_P < \mu_W$ die Grundlage der linken Darstellungen S = f(d) der Abb. 6-12 a-c, die die aus den mathematischen Zusammenhängen abgeleiteten Verhältnisse schematisch erläutern sollen. Die drei genannten Bedingungen charakterisieren das Verhalten der Schwächungskoeffizienten der Kunststoffsubstanz (der Referenztreppe) und des Wassers, die sich im diagnostischen Energiebereich strahlenenergieabhängig überschneiden und divergieren (Abb. 5-5 und Abb. 6-14, unteres Bild). Dieses Verhalten bestimmte die Wahl der folgenden Untersuchungsbedingungen:

a) Kunststoff absorbiert wie Wasser

Wenn $\mu_P = \mu_W$ (Abb. 6-12a), dann ist $\Delta S = -\gamma \cdot \lg e \; (\mu_A - \mu_W) \frac{M_j}{\rho_A} d_i$. Mit M_j werden die absoluten Hydroxylapatitgehalte (M_0, M_1, M_2^A) der Referenztreppe bezeichnet. Für die weiteren Betrachtungen wird vom Punkt oo (d_0, M_0) ausgegangen. In diesem Punkt ist $\Delta S = S_{ij} - S_{oo} = 0$. Für M_0 ist bei jedem beliebigen d_i $\Delta S = 0$ (waagerechte gestrichelte Gerade in Abb. 6-12a links). Für M > 0 erhält man Geraden durch den Punkt oo, wobei S mit zunehmendem d nach der Gleichung

$$S_{ij} = S_{oo} - \gamma \cdot \lg e \; (\mu_A - \mu_W) \frac{M_j}{\rho_A} d_i$$

abnimmt. Wird durch die Kurvenschar eine waagerechte Gerade (S = const) gelegt, so schneidet sie die Kurven für verschiedene M_j in den den M_j zugeordneten Treppenstärken d_j. Betrachtet man die

Schnittpunkte für j = 1 und j = 2, so bringt Gleichsetzen der
Schwärzung $S_1 = S_2$ und Auflösen nach d_1/d_2:

$$\frac{d_1}{d_2} = \frac{M_2}{M_1} \; .$$

Ist $\mu_P = \mu_W$, dann stehen die Treppenstärken bei gleicher Schwärzung
im umgekehrten Verhältnis zu den Mineralgehalten. Dies ist eine
interessante Möglichkeit der Mineralgehaltsbestimmung des Knochens
oder der Kontrastmittelkonzentration im Blutgefäß oder Kapillarge-
webe mit Röntgen- oder Isotopenstrahlen.

b). Kunststoff absorbiert stärker als Wasser

Mit dieser Bedingung erhält man wegen $\mu_P - \mu_W > 0$ für M = 0
$\Delta S = -\gamma \cdot \lg e \, (\mu_P - \mu_W) \cdot d_i$ (gestrichelte Linie Abb. 6-12 b links).
Der Verlauf der Schwärzungskurve für M_O zeigt jetzt einen bei zu-
nehmender Schichtdicke deutlichen Einfluß des Kunststoffmaterials
der Referenztreppe. Daher nimmt die Filmschwärzung bei konstantem
Hydroxylapatitgehalt mit wachsender Schichtdicke der Referenztreppe
auch stärker ab als in Abb. 6-12 a links. Wird auch hier durch die
Kurvenschar eine waagerechte Gerade (S = const) gelegt, so erhält
man auf dieser Geraden durch Gleichsetzen der Schwärzungen für
verschiedene Mineralgehalte die entsprechenden Treppenstärkenab-
schnitte. Gleichsetzen der Schwärzungen ergibt:

$$[(\mu_A - \mu_P) \, \frac{M_1}{\rho_A} + (\mu_P - \mu_W)] \; d_1 = [(\mu_A - \mu_P) \, \frac{M_2}{\rho_A} + (\mu_P - \mu_W)] \; d_2 \; .$$

Die Gleichung kann ohne Schwierigkeiten nach d_1/d_2 aufgelöst werden:

$$\frac{d_1}{d_2} = \frac{M_2 + \rho_A \, (\mu_P - \mu_W) / (\mu_A - \mu_P)}{M_1 + \rho_A \, (\mu_P - \mu_W) / (\mu_A - \mu_P)} \; .$$

Hier ist das Verhältnis d_1/d_2 außer von dem Mineralgehalt M auch
noch von der Differenz der Schwächungskoeffizienten $\mu_P - \mu_W$ abhängig.

c) Kunststoff absorbiert schwächer als Wasser

Diese Bedingung ergibt wegen $\mu_W - \mu_P > 0$ für M = 0
$\Delta S = +\gamma \cdot \lg e \, (\mu_W - \mu) \cdot d_i$ (gestrichelte Linie in Abb. 6-12 c links).
Damit nimmt die Filmschwärzung bei konstantem Hydroxylapatitgehalt
mit wachsender Schichtdicke der Referenztreppe geringer ab als in
Abb. 6-12 a links.

Hydroxylapatit - Referenztreppe in Wasser

a) Kunststoff absorbiert wie Wasser

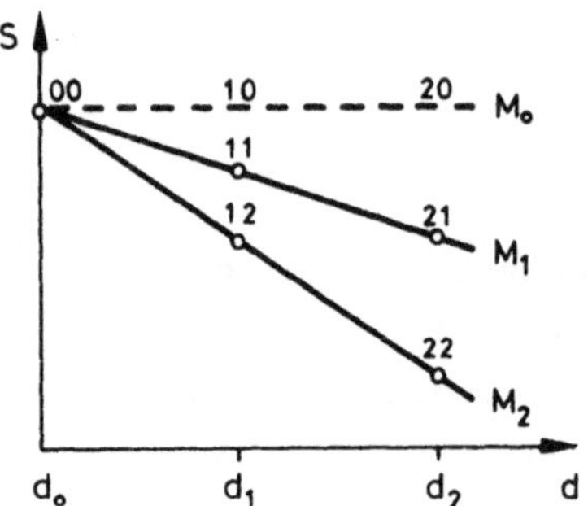

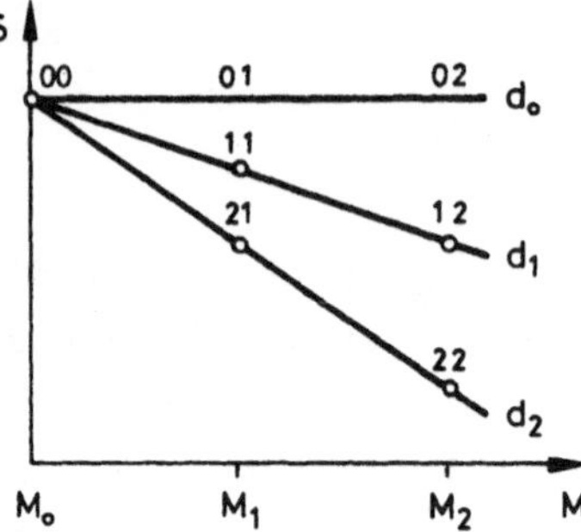

b) Kunststoff absorbiert stärker als Wasser

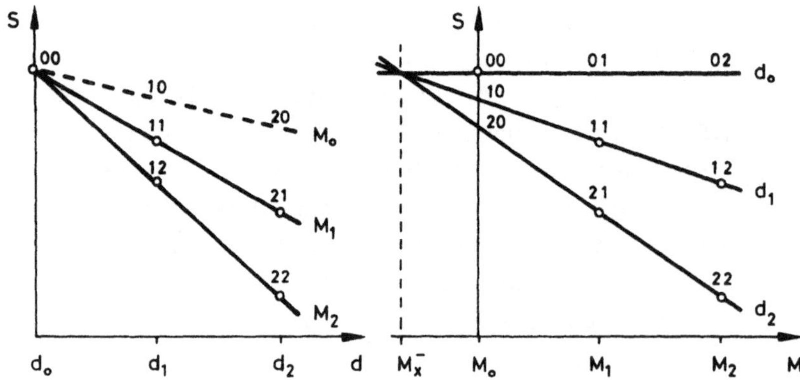

c) Kunststoff absorbiert schwächer als Wasser

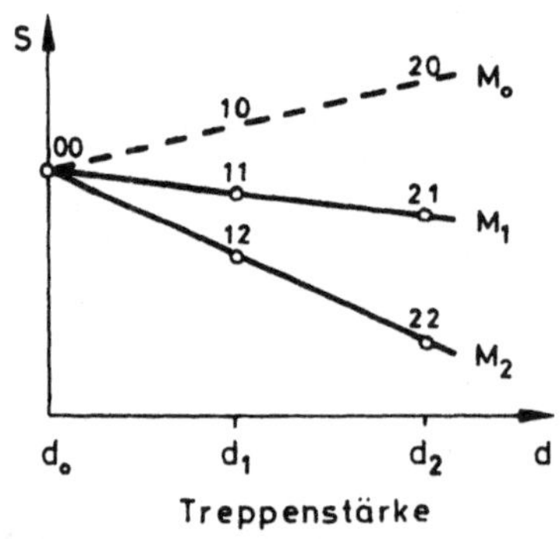

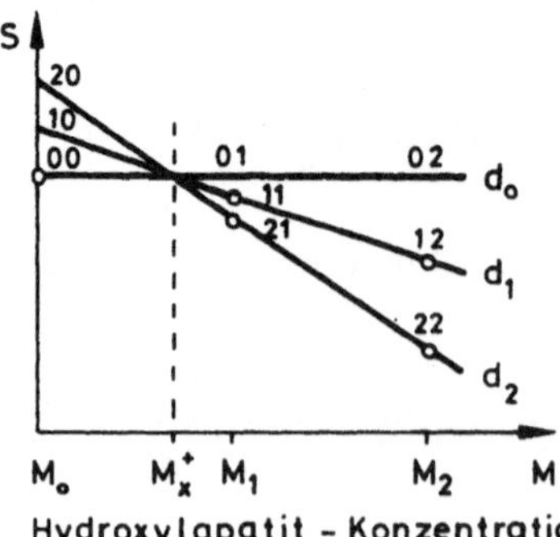

Abb. 6-12   Abhängigkeit der Schwärzung S des Röntgenfilms (schematische Darstellung) von der Schichtdicke d (Treppenstärken
d_o, d_1, d_2) eines Hydroxylapatit-Kunststoff-Wasser-Referenzsystems bei konstanten Hydroxylapatit-Konzentrationen M_1 und
M_2 (nur Kunststoff-Trägermasse, kein Hydroxylapatit: M_o)
(linke Bilder) und von dem Hydroxylapatitgehalt bei konstanten d (rechte Bilder) bei differentem Verhalten der Schwächungskoeffizienten von Kunststoff und Wasser in verschiedenen diagnostischen Photonenenergiebereichen a, b und c.
Doppelziffern oo, 1o usw.: die erste Ziffer bezeichnet d,
die zweite M.

Man mag die Differenzen der drei gezeigten, vom Verhalten der Schwächungskoeffizienten des Wassers und des Kunststoffanteils des Referenzsystems abhängigen Varianten S = f(d) noch für unerheblich halten und keine Schwierigkeiten in ihrem Nutzen als Eichkurven für
densitometrische Messungen sehen. Die inhärente Problematik wird
indessen sofort anhand einer Darstellung S = f(M) deutlich werden.

6.4.3 Filmschwärzung als Funktion des Mineralgehalts

In Gleichung 6.1 wird nunmehr der Hydroxylapatitgehalt der Referenztreppe als unabhängige Variable M_j und die Schichtdicke als Konstante
d eingesetzt. Unter den drei charakteristischen Bedingungen ergeben
sich die Darstellungen Abb. 6-12 a-c rechts.

a) Kunststoff absorbiert wie Wasser

Aus $\mu_P = \mu_W$ folgt $\Delta S = -\gamma \cdot \lg e\,(\mu_A - \mu_P)\,\dfrac{d_i}{\rho_A} \cdot M_j$. Für M = O ist
für die verschiedenen Konstanten d auch $\Delta S = O$.

b) Kunststoff absorbiert stärker als Wasser

Unter dieser Bedingung bleibt wegen $\mu_P - \mu_W > O$ Gleichung 6.1 unverändert. Wie bereits in Abb. 6-12 b links zeigt sich auch hier für
M = O der mit zunehmender Schichtdicke deutliche Einfluß des Kunststoffmaterials der Referenztreppe in einer stärkeren Abnahme der
Filmschwärzung als in Abb. 6-12 a. $\Delta S = O$ gilt nur für d = O. Unter
der Bedingung $\Delta S = O$, aber $d \neq O$ ist nach Gleichung 6.1

$$(\mu_A - \mu_P)\,\frac{M_j}{\rho_A} + (\mu_P - \mu_W) = O$$

und der entsprechende scheinbare Mineralgehalt

$$M_x = -\,\frac{\mu_P - \mu_W}{\mu_A - \mu_P} \cdot \rho_A \; .$$

M_x ist die Koordinate des Schnittpunktes aller Schwärzungskurven
des Scharparameters $d \neq O$ bei $\Delta S = O$. Bezeichnend für die Problematik des Referenzsystem-Verfahrens ist die Lage des Schnittpunktes
im Bereich nicht reeller Mineralgehaltswerte. Auf diesem Wege kann
es zur Bestimmung "negativer" Mineralgehalte kommen.

c) Kunststoff absorbiert schwächer als Wasser

Diese Bedingung ergibt wegen $\mu_W - \mu_P > 0$ für $\Delta S = 0$ als Schnittpunkt aller Schwärzungskurven des Scharparameters $d \neq 0$

$$M_x = - \frac{\mu_P - \mu_W}{\mu_A - \mu_P} \cdot \rho_A \quad \text{(Abb. 6-12 c rechts). Auch hier zeigt sich, daß}$$

nur unter der Bedingung $d = 0$ auch $\Delta S = 0$ ist. Die Möglichkeiten für Fehlmessungen des Mineralgehaltes lassen sich aus dem Verlauf der Schwärzungskurven und der Lage des Schnittpunktes M_x ablesen. Die zu   Meßfehlern führenden Eigenschaften des Referenzsystems lassen sich insbesondere anhand einer Darstellung der Filmschwärzung als Funktion der Flächenmasse, $S = f(M \cdot d) = f(m_F)$ verdeutlichen.

6.4.4 Filmschwärzung als Funktion der Mineralflächenmasse

Aus Gleichung 6.1 wird nach Umformung mit der Flächenmasse $M \cdot d = m_F$

$$\Delta S = -\gamma \cdot \lg e \cdot \left[\frac{\mu_A - \mu_P}{\rho_A} + \frac{\mu_P - \mu_W}{M_j} \right] \cdot m_F \tag{6.2}$$

Die Untersuchung unter den drei charakteristischen Bedingungen ergibt die in Abb. 6-13 a-c rechts dargestellten Verhältnisse.

a) Kunststoff absorbiert wie Wasser

Hieraus folgt $\Delta S = -\gamma \cdot \lg e \dfrac{\mu_A - \mu_P}{\rho_A} \cdot m_F$. In diesem Fall erhält man unabhängig von der Schichtdicke d und dem Mineralgehalt M für gleiche Flächenmassen stets dieselbe Filmschwärzung. Für alle M_j ergeben sich damit Kurven identischer Steigung und Lage (Abb. 6-13 a rechts ; vgl. 50-kV-Kurven Abb. 5-18).

b) Kunststoff absorbiert stärker als Wasser

Unter dieser Bedingung bleibt wegen $\mu_P - \mu_W > 0$ Gleichung 6.2 unverändert, so daß es für verschiedene Mineralgehalte trotz gleicher Flächenmassen verschiedene nicht übereinstimmende Kurven gibt.

Da $\dfrac{\mu_P - \mu_W}{M_j}$ in Gleichung 6.2 mit wachsendem M kleiner wird, nehmen auch die Steigungen der Kurven in Abb. 6-13 b rechts (vgl. Abb. 5-18, 55-kV-Kurven) mit zunehmendem M ab. Genau entgegengesetzt ist das

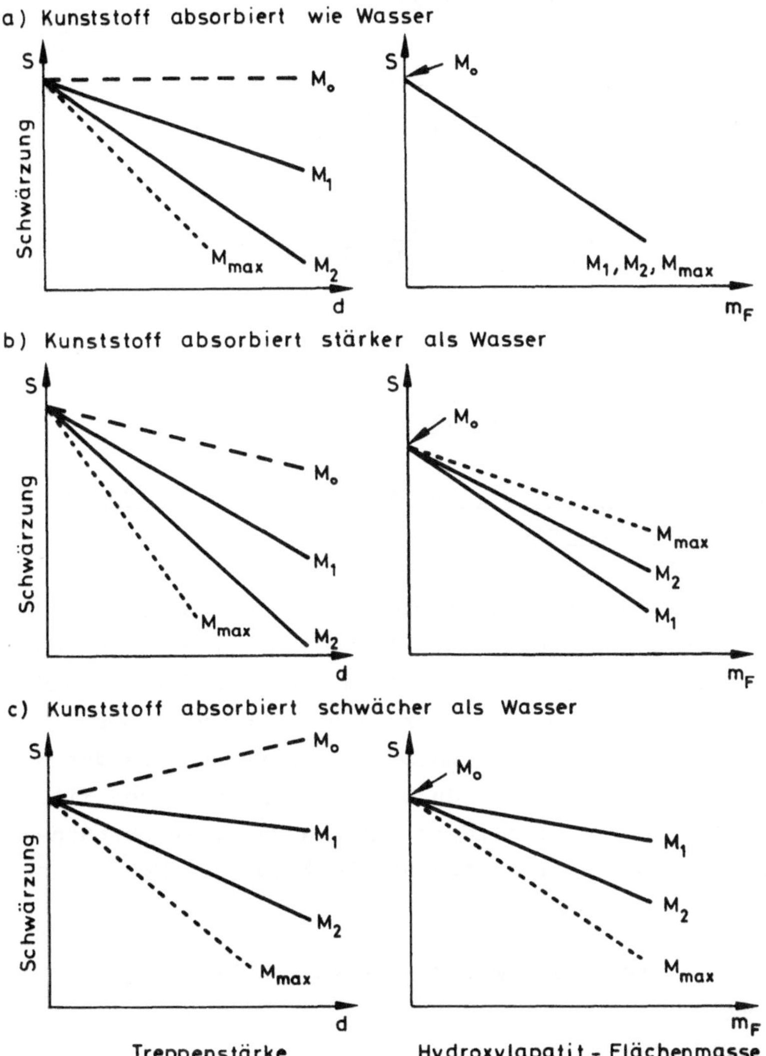

Abb. 6-13   Rechts: Abhängigkeit der Schwärzung S des Röntgenfilms
(schematische Darstellung) von der Hydroxylapatit-Flächenmasse m_F des Referenzsystems bei verschiedenen Mineralgehalten M in verschiedenen diagnostischen Energiebereichen
a, b und c. M_{max} = maximaler Hydroxylapatitgehalt = ρ_A.
Links: Wiederholung von Abb. 6-12 (links) zum Vergleich

Verhalten der Kurvenschar unter der dritten Bedingung (Abb. 6-13 c
rechts; vgl. Abb. 5-18, 45-kV-Kurven).

c) Kunststoff absorbiert schwächer als Wasser
   Hieraus folgt wegen $\mu_W - \mu_p > 0$

$$\Delta S = -\gamma \cdot \lg e \cdot \left[\frac{\mu_A - \mu_p}{\rho_A} - \frac{\mu_W - \mu_p}{M_j} \right] \cdot m_F \cdot$$

6.4.5 Berechnung des Meßfehlers

6.4.5.1 Relativer Schwärzungs-"Meßfehler" in Abhängigkeit von der Photonenenergie

Die Ursache des dargestellten problematischen Absorptionsverhaltens
des Referenzsystems liegt im Verlauf der Kurven der Schwächungskoeffizienten μ_p und μ_W, die sich im Energiebereich der verwendeten Röntgenstrahlen überschneiden und divergieren (Abb. 6-14 oben). Der in Energiebereichen ober- und unterhalb des Schnittpunktes der Kurven auftretende "Meßfehler" läßt sich durch das Verhältnis der Filmschwärzungen,
$S = f(m_F)$, bei den verschiedenen Mineralgehalten zur Schwärzung bei
maximaler Konzentration in Abhängigkeit von der Photonenenergie verdeutlichen:

$$\frac{\Delta S}{\Delta S_{M_{max}}} = f(E_{phot}) \cdot \text{ Mit } M_{max} = \rho_A \text{ erhält man mit}$$

Gleichung 6.2 dann

$$\Delta S : \Delta S_{M_{max}} = \left[\frac{\mu_A - \mu_p}{\rho_A} + \frac{\mu_p - \mu_W}{M} \right] : \left[\frac{\mu_A - \mu_p}{\rho_A} + \frac{\mu_p - \mu_W}{\rho_A} \right] \quad \text{bzw.}$$

$$\frac{\Delta S}{\Delta S_{M_{max}}} = 1 + \frac{(\mu_p - \mu_W) \, [(\rho_A/M) - 1]}{\mu_A - \mu_W} \cdot \tag{6.3}$$

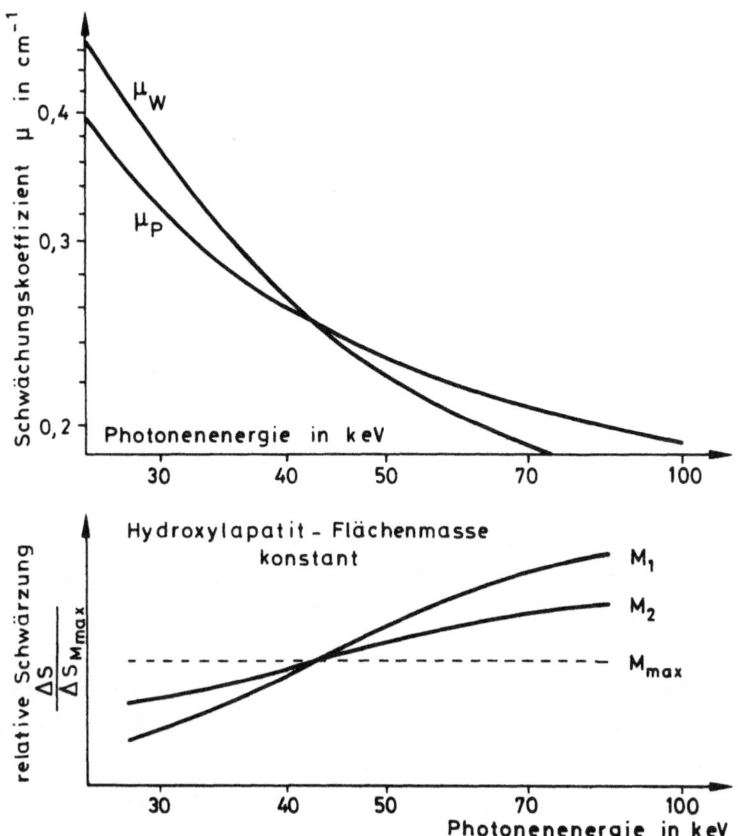

Abb. 6-14 Abhängigkeit der Schwächungskoeffizienten bei Plexiglas und Wasser (oben; Ausschnitt aus Abb. 5-5) und der relativen Schwärzung $\Delta S/\Delta S_{M_{max}}$ des Röntgenfilms bei verschiedenen konstanten Hydroxylapatitgehalten (unten) von der Photonenenergie

Diese Gleichung beschreibt die Kurven der Abb. 6-14 unten. Setzt man $M = M_{max} = \rho_A$, so ist unabhängig von der gewählten Photonenenergie das Verhältnis $\Delta S/\Delta S_{M_{max}} = 1$ (gestrichelte Linie in Abb. 6-14). In Relation zu diesem Verhältnis läßt sich die Energieabhängigkeit der Schwärzungsverhältnisse bei nicht-maximalen unterschiedlichen Mineralgehalten unter den drei charakteristischen Bedingungen beurteilen.

a) Kunststoff absorbiert wie Wasser

Damit wird in Gleichung 6.3 $\mu_P - \mu_W = 0$ und $\Delta S/\Delta S_{M_{max}} = 1$ und unabhängig von der Größe des Mineralgehalts.

b) Kunststoff absorbiert stärker als Wasser

Unter dieser Bedingung bleibt Gleichung 3.6 unverändert. Mit abnehmendem Mineralgehalt wächst $\Delta S/\Delta S_{M_{max}}$.

c) Kunststoff absorbiert schwächer als Wasser

Wegen $\mu_W - \mu_P > 0$ ist jetzt

$$\frac{\Delta S}{\Delta S_{M_{max}}} = 1 - \frac{(\mu_W-\mu_P)\ [(\rho_A/M)-1]}{\mu_A - \mu_W}\ .$$

Mit abnehmendem Mineralgehalt nimmt $\Delta S/\Delta S_{M_{max}}$ ab.

6.4.5.2 Wahrer Mineralgehalt und von den Schwächungseigenschaften des Mehrkomponenten-Referenzsystems beeinflußter densitometrischer Mineralgehalt

Die zuletzt zu beantwortende Frage ist die nach dem Vorzeichen bzw. der Richtung der durch die Schwächungseigenschaften des Mehrkomponenten-Referenzsystem verursachten Meßabweichungen. Hierzu wurde in einem Rechenbeispiel der von der Strahlenausbreitungsgeometrie nicht beeinflußte densitometrische Mineralgehalt des Hydroxylapatit-Kunststoff-Wasser-Referenzsystems mit dem kunststoff-freien Hydroxylapatit in Wasser ("wahrer Mineralgehalt") verglichen.

Nach Gleichung 6.3 erhält man bei konstanter Schichtdicke D des Wassers und gleicher Filmschwärzung für den "densitometrischen" Mineralgehalt M und den "wahren" Mineralgehalt M* die Beziehung

$$[(\mu_A-\mu_P)\ \frac{M}{\rho_A} + (\mu_P-\mu_W)]\ \cdot\ d = (\mu_A-\mu_W)\ \frac{M^*}{\rho_A}\ \cdot\ d.$$

Hieraus ergibt sich durch Umformung $\quad M = \dfrac{\mu_A-\mu_W}{\mu_A-\mu_P}\ \cdot\ M^* - \dfrac{\mu_P-\mu_W}{\mu_A-\mu_P}\ \cdot\ \rho_A\ .$

Zur Berechnung von M wurden die spezifische Masse des Hydroxylapatits $\rho_A = 3$ g/cm^3 und entsprechend den experimentellen Bedingungen dieser Arbeit (Abb. 7-13 und 7-14) die Schwächungskoeffizienten der Energiebereiche 37.5, 41.7 und 52.6 keV benutzt (Abb. 5-5). Die Ergebnisse sind in Abb. 6-15 dargestellt. Sie zeigen, daß die durch das Mehrkomponenten-Referenzsystem bewirkten densitometrischen Meßabweichungen im niedrigeren Energiebereich den durch die Strahlungsausbreitungsgeometrie verursachten Meßfehler reduzieren, im höheren Energiebereich hin-

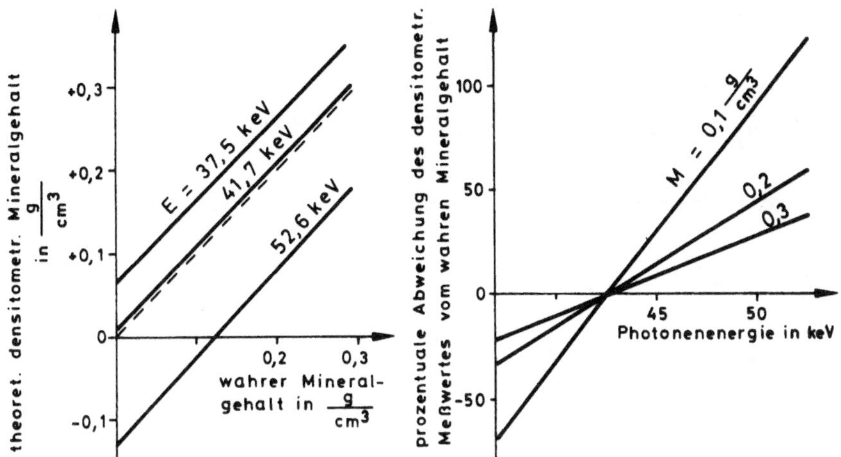

Abb. 6-15   Links: Einfluß eines Mehrkomponenten-Referenzsystems (Hydroxylapatit, Kunststoff, Wasser) auf die röntgendensitometrische Messung des Mineralgehalts (Ordinate) im Vergleich zum
wahren Mineralgehalt (Hydroxylapatit in Wasser, Abszisse)
in Abhängigkeit von der Photonenenergie. (Berechnung der
Kurven) Rechts: Prozentuale Abweichung der densitometrischen
Meßwerte vom wahren Mineralgehalt in Abhängigkeit von der
Photonenenergie

gegen verstärken. Vorzeichen und Größenordnung der berechneten "Meßabweichungen" in Abb. 6-15 zeigen darüber hinaus im höheren Energiebereich eine gute Übereinstimmung mit den experimentell gewonnenen Ergebnissen (Abb. 7-13).

Es läßt sich auch quantitativ angeben, welchen Einfluß eine Abweichung
des Schwächungskoeffizienten μ_{PK} des Knochenmarks gegenüber dem der
Vergußmasse μ_{PT} der Referenztreppe von z. B. $\Delta\mu_P = \mu_{PK} - \mu_{PT} = 0.001$
cm^{-1} auf den Mineralgehalt hat. Leitet man die Gleichung für den Calcaneus und für die Treppe her, so kann man bei Schwärzungsgleichheit
die Differenz zwischen den beiden Gleichungen bilden und nach der Differenz der Mineralgehalte in Abhängigkeit von der Differenz der Schwächungskoeffizienten $\Delta\mu$ auflösen: Für den Calcaneus lautet die Gleichung
(Index K):

$$(\mu_A - \mu_{PK}) \frac{M_{AK}}{\rho_A} + (\mu_{PK} - \mu_W) = - \frac{1}{\gamma \, \lg e} \cdot \frac{\Delta S}{\Delta d} = const \quad .$$

Für die Referenztreppe lautet die Gleichung entsprechend (Index T):

$$(\mu_A - \mu_{PT}) \frac{M_{AT}}{\rho_A} + (\mu_{PT} - \mu_W) = - \frac{1}{\gamma \, \lg e} \frac{\Delta S}{\Delta d} = const \quad .$$

Bildet man die Differenz zwischen beiden Gleichungen und setzt:

$$M_{AK} - M_{AT} = \Delta M_A$$

$$\mu_{PK} - \mu_{PT} = \Delta \mu_P$$

so erhält man:

$$\Delta M_A = - \frac{\rho_A}{\mu_A - \mu_P} \left(1 - \frac{M_A}{\rho_A} \right) \Delta \mu_P \quad .$$

Das Vorzeichen von ΔM richtet sich danach, ob $\Delta \mu_P = \mu_{PK} - \mu_{PT}$ größer oder kleiner als Null ist.

Für eine effektive Strahlenhärte E_{eff} = 52.6 keV beträgt $\mu_A - \mu_P$ = 0.317 cm^{-1}. Geht man von einem $\Delta \mu_P$ = 0.001 cm^{-1} aus, das sind für Wasser bei μ_W = 0.23 cm^{-1} 0.4 % des Schwächungskoeffizienten, so erhält man für ΔM

$$\Delta M_A = \frac{3 \ g/cm^3}{0.317 \ cm^{-1}} \left(1 - \frac{0.2 \ g/cm^3}{3 \ g/cm^3} \right) \cdot 0.001 \ cm^{-1} = 9 \ mg/cm^3 \quad .$$

Eine Abweichung des Schwächungskoeffizienten der Vergußmasse der Referenztreppe von 0.4 % ruft eine Abweichung in der Mineralgehaltsbestimmung bei M = 200 mg/cm^3 von 9 mg/cm^3, das sind 4 % hervor!

ΔM_A ist nur geringfügig von M_A, aber stark von der effektiven Strahlenhärte (über $\mu_A - \mu_P$) und stark von der Abweichung der Schwächungskoeffizienten von Vergußmasse und Knochenmark abhängig.

6.5 Meßobjekt mit Strukturen

6.5.1 Theoretische Grundlagen

Der Calcaneus setzt sich aus dem lamellaren Gefüge des Knochens der
Spongiosa und dem die Lücken der Spongiosa füllenden Knochenmark zusammen. Diese beiden Komponenten sind die wesentlichen Bestandteile
des Calcaneus, die die Schwächung der Röntgenstrahlung bestimmen.
Alle anderen Komponenten des Röntgenbildes werden in der folgenden Betrachtung gegenüber diesen beiden vernachlässigt. Die Massenanteile
des Knochens aus den einzelnen Elementen gehen aus Jaeger/Hübner hervor. Knochen: 0,064 H + 0,278 C + 0,027 N + 0,410 O + 0,002 Mg + 0,070 P
+ 0,002 S + 0,147 Ca.
Berechnung des Massenschwächungskoeffizienten eines Stoffgemisches aus
den Massenschwächungskoeffizienten der beteiligten chemischen Elemente:
Für die einzelnen Elemente sei der Schwächungskoeffizient μ_i, die
spezifische Masse ρ_i und die Flächenmasse $\frac{m_i}{F} = m_{Fi}$ (mit der Masse m_i
pro Fläche F). Für die Knochen, bestehend aus der Summe der am Knochen-
aufbau beteiligten Elemente, sei der Schwächungskoeffizient μ, die
spezifische Masse ρ und die Flächenmasse m_F. Für die aus dem Knochen
austretende Intensität I ergibt sich dann:

$$I = I_o \, e^{-\mu_1/\rho_1 \, m_{F1} - \mu_2/\rho_2 \, m_{F2} \, - \, \cdots} = I_o \, e^{-\mu/\rho \, m_F} \, .$$

Dividieren durch I_o, anschließendes Logarithmieren und Multiplizieren
mit -1 ergibt:

$$\frac{\mu_1}{\rho_1} \, m_{F1} + \frac{\mu_2}{\rho_2} \, m_{F2} + \cdots = \frac{\mu}{\rho} \, m_F$$

$$\frac{\mu_1}{\rho_1} \, \frac{m_{F1}}{m_F} + \frac{\mu_2}{\rho_2} \, \frac{m_{F2}}{m_F} + \cdots = \frac{\mu}{\rho} \, .$$

Es sei:

$$\frac{m_{F1}}{m_F} = \frac{m_i}{m} = P_i$$

mit P_i, dem prozentualen Massen- oder Flächenmassenanteil der einzelnen
Elemente an der Gesamtmasse

$$P_1 \frac{\mu_1}{\rho_1} + P_2 \frac{\mu_2}{\rho_2} + \dots = \frac{\mu}{\rho} \ .$$

Die daraus berechneten Massenschwächungskoeffizienten und Schwächungskoeffizienten für verschiedene Strahlenenergien sind in Tabelle 6-9
wiedergegeben. Weiterhin ist in Tab. 6-9 der Schwächungskoeffizient
für die Vergußmasse der Spongiosa, für Wasser und für Aluminium eingetragen. Ein Vergleich der Werte zeigt, daß die Massenschwächungskoeffizienten μ/ρ für Knochen und Aluminium bei Photonenenergien 30 keV und
höher um weniger als 10% abweichen. Geht man von einer homogenen Verteilung der Knochensubstanz aus, so kann der Mineralgehalt direkt aus
einer Aluminiumreferenztreppe bzw. aus einer Referenztreppe aus einer
Aluminium-Legierung bestimmt werden. Voraussetzung ist, daß die zu
messende Flächenknochenmasse und die zum Vergleich herangezogene
Flächenaluminiummasse des Referenzsystems nicht in Weichteilgewebe oder
Wasser eingebettet sind, was für das Knochengewebe bei noninvasiven
Verfahren nicht realisierbar ist. Das bedeutet: Wird von der Flächenmasse ausgegangen, ist wegen des notwendigen Massenschwächungskoeffizienten μ/ρ der Vergleich mit Aluminium bis auf einen kleinen Fehler
gerechtfertigt (viele Autoren der älteren Literatur beziehen die Kno-
chenabsorption auf die Aluminiumabsorption). Muß von der Schichtdicke
ausgegangen werden, so muß der Schwächungskoeffizient μ verwendet werden, hier ist der Unterschied zwischen beiden Werten (Knochen und Aluminium) erheblich.
Bei der Bestimmung des Mineralgehaltes des spongiösen Knochens wird
außer bei den Verfahren nach Heuck die Körnigkeit des Knochengewebes
im Knochenmark nicht berücksichtigt, sondern gleichmäßige homogene
Verteilung angenommen. Bei körniger lamellarer oder Stäbchenstruktur,
die keiner festen geometrischen Anordnung unterliegt, ist die Knochenmasse als zufällig im Knochenmark verteilt anzusehen, auch wenn eine
gewisse Ordnung zu erkennen ist, die aber durch die zufälligen An-
ordnungen überdeckt ist. Bei statistischer Verteilung des Knochengewebes unterliegt die Absorption der Röntgenstrahlung zufälligen Gesetzmäßigkeiten. Da die Knochenmasse aber im Volumen bzw. Querschnitt festliegt, haben einige Zonen des Querschnittes erheblich höhere, andere
eine erheblich niedrigere Absorption als bei einer homogenen Verteilung der Knochenmasse. Der Betrag der Absorption für die einzelnen
Zonen wird statistisch schwanken. Wegen der Nichtlinearität der Ab-

sorption wird bei körniger Verteilung der Knochenmasse die Absorption über dem Querschnitt geringer sein als bei homogener Verteilung.

Um den Einfluß der spongiösen Struktur gegenüber der homogenen Verteilung des Knochengewebes im Knochenmark quantitativ erfassen zu können, wurde von einer Modellvorstellung ausgegangen, daß die Spongiosa in Form von Bälkchen quadratischen Querschnittes mit der Kantenlänge Δd statistisch im Knochenmark verteilt seien. Diese Annahme gibt sicher nicht die tatsächlichen Gegebenheiten im Calcaneus wieder, aber beschreibt das wesentliche Merkmal der statistischen Verteilung und des Einflusses der Dicke der Strukturelemente auf die Gesamtabsorption. Es ist anzunehmen, daß andere Modelle ähnliche Ergebnisse liefern. Mit diesem angenommenen Modell soll die Größenordnung der Einflüsse untersucht werden und, mit welchen Abhängigkeiten zu rechnen ist (Einfluß unterschiedlicher Photonenenergien, Einfluß der Wahl verschiedener Schwächungskoeffizienten, verschiedener Mineralgehalte, verschiedener Dicke der Spongiosabälkchen und unterschiedlicher Dicke der Calcanei auf das Endergebnis), [90, 222, 224].

Tab. 6-9 Massenschwächungskoeffizient und Schwächungskoeffizient für einige Materialien für verschiedene Strahlenenergien

Strahlen-Energie	Massenschwächungskoeffizient		Schwächungskoeffizient			
	Knochen	Aluminium	Aluminium	Knochen	Verguß-masse	Wasser
E in keV	$\dfrac{\mu_A}{\rho_A}$ in: $cm^2\,g^{-1}$	$\dfrac{\mu_{AL}}{\rho_{AL}}$ in: $cm^2\,g^{-1}$	μ_{AL} in: cm^{-1}	μ_A in: cm^{-1}	μ_V in: cm^{-1}	μ_W in: cm^{-1}
20	2,778	3,37	9,06	4,167	0,424	0,778
30	0,957	1,11	2,98	1,436	0,229	0,370
40	0,504	0,543	1,45	0,756	0,183	0,267
50				0,518	0,166	0,224
60	0,271	0,268	0,724	0,407	0,155	0,205

Δd = Kantenlänge der Würfel

d = Gesamthöhe des Würfelgemisches

v_A = Volumen des Materials mit großer Absorption (Apatit)

v_W = Volumen des Materials mit geringer Absorption (Wasser)

$$V = v_A + v_W = \text{Gesamtvolumen}$$

$$q = \frac{v_A}{V} = \text{Anteiliges Verhältnis, Quotient, Raumerfüllung}$$

$$n = \frac{d}{\Delta d} = \text{Anzahl der Schichten mit der Höhe } \Delta d.$$

In jeder dieser Schichten ist der Bruchteil q mit Apatitwürfeln und der Bruchteil 1-q mit Wasserwürfeln gefüllt. Die Absorption der Röntgenstrahlung nach Austritt aus der ersten Schicht (Abb. 6-16) ist:

Durch Apatitwürfel: $\quad I_{1A} = I_O\, q e^{-\mu_A \Delta d}$

durch Wasserwürfel: $\quad I_{1W} = I_O\, (1-q)\, e^{-\mu_W \Delta d}$.

Gesamt: $\qquad I_1 = I_{1A} + I_{1W} = I_O\, [q\, e^{-\mu_A \Delta d} + (1-q)\, e^{-\mu_W \Delta d}]$.

Bei Durchtritt der Röntgenstrahlung durch die zweite Schicht treten folgende Fälle der Absorption auf:

$$I_{2AA} = (I_O\, q e^{-\mu_A \Delta d})\, q e^{-\mu_A \Delta d}$$

$$I_{2AW} = (I_O\, q e^{-\mu_A \Delta d})\, (1-q)\, e^{-\mu_W \Delta d}$$

$$I_{2WA} = (I_O\, (1-q)\, e^{-\mu_W \Delta d})\, q e^{-\mu_A \Delta d}$$

$$I_{2WW} = (I_O\, (1-q)\, e^{-\mu_W \Delta d})\, (1-q)\, e^{-\mu_W \Delta d}$$

Die Gesamtintensität:

$$I_2 = I_{2AA} + I_{2AW} + I_{2WA} + I_{2WW}$$

nach Durchdringen der ersten und zweiten Schicht beträgt:

$$I_2 = I_O\, [q\, e^{-\mu_A \Delta d} + (1-q)\, e^{-\mu_W \Delta d}]^2 .$$

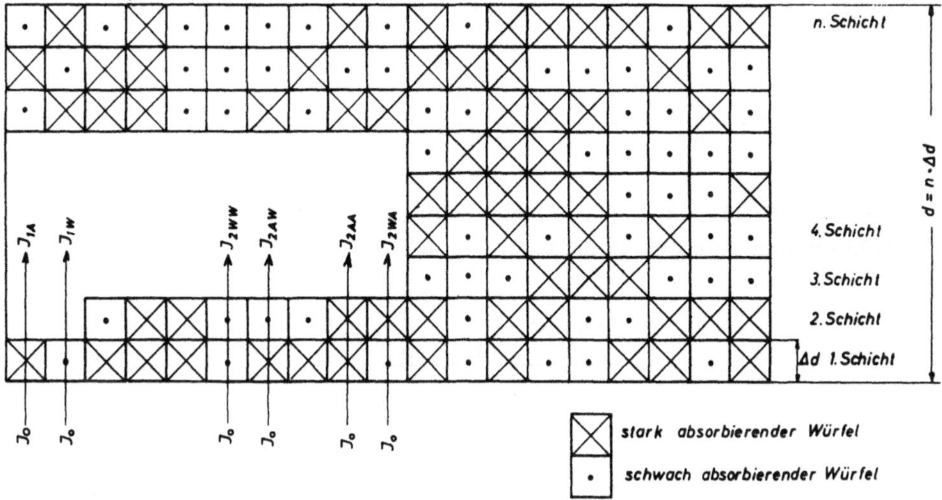

Abb. 6-16 Schematische Darstellung unterschiedlicher Absorption der Röntgenstrahlung bei "körniger" Struktur. Das absorbierende Medium mit der Schichtdicke d besteht aus gleichgroßen Würfeln mit der Kantenlänge Δd. Ein Teil der Würfel besteht aus einem stark absorbierenden Medium, der andere Teil aus einem schwach absorbierenden. Die schwach bzw. stark absorbierenden Würfel sind in ihrer Anordnung statistisch verteilt. Die Intensität der Röntgenstrahlen mit der Eintrittsintensität I_0 beträgt nach Durchdringen der ersten Schicht I_1, nach Durchdringen der ersten und zweiten Schicht I_2, und I nach Durchdringen der gesamten Schicht d.

Nach Durchlaufen von n = d/Δd Schichten, also der Gesamthöhe d, ist dann nur noch die Strahlenintensität

$$I = I_0 \left[q\, e^{-\mu_A \Delta d} + (1-q)\, e^{-\mu_W \Delta d} \right]^{d/\Delta d}$$

vorhanden.

Bei immer feiner werdender Verteilung der beiden Materialien, d.h. für Δd gegen Null, geht die rechte Seite der Gleichung gegen eins hoch unendlich. Jede Zahl größer eins, auch wenn sie noch so nahe der eins ist, wird durch Multiplikation mit sich selbst größer als sie vorher war, und das Produkt kann durch vieles Multiplizieren mit sich selbst stark von eins abweichen. Um diese Gleichung mathematisch zu bewältigen, ist es notwendig, sie in eine bekannte Form zu überführen.

Dieses erreicht man durch Logarithmieren beider Seiten:

$$\ln \frac{I}{I_o} = \frac{\ln [q\ e^{-\mu_A \Delta d} + (1-q)\ e^{-\mu_W \Delta d}]}{\frac{\Delta d}{d}}$$

Bei dem Grenzübergang $\Delta d \to 0$ erhält man jetzt für die rechte Seite der Gleichung den Ausdruck Null durch Null.

$$\ln \frac{I}{I_o} = \lim_{\Delta d \to 0} \frac{\ln [q\ e^{-\mu_A \Delta d} + (1-q)\ e^{-\mu_W \Delta d}]}{\frac{\Delta d}{d}}$$

Diese Grenzwertbestimmung ist nicht immer elementar durchführbar, läßt sich aber durch Differenzieren nach de l'Hospital lösen: Durch Differenzieren des Zählers und Nenners je nach $d(\Delta d)$ und Durchführen des Grenzüberganges $\Delta d \to 0$ erhält man:

$$\ln \frac{I}{I_o} = [-q\ \mu_A - (1-q)\ \mu_W]\ d$$
$$I = I_o\ e^{-[q \mu A + (1-q) \mu W]\ d} \ .$$

Ist keine anorganische Substanz im Wasser vorhanden, so ist $v_A = 0$ und damit $q = 0$ und die Gleichung wird zu:

$$I = I_o\ e^{-\mu_W d} \ .$$

Statt der Regel von de l'Hospital kann man in diesem Falle auch auf elementarem Weg den Grenzübergang $\Delta d \to 0$ durchführen und zu dem gesuchten Ergebnis kommen. Geht man wieder von

$$I = I_o\ [q\ e^{-\mu_A \Delta d} + (1-q)\ e^{-\mu_W \Delta d}]^{\ d/\Delta d}$$

aus und setzt voraus $\Delta d \ll d$, dann kann, da $\mu_A \Delta d \ll 1$ ist, die Exponentialfunktion in eine Reihe entwickelt werden:

$$e^{-\mu_A \Delta d} = 1 - \mu_A \Delta d + \frac{(\mu_A \Delta d)^2}{2!} - + \ldots$$

Wird angenommen, daß die quadratischen und höheren Glieder der unendlichen Reihe in ihrem Betrag klein gegenüber $1-\mu_A\Delta d$ sind, so erhält
man:

$$I = I_o \, [q(1-\mu_A\Delta d) + (1-q) \ (1-\mu_W\Delta d)]^{d/\Delta d}$$

$$I = I_o \, [q-q\mu_A\Delta d + 1-q - \mu_W\Delta d + q\mu_W\Delta d]^{d/\Delta d}$$

$$I = I_o \, \{1+ [(q-1) \ \mu_W-q\mu_A] \ \Delta d\}^{d/\Delta d} \quad .$$

oder:

$$\ln I = \ln I_o + \frac{d}{\Delta d}\ln \{1+ [(q-1) \ \mu_W-q\mu_A] \ \Delta d\} \quad .$$

Für den Ausdruck $\ln(1+x)$ mit:

$$x = [(q-1) \ \mu_W-q\mu_A] \ \Delta d \ \text{und} \ x \ll 1,$$

da $\mu_A\Delta d \ll 1$, gibt es eine Reihenentwicklung:

$$\ln (1+x) = - \frac{x^2}{2} + \frac{x^3}{3} + \frac{x^4}{4} + - \ldots$$

Einsetzen der Intensitätsgleichung und Abbrechen der unendlichen
Reihe nach dem linearen Glied, da $x \ll 1$, ergibt:

$$\ln I = \ln I_o + \frac{d}{\Delta d} \ [(q-1) \ \mu_W-q\mu_A] \ \Delta d$$

$$\ln \frac{I}{I_o} = [(q-1) \ \mu_W-q\mu_A] \ d$$

$$I = I_o \, e^{-[q\mu_A+(1-q)\mu_W]d} \quad .$$

Ist keine anorganische Substanz im Wasser vorhanden, so ist $v_A = 0$
und damit $q = 0$ und die Gleichung wird zu:

$$I = I_o \, e^{-\mu_W d} \quad .$$

Bei der weiteren Betrachtung wird von einem Zweikomponentensystem
ausgegangen. Ist die eine Komponente in der anderen gleichmäßig verteilt (Lösung), so gilt:

$$I_H = I_o \; e^{-[q_\mu A + (1-q) \mu_W]d} \; .$$

Ist die eine Komponente in der anderen grobkörnig (Annahme: in Form
von parallel liegenden Würfeln) verteilt, wobei der Durchmesser der
grobkörnigen Struktur Δd sei (idealisierte Annahme für die Spongiosastruktur), so ist folgende Gleichung anzuwenden:

$$I_{\Delta d} = I_o \; [q \; e^{-\mu_A \Delta d} + (1-q) \; e^{-\mu_W \Delta d}]^{\,d/\Delta d} \; .$$

Für die weitere Betrachtung ist es sinnvoll, die aus dem grobkörnigen
Zweikomponentensystem austretende Intensität $I_{\Delta d}$ auf die Intensität I
für homogene Verteilung zu beziehen; denn die homogene Verteilung ist
die in der Literatur gängige Annahme; nur Heuck erwägt auch eine körnige
Verteilung. Diesen Bezug erreicht man durch Dividieren beider Gleichungen:

$$\frac{I_{\Delta d}}{I_H} = \frac{[q \; e^{-\mu_A \Delta d} + (1-q) \; e^{-\mu_W \Delta d}]^{\,d/\Delta d}}{e^{-[q\mu_A + (1-q)\mu_W]\,d}} \; .$$

Hier kommt q als Volumenverhältnis des Knochenmineralvolumens (Spon-
giosavolumen) zum Gesamtvolumen (Volumen der Spongiosa und des Knochen-
marks) vor. Geläufig ist aber der Mineralgehalt M in mg pro cm^3
(Knochenmineralmasse pro Gesamtvolumen) und so ist es zweckmäßig, das
Volumenverhältnis q durch den Mineralgehalt M auszudrücken.
Es sei:

v_A = Volumen des Knochenminerals

V = Gesamtvolumen = Volumen des Knochenminerals und des
     Knochenmarkraums

G_A = Knochenmineralmasse im Gesamtvolumen V

M = Mineralgehalt in g/cm^3 = Knochenmineralmasse pro Gesamt-
     volumen

ρ_A = spezifische Masse in g/cm^3 = Knochenmineralmasse pro
     Knochenmineralvolumen

Dann ist nach der Definition:

$$q = \frac{v_A}{v}, \quad v_A = \frac{G_A}{\rho_A}, \quad M = \frac{G_A}{V}$$

Aus $M = G_A/V$ folgt: $V = G_A/M$. Damit ergibt sich durch Einsetzen der Größen v_A und v für q:

$$q = \frac{G_A/\rho_A}{G_a/M} = \frac{G_A}{\rho_A} \cdot \frac{M}{G_A} = \frac{M}{\rho_A} \quad .$$

Damit wird:

$$\frac{I_{\Delta d}}{I_H} = \frac{\left[M/\rho_A \; e^{-\mu_A \Delta d} + (1-M/\rho_A) \; e^{-\mu_W \Delta d} \right]^{d/\Delta d}}{e^{-[M/\rho_A \; \mu_A + (1-M/\rho_A)\mu_W]d}} \quad .$$

Hier bedeutet:

I_H = durch Knochenmineral (Apatit) und Vergußmasse (Knochenmark) geschwächte Intensität der Röntgenstrahlung (gleichmäßige homogene Vermischung)

$I_{\Delta d}$ = durch Knochenmineral (Apatit) und Vergußmasse (Knochenmark) geschwächte Intensität der Röntgenstrahlung (Knochenmineral spongiös in Form von Würfeln mit der Kantenlänge Δd)

$I_{\Delta d}/I_H$ = Verhältnis der Intensitäten

M = Mineralgehalt in mg/cm^3

ρ_A = spezifische Masse des Knochenminerals in g/cm^3
(Bei der Berechnung angenommen $\rho_A = 1,5 \; g/cm^3$ [102])

μ_A = Schwächungskoeffizient des Knochenminerals (Werte sh. Tab.6-9)

μ_W = Schwächungskoeffizient des Wassers (Werte sh. Tab. 6-9)

μ_V = Schwächungskoeffizient der Vergußmasse, in die das Knochenmineral eingebettet ist (Werte sh. Tabelle) (in der Gleichung statt Wasser eingesetzt)

Δd = Kantenlänge der Knochenmineralwürfel (=Durchmesser der Spongiosabälkchen)

d = Durchmesser des Calcaneus bzw. Durchmesser des spongiosen Knochens (Bei der Berechnung angenommen $d = 3$ cm)

e = 2, 7, 1828 ... = Basis des natürlichen Logarithmus

In der Gleichung sind folgende Größen variabel, daß heißt, können
nach freier Wahl vorgegeben oder verändert werden:

μ = Schwächungskoeffizient durch Wahl des verwendeten Materials.
Hier: Wasser μ_W oder (statt Wasser) Vergußmasse μ_V

E = Strahlenenergie. Die verwendete wirksame (effektive) Strahlenenergie bestimmt den Betrag der Schwächungskoeffizienten μ

M = Mineralgehalt

Δd = Spongiosa-"Durchmesser"

Alternativ ist variabel:

$I\Delta_d/I_H$ = Intensitätsverhältnis grobkörnig zu homogen

I/I_o = Intensitätsverhältnis Eintrittsintensität zu Austrittsintensität

ΔM = Mineralgehaltsabweichung bei Materialvergleich z.B.
homogen gegen "körnig" bei gleicher Intensität.

Setzt man μ_A als fest vorgegebene Größe an, die nur von E abhängig
ist, dann sind 5 Größen in der Gleichung variabel. Die Abhängigkeiten
der einzelnen Größen voneinander, gemäß der Gleichung, darzustellen
ist ein technisches Problem, das sich nur so lösen läßt, daß man zum
Beispiel in Abb. 6-17 zwei Variable, und zwar E und M festlegt, $I_{\Delta d}/I_H$
als abhängige, μ als unabhängige Variable wählt und die Variable d
mit Δd = 0,05 cm und 0,1 cm als Scharparameter festlegt. Soll nur eine
Kurve dargestellt werden, sind drei Größen fest zu wählen, siehe
Tab. 6-10.

6.5.2 Graphische Darstellung von Ergebnissen

Folgende Gruppen von Abhängigkeiten werden untersucht:

1.) Um wieviel wird das eingebettete Knochenmineral strahlendurchlässiger, wenn der Schwächungskoeffizient μ der Einbettungsmasse
gegenüber dem Schwächungskoeffizienten μ_A des Knochenminerals
geändert wird, Abb. 6-17.

2.) Bei vorgegebenen Schwächungskoeffizienten des Einbettungsmaterials:
Wie ändert sich die Strahlenabsorption der grobstrukturierten
Materie gegenüber der homogenen Lösung der Materie (Knochenmineral)
bei Variation der Größen M, Δd und E, Abb.: 6-18 bis 6-22

3.) Es wird die Mineralgehaltsbestimmung eines "spongiösen Knochens"
(grobstrukturierte oder körnige Materie) bei gleicher Strahlenschwächung (Intensität oder Filmschwärzung) durch Vergleich mit
einem Referenzsystem (homogene Lösung) nachvollzogen. Das Einbettungsmedium ist bei beiden dasselbe.
   a) Die quantitative Darstellung der Bestimmung der Mineralgehaltsabweichung ΔM Abb. 6-23
   b) Die Abhängigkeit der Mineralgehaltsabweichung ΔM von den Größen
      M, Δd und E, Abb.: 6-24 bis 6-33
4.) Mineralgehaltsabweichung ΔM bei der Mineralgehaltsbestimmung wie
bei 3.) jedoch unterschiedliche Einbettungsmaterialien bei beiden
zu vergleichenden Objekten.
Objektdurchmesser: d = 3 cm
Schichtdicke des Wasserbades D = 10 cm
   a) Die quantitative Darstellung der Bestimmung der Mineralgehaltsabweichung ΔM Abb. 6-34
   b) Die Abhängigkeit der Mineralgehaltsabweichung ΔM von den
      Größen Δd und E bei konstantgehaltenem M. Abb. 6-35 und 6-36

Um den Einfluß der statistischen Verteilung der Spongiosa auf die Gesamtabsorption zu untersuchen, wurden, um zu vergleichbaren Zahlen zu
kommen, die Werte für spongiöse Struktur auf Werte für homogene Verteilung bezogen. Der Einfluß der Körnigkeit der Spongiosa mit zufälliger Verteilung auf die Strahlenabsorption hängt nicht nur vom
Durchmesser der Spongiosabälkchen ab, sondern auch von dem Schwächungskoeffizienten des Materials, in das die Spongiosabälkchen eingebettet
sind. In Abb. 6-17 sind bei einem Mineralgehalt von 250 mg/cm^3 und
einer Photonenenergie von 30 keV die Intensitätsverhältnisse für
Spongiosadurchmesser von 0,05 und 0,1 cm zu homogen verteilter Mineralsubstanz in Abhängigkeit von dem Schwächungskoeffizienten des Materials,
in das die Spongiosabälkchen eingebettet sind, dargestellt. Mit Pfeilen
sind die Schwächungskoeffizienten für Plexiglas μ_p und Wasser μ_W eingezeichnet. Besteht das Einbettungsmaterial aus Knochenmineral (Schwächungskoeffizient μ_A), so sind beide Materialien identisch und der Struktureffekt darf sich nicht bemerkbar machen. Deshalb hat hier die Kurve
der Abb. 6-17 ein Minimum. Der Einfluß des Einbettungsmaterials auf
die durch die Spongiosastruktur hervorgerufene Intensitätsabweichung im
Bereich der Einbettungsmaterialien Vergußmasse und Wasser ist wegen der
nahe beieinanderliegenden Beträge der Schwächungskoeffizienten im Verhältnis zum weitab liegenden Betrag des Schwächungskoeffizienten des
Knochenminerals nahezu gleichbleibend, wie aus Abb. 6-17 zu ersehen ist.

Tab. 6-10 Aufschlüsselung der Bedingungen, unter denen die Abb. 6-17
bis 6-36 berechnet wurden

Tab. 6-10 Aufschlüsselung der Bedingungen, unter denen die Abb. 6-17 bis 6-36
berechnet wurden

Abb. Nr.	Festgelegte Veränderliche				Abh. Veränd.	Unabh. Veränd.	Veränderliche als Schaarparameter	Untersuchungsgegenstand
6-17		E	M		$I_{\Delta d}/I_H$	μ	Δd	Prozentuale Abweichung der Intensität: Körnige strukturhomogene Verteilung
6-18	μ_V	E			$I_{\Delta d}/I_H$	M	Δd	
6-19	μ_V	E			$I_{\Delta d}/I_H$	Δd	M	
6-20	μ_V		M		$I_{\Delta d}/I_H$	E	Δd	
6-21	μ_V		M		$I_{\Delta d}/I_H$	Δd	E	
6-22	μ_V			Δd	$I_{\Delta d}/I_H$	M	E	
6-23	μ_V	E		Δd	I/I_o	M	$I_{\Delta d}, I_H \rightarrow \Delta M$	Körnige strukturhomogene Verteilung: Beide im gleichen Medium
6-24	μ_W	E			ΔM	M	Δd	
6-25	μ_W	E			ΔM	M	Δd	
6-26	μ_V	E			ΔM	M	Δd	
6-27		E		Δd	ΔM	M	μ_V, μ_W	
6-28	μ_W	E			ΔM	Δd	M	
6-29	μ_W	E	M		ΔM	Δd		
6-30	μ_W		M	Δd	ΔM	E		
6-31	μ_V		M		ΔM	Δd	E	
6-32	μ_V			Δd	ΔM	M	E	
6-33	μ_V			Δd	ΔM	M	E	
6-34		E		Δd	I/I_o	M	$I_{\Delta d}, \mu_V; I_H, \mu_W \rightarrow \Delta M$	Körnige Struktur in Vergußmasse – hom. Vert. in Wasser
6-35	$\mu_W \mu_V$		M		ΔM	Δd	E	
6-36	$\mu_W \mu_V$		M	Δd	ΔM	E		

In Abb. 6-18 ist die Intensitätszunahme bei spongiösen Knochen in
Bälkchenform für verschiedene Querschnittsstärken Δd in Abhängigkeit
vom Mineralgehalt M bei einer Photonenenergie von 30 keV wiedergegeben.
Bei einem Querschnittsdurchmesser von 1 mm und einem Mineralgehalt
von 300 mg/cm^3 ergibt sich eine Zunahme der durchgelassenen Intensität
von 3,5%. In der Praxis werden die Werte niedriger liegen, da der
Mineralgehalt normalerweise um 250 mg/cm^3 liegt und die Spongiosastrukturen Schichtdicken oder Durchmesser unter 1 mm aufweisen. Die
Abhängigkeit der Austrittsintensität von dem Spongiosadurchmesser
für verschiedenen Mineralgehalt gibt Abb. 6-19 wieder. Aus beiden
Darstellungen ergibt sich für den in Frage kommenden Bereich eine
nahezu lineare Abhängigkeit der Intensitätszunahme mit zunehmendem
Mineralgehalt und zunehmendem Spongiosadurchmesser.

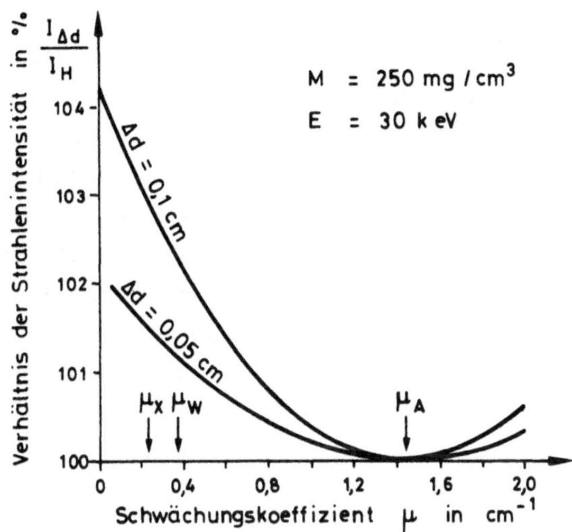

Abb. 6-17 Verhältnis der Austrittsintensitäten für körniges und homogen verteiltes Material in Abhängigkeit vom Schwächungskoeffizienten der Einbettungsmasse

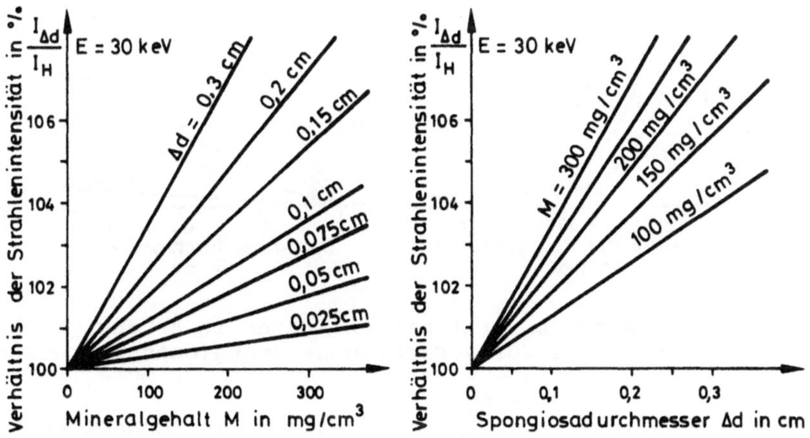

Abb. 6-18 Verhältnis der Austrittsintensitäten in Abhängigkeit vom Mineralgehalt für verschiedene Spongiosadurchmesser

Abb. 6-19 Verhältnis der Austrittsintensitäten in Abhängigkeit vom Spongiosadurchmesser für verschiedene Mineralgehalte

Wegen der sehr starken Abhängigkeit des Schwächungskoeffizienten von
der Photonenenergie hängt auch die durchgelassene Intensität sehr
stark von der Photonenenergie ab, wie aus Abb. 6-20 hervorgeht. Sie
nimmt bei zunehmender Photonenenergie stark ab. Die Abhängigkeiten
sind für verschiedene Spongiosadurchmesser aufgetragen. Das Zusammen-
wirken von Spongiosadurchmesser und Photonenenergie für einen bestimmten Mineralgehalt ist in Abb. 6-21 dargestellt. Die Intensität der
durchgelassenen Röntgenstrahlung ist in Abhängigkeit von dem Spongiosadurchmesser mit der Photonenenergie als Scharparameter, also bei verschiedenen Photonenenergien, aufgetragen. Eine ähnliche Darstellung
ergibt sich in Abb. 6-22 bei Wiedergabe der Intensität in Abhängigkeit
vom Mineralgehalt bei einem Spongiosadurchmesser von 0,1 cm für verschiedene Photonenenergien.

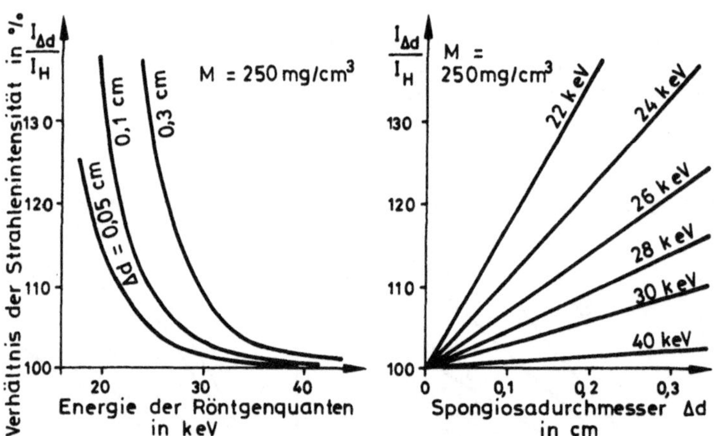

Abb. 6-20 Verhältnis der Austrittsintensitäten in Abhängigkeit von der
Photonenenergie für verschiedene Spongiosadurchmesser

Abb. 6-21 Verhältnis der Austrittsintensitäten in Abhängigkeit vom
Spongiosadurchmesser für verschiedene Photonenenergien

Die Messungen des Knochenmineralgehalts mit Hilfe eines Referenzsystems
werden durch Vergleich der Schwärzung des Röntgenfilms oder durch
Intensitätsvergleich bei direkter Strahlenmessung am zu messenden
Knochen und am Referenzsystem durchgeführt. Dabei wird davon ausgegangen, daß bei Schwärzungsgleichheit der zu messenden Stelle des
spongiösen Knochens und des knochengleichen Referenzsystems auf dem
Röntgenfilm auch der Mineralgehalt gleich ist. Ist die Knochenmineral-
substanz im Referenzsystem homogen verteilt und weist der spongiöse
Knochen eine Struktur mit einem Bälkchendurchmesser von 1 mm auf,

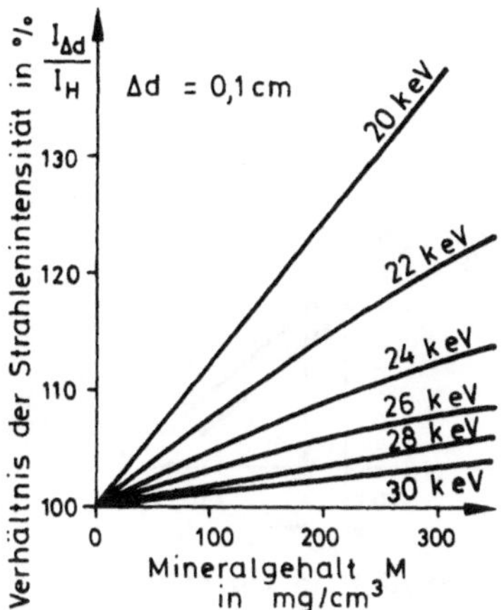

Abb. 6-22 Verhältnis der Austrittsintensitäten in Abhängigkeit vom
Mineralgehalt für verschiedene Photonenenergien

so sind die Kurven der Intensität in Abhängigkeit vom Mineralgehalt
für 30 keV Photonenenergie bei einer Knochen- bzw. Referenzsystem-
dicke von 3 cm (beides in Wasser) nicht identisch, sondern merklich
verschieden, wie aus Abb. 6-23 hervorgeht. Von dem zu untersuchenden
Knochen ist stets der Durchmesser d und die Austrittsintensität bekannt. Gesucht ist dagegen der Mineralgehalt. Es wird angenommen, daß
die Kurven des Referenzsystems durch den von einem Knochen mit bekanntem Mineralgehalt festgelegten Punkt gehen. Unter dieser Voraussetzung erhält man bei gemessener und damit bekannter Austrittsintensität aus dem Knochen und mit Hilfe der Kurven des Referenzsystems
den wahren Mineralgehalt. In Abb. 6-23 liegt die Voraussetzung nicht
vor, und deshalb ergibt sich ein zu kleiner Mineralgehalt.
Der Differenzbetrag des Mineralgehaltes, der beim Schwärzungsvergleich
von spongiösen Knochen (spongiöse Bälkchen im Wasser) mit homogen ver-
teiltem Mineralgehalt in der Referenztreppe in Abhängigkeit vom Gesamtmineralgehalt bei verschiedenen Durchmessern der Spongiosabälkchen
erhalten wird, ist in Abb. 6-24 wiedergegeben. Wegen der statistischen
Verteilung der Spongiosabälkchen und der Nichtlinearität der Strahlenabsorption absorbiert bei gleichem Mineralgehalt der spongiöse Knochen
weniger, und damit scheint, beim Vergleich der Schwärzung des Referenzsystems mit homogen verteilter Knochenmasse mit der des spongiösen
Knochens dieser weniger Mineral zu haben als er wirklich hat. Daher
sind auf der Ordinate die Mineraldifferenzen negativ.

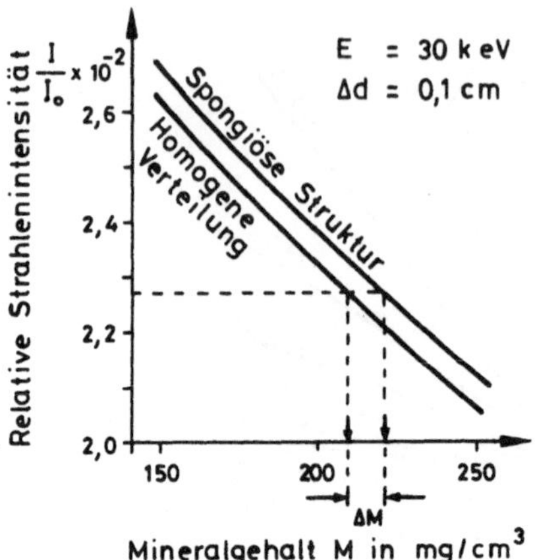

Abb. 6-23 Verhältnis von Austrittsintensität zu Eintrittsintensität in Abhängigkeit vom Mineralgehalt

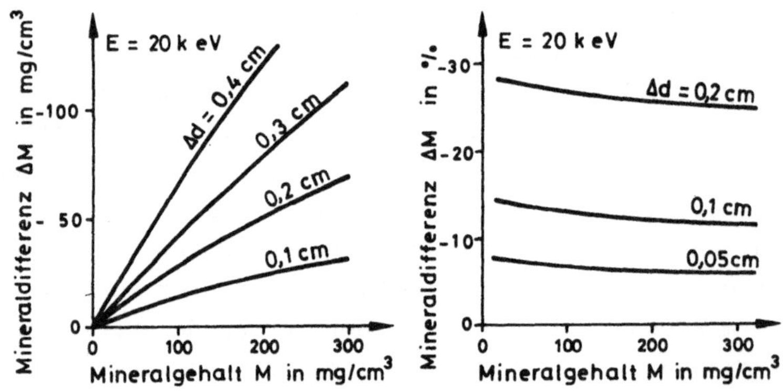

Abb. 6-24 und 6-25 Einfluß der Spongiosadurchmesser auf die Abweichung des gemessenen vom tatsächlichen Mineralgehalt, absolut (6-24) und relativ (6-25) für eine Photonenenergie von 20 keV

Die Unterschiede der Mineraldifferenz bei der Bestimmung des Mineralgehalts von spongiösen Knochen, dargestellt über den Vergleich der aus dem zu untersuchenden Objekt austretenden Röntgenstrahlung mit der des Referenzsystems, sind für eine Photonenenergie von 30 keV in Abb. 6-26 wiedergegeben. Dabei wurde eine homogen verteilte Knochenmineralmasse einer Grundsubstanz aus Gewebe mit den Absorptionseigenschaften des Wassers in Abhängigkeit von dem Mineralgehalt bei verschiedenen Spongiosadurchmessern zugrunde gelegt. Ein Vergleich der Mineraldifferenz für Spongiosastrukturen in Wasser und solchen in Vergußmasse

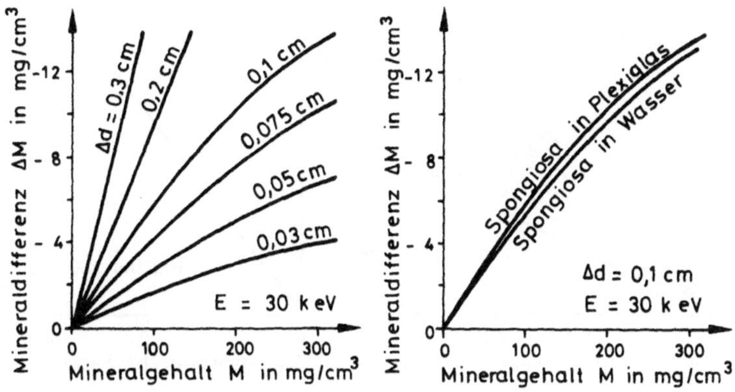

Abb. 6-26 und 6-27 Einfluß der Spongiosastruktur (6-26)und der Einbettungsmasse (6-27) auf die Abweichung des gemessenen vom tatsächlichen Mineralgehalt

unter sonst gleichen Bedingungen, Photonenenergie 30 keV und Spongiosadurchmesser Δd = 0,1 cm, ergibt einen geringen Unterschied, wie aus
Abb. 6-27 hervorgeht. Mit abnehmendem Mineralgehalt gehen beide Kurven
der Mineraldifferenz gegen Null. Da aber der Mineralgehalt auch gegen
Null geht, braucht deswegen die prozentuale Mineraldifferenz bezogen
auf den dazugehörigen Mineralgehalt nicht gegen Null zu gehen.
In Abb. 6-28 ist die Mineraldifferenz in Abhängigkeit von der Spongiosa-
dicke bei verschiedenem Mineralgehalt aufgetragen. Wenn auch die Mineraldifferenz mit abnehmendem Mineralgehalt und abnehmendem Spongiosadurchmesser mengenmäßig kontinuierlich bis Null abnimmt, so nimmt doch
die prozentuale Mineraldifferenz bezogen auf den Mineralgehalt für verschiedene Spongiosadurchmesser nicht ab, sondern bleibt von großen
Werten abnehmend bis ungefähr 105 mg/cm^3 konstant und steigt bei weiter
fallendem Mineralgehalt leicht an, siehe Abb. 6-25. Dagegen nimmt die
prozentuale Mineraldifferenz für verschiedene Mineralgehalte mit abnehmendem Spongiosadurchmesser bis auf Null ab, wie aus Abb. 6-29 zu
ersehen ist. Der Betrag der prozentualen Mineraldifferenz ist für die
verschiedenen Mineralgehalte im Bereich von 100 mg/cm^3 bis 300 mg/cm^3
nahezu gleich und liegt bei den im Calcaneus vorkommenden Spongiosa-
dicken um 10%. Es wird so also der Mineralgehalt,um diesen Prozent-
satz vermindert, zu gering angegeben.

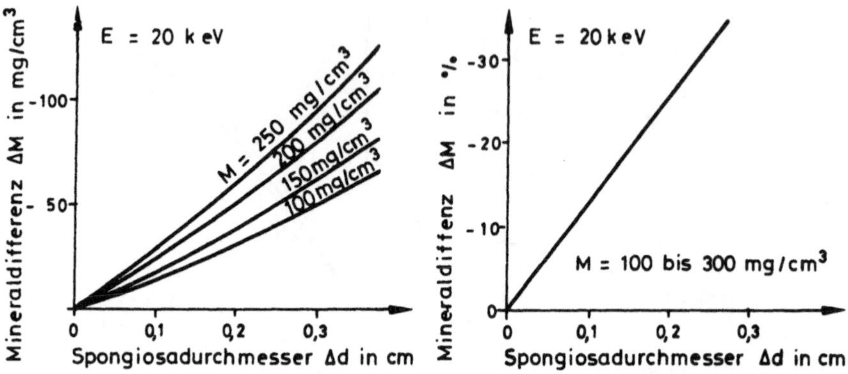

Abb. 6-28 und 6-29 Mineralgehaltsabweichung in Abhängigkeit von dem
Spongiosadurchmesser für verschiedene Mineralgehalte,
absolut (6-28) und relativ (6-29)

In Abb. 6-30 ist für Knochenmineral im Wasser bei einem Spongiosadurchmesser von Δd = 0,1 cm und einem Mineralgehalt von M = 200 mg/cm^2
die Mineraldifferenz in Abhängigkeit von der Photonenenergie angegeben.
Für eine Spongiosastruktur eingebettet in Vergußmasse ergibt die Mineraldifferenz bezogen auf ein Referenzsystem mit homogener Verteilung
des Knochenminerals bei gleicher Austrittsintensität der Röntgenstrahlung in Abhängigkeit von dem Spongiosadurchmesser für verschiedene
Photonenenergien die in Abb. 6-31 wiedergegebene Abhängigkeit. Auffallend ist die starke Abhängigkeit der Mineraldifferenz, hervorgerufen durch die Spongiosastruktur, von der Photonenenergie der Röntgenstrahlung. Die Mineralgehaltsdifferenz in Abhängigkeit von dem
Mineralgehalt bei verschiedenen Photonenenergien gibt Abb. 6-32 wieder.
Auch hier ist die starke Abhängigkeit von der Photonenenergie vorhanden.
Die Mineraldifferenz nimmt bei den verschiedenen Photonenenergien mit
abnehmendem Mineralgehalt auf Null ab. Dagegen geht die prozentuale
Mineraldifferenz mit abnehmendem Mineralgehalt, wie Abb. 6-33 zeigt,
nicht auf Null zurück, sondern nimmt leicht zu.
Wird die Spongiosastruktur in Vergußmasse mit einem Referenzsystem
mit einer homogenen Verteilung des Knochenminerals in Wasser verglichen, so ergibt sich nach Abb. 6-34 ein ganz erheblich zu niedriger
Mineralgehalt. Wie groß die Abweichungen sind, ist für verschiedene
Photonenenergien in Abhängigkeit vom Spongiosadurchmesser in Abb. 6-35
wiedergegeben. Auffallend sind die sehr großen Abweichungen von 50 -
100 %.

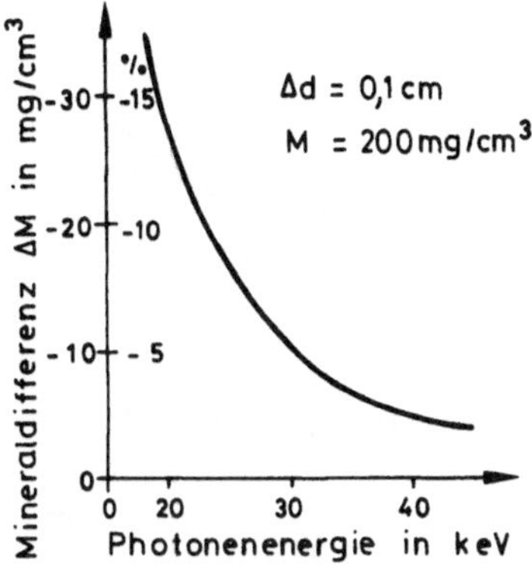
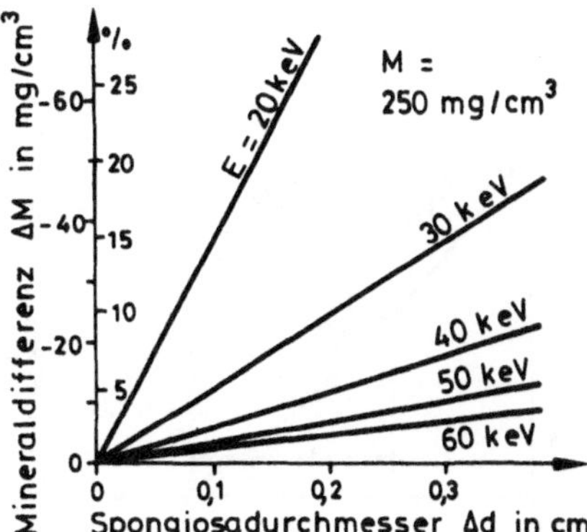

Abb. 6-30 Mineralgehaltsabweichung
in Abhängigkeit von der
Photonenenergie

Abb. 6-31 Mineralgehaltsabweichung in Abhängigkeit vom
Spongiosadurchmesser für
verschiedene Photonen-
energien

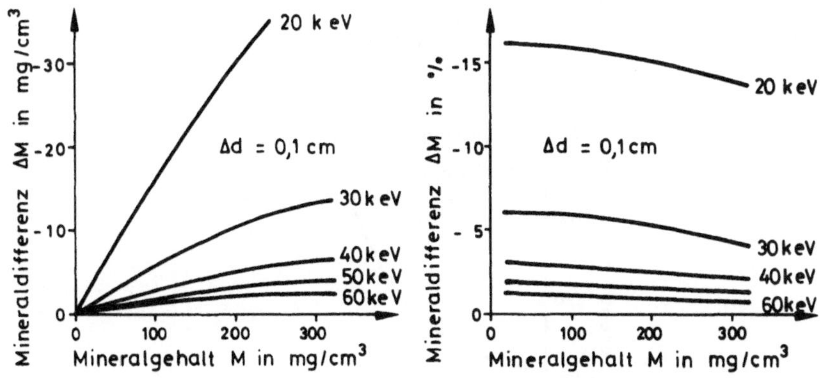

Abb. 6-32 und 6-33 Mineralgehaltsabweichung in Abhängigkeit vom
Mineralgehalt, absolut (6-32) und relativ (6-33)
für verschiedene Photonenenergien

In Abb. 6-36 ist die Abweichung in Abhängigkeit von der Photonenenergie wiedergegeben. Im Gegensatz zu Abb. 6-30 ist hier der Kurvenverlauf genau entgegengesetzt. Bei niedrigen Photonenenergien ist
die Mineraldifferenz niedriger als bei hohen Photonenenergien. Die
Ursache ist in dem unterschiedlichen Verhalten der Schwächungskoeffizienten der die Spongiosa umgebenden Substanz gegenüber verschiedenen
Photonenenergien zu suchen. Das Ausmaß der Abweichung und deren Zunahme bei höheren Strahlenenergien hängt von der Art der Vergußmasse
ab.

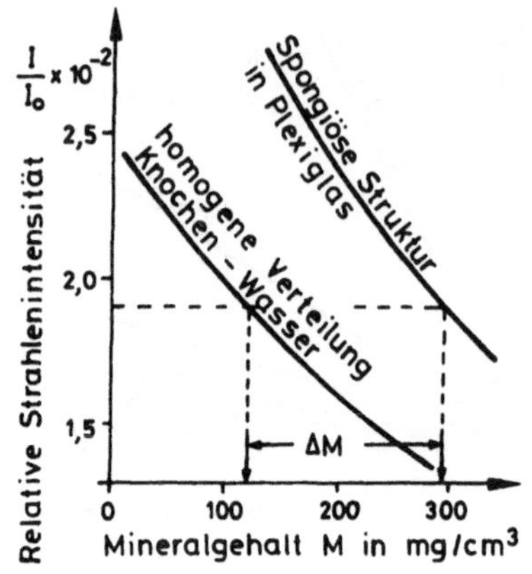

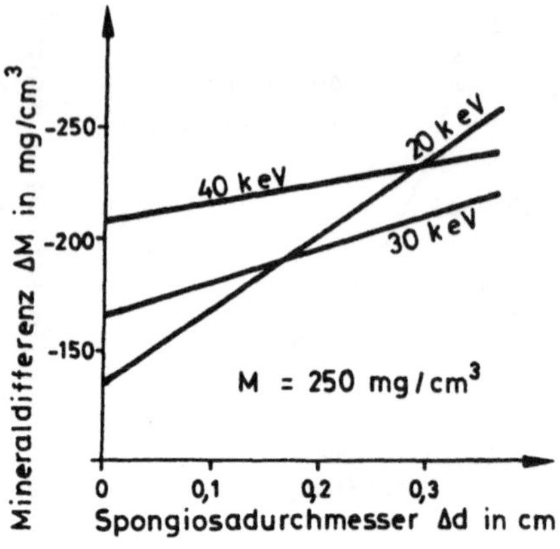

Abb. 6-34 Relative Strahlenintensität in Abhängigkeit vom
Mineralgehalt für homo-
gene Verteilung in Wasser
und Spongiosastruktur in
Plexiglas. Vergleich der
Mineralgehalte bei gleicher
relativer Strahlenintensität

Abb. 6-35 Mineralabweichung gemäß Abb. 6-34 in Ab-
hängigkeit vom Spon-
giosadurchmesser für
verschiedene Photonen-
energien

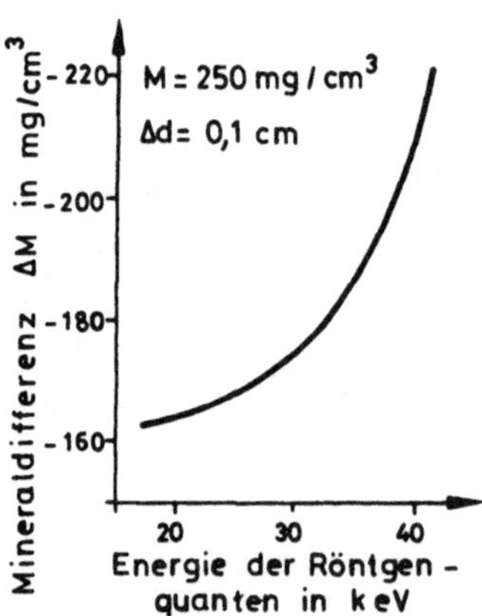

Abb. 6-36 Mineralabweichung gemäß Abb. 6-34 in Abhängigkeit von der
Photonenenergie

$$I_{\Delta d} = I_0 \left[\frac{M}{\rho_A} e^{-\mu_A \Delta d} + \left(1 - \frac{M}{\rho_A}\right) e^{-\mu_W \Delta d} \right] \frac{d}{\Delta d} e^{-\mu_W (D-d)}$$

mit: d = 3 cm
D = 10 cm

Es sind zwei unterschiedliche Ursachen, die die Mineraldifferenz in
der Auswertung mit einem Referenzsystem hervorrufen, zu unterscheiden.
Eine Ursache ist die Körnigkeit, die auf Grund ihrer statistischen
Verteilung eine Aufhellung des Röntgenbildes verursacht und damit
einen geringeren Mineralgehalt vermuten läßt als wirklich vorhanden
ist. Dieser Effekt zieht Fehler um höchstens 10% nach sich, meist
dürften sie aber niedriger liegen, wie aus den graphischen Darstellungen
ersichtlich ist. Eine weitere Ursache ist, daß das Grundmaterial des
Referenzsystems in seinem Schwächungskoeffizient nicht identisch ist
mit dem des Knochenmarks. Die hierdurch verursachten Abweichungen
können, wie aus den Abb. 6-34 bis 6-36 hervorgeht, 50% übersteigen.

6.6 Strahlenaufhärtung im Meßbereich

Bei vollständiger Übereinstimmung von Untersuchungsobjekt und Referenzsystem hinsichtlich der Schwächungseigenschaften der einzelnen Komponenten ist eine Kenntnis oder Berücksichtigung der Aufhärtung des
Bremsstrahlenspektrums beider Gegenstände bei gleicher Schichtdicke
und gleichen Sto gehaltengrundsätzlich nicht erforderlich. Stoffge-
halte und/oder Schichtdicken zeigen indessen in der Regel keine derartige Übereinstimmung, weil der Knochenwert außerhalb oder zwischen
denen der Stufen des Referenzsystems liegt, so daß beim Schwärzungsvergleich Interpolationen notwendig sind. Bei konstanter Schichtdicke
bewirken die Mineralgehaltsstufen des Referenzsystems jedoch eine
unterschiedliche Strahlenaufhärtung. Ein Teil der systematischen Abweichungen der durch lineare Interpolation gewonnenen Meßwerte kann
hierdurch verursacht sein. Um einen Eindruck von dem Einfluß des
linearen Interpolationsintervalls auf die durch Strahlenaufhärtung zu
erwartende Abweichung vom gesuchten tatsächlichen Stoffgehalt zu gewinnen, wurden die folgenden Untersuchungen durchgeführt. Sie dienen
gleichzeitig dazu, den Gültigkeitsbereich bzw. die Fehlergrenzen bei
der Anwendung des LAMBERT-BEERschen Gesetzes auf das Bremsstrahlenspektrum abzuschätzen.

Mittels Treppen aus Aluminium (Stufen 0.5 bis 7 mm) in Wasser und
(Stufen 2 bis 40 mm) über dem Wasserphantom in Luft, aus Plexiglas
(Stufen 5 bis 60 mm) vor dem Wasserphantom in Luft sowie mit der
Hydroxylapatit-Referenztreppe in Wasser wurden Schwärzungskurven in
Abhängigkeit von der Schichtdicke (Treppendicke) (vgl. Abb. 5-1) unter
folgenden vier Aufnahmebedingungen hergestellt (alle vier Treppen je-

weils gemeinsam auf einer Aufnahme):

Röhrenspannung 90kV, Röhrenstrom 30mA; zwei Aufnahmen mit 3 mm Al-Filter, Belichtungszeiten 0.32 sec und 0.5 sec; eine Aufnahme mit 12 mm Al-Filter, Belichtungszeit 1.0 sec; eine Aufnahme mit 21 mm Al-Filter, Belichtungszeit 1.6 sec.

Aus den Schwärzungskurven der Aluminiumtreppe in Wasser und der Plexiglastreppe wurden für gleiche optische Dichten die korrespondierenden Schichtdicken bestimmt (da später auf dieser Grundlage der Aufhärtungseffekt des Hydroxylapatit-Referenzsystems bei Mineralgehaltsänderungen $M_{30/260}$ (= Ausgangsgehalt 260 mg/cm^3 bei Treppenstärken d = 30 mm) $\pm$ ΔM untersucht werden soll, wurden die Schichtdicken bei der Schwärzung $S_{30/260}$ gemessen). Aus den Verhältnissen dieser Schichtdicken, die den Verhältnissen der Schwächungskoeffizienten umgekehrt proportional sind, wurden aus Abb. 3-9 die korrespondierenden effektiven Photonenenergien E_{eff} bestimmt. Um eine gemeinsame Basis für die Untersuchung des Aufhärtungseffekts des Hydroxylapatit-Referenzsystems zu gewinnen, wurde über die entsprechend groß dimensionierte Aluminiumtreppe in Luft (2 bis 40 mm Schichtdicke) durch Schwärzungsvergleich die Gesamtabsorption (Vorfilterung von 3 bis 21 mm Aluminium, 85 mm Wasser + 16 mm Plexiglas des Wasserphantoms) in Aluminium-Äquivalenten gemessen (Abb. 6-37)

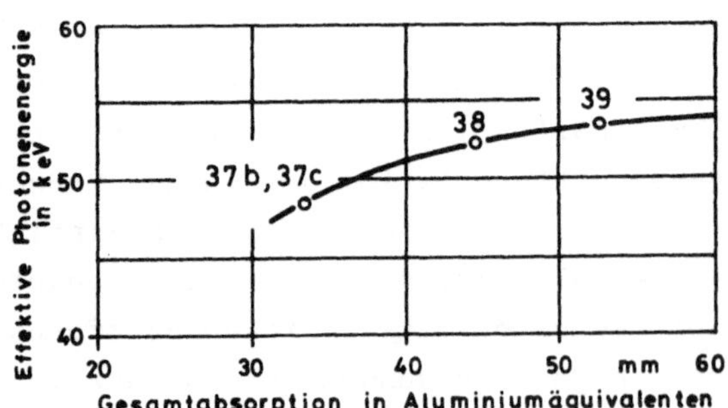

Abb. 6-37 Aufhärtung des Bremsstrahlenspektrums (charakterisiert durch die effektive Photonenenergie, Ordinate) durch eine aus Aluminium (3 bis 21 mm), Wasser (85 mm) und Plexiglas (16 mm) bestehende Gesamtabsorptionsstrecke (angegeben in Aluminiumäquivalenten, Abszisse). Die Ziffern an den Meßpunkten der Kurve entsprechen den Röntgenfilm-Nummern der Tab. 7-1. Versuchsbedingungen: 90 kV Röhrenspannung; Röntgengerät und Aufnahmebedingungen wie Abb. 5-1

Abb. 6-37 zeigt eine mit zunehmender Gesamtabsorptionsstrecke wachsende
Strahlenhärte, charakterisiert durch die effektive Photonenenergie.
Diese ergibt eine Kennlinie, die nur für das benutzte Röntgengerät
Gültigkeit besitzt. Aus der Kurve ist ablesbar, daß selbst nach einer
Absorptionsstrecke von über 5 cm Aluminiumsäquivalenten, die wegen zu
geringer Strahlenintensität bereits relativ lange Belichtungszeiten
erfordert, noch eine Aufhärtung des Bremsstrahlenspektrums stattfindet.
In den durch die vier Aufnahmebedingungen festgelegten Energiebereichen
wurde dann für das Hydroxylapatit-Referenzsystem für den Mineralgehalt
von $M_{30/260} = 260$ mg/cm^3, einer Treppenstärke von d = 30 mm (entsprechend
etwa Calcaneusmeßwerten) und die der jeweiligen Filmschwärzung von
$S_{30/260}$ entsprechende Gesamtabsorption in Aluminiumäquivalenten
Al_{aeq} (mm) gemessen. Die zugehörige Strahlenhärte wurde als E_{eff}
in Abb. 6-37 abgelesen. In diesen vier Punkten bzw. Energiebereichen
wurden anhand des Kurvenverlaufs in Abb. 6-37 graphisch ΔE_{eff}/mm Al_{aeq}
durch Tangentenbildung bestimmt.
Dabei ergibt sich für die Röntgenfilm-Nummern 37b, c/38a/39 in Abb.
6-37 eine Gesamtabsorption in Aluminiumäquivalent von 33,3/44,5/
54,8 mm, wobei die Absorption durch das Wassergefäß mit Referenztreppe
einem Aluminiumäquivalent von 30,3/32,5/33,8 mm entspricht, bei einer
wirksamen Strahlenhärte von 48/52,4/53,5 keV. Unter diesen Bedingungen
bewirkt eine Änderung der Gesamtabsorptionsschicht in Aluminiumäquivalent von ± 1 mm eine Änderung der wirksamen Strahlenhärte von
0,5/0,2/0,1 keV. Diese Abweichungen sind eine der Ursachen für die
Nicht-Linearität der Schwächungskurve, siehe Abb. 3-6, 5-9 und 6-39.
Sie zeigen, auf welche Weise Gültigkeitsbereiche bzw. Fehlergrenzen
für die Anwendung der Schwächungsgleichung auf das Bremsstrahlenspektrum festgelegt werden können.

6.7 Ablesefehler bei nichtlinearen Kennlinien

6.7.1 Ideale und reale Kennlinie

Das Meßverfahren der Densitometrie besteht aus einer Meßwandlerkette,
deren einzelne Glieder eigene Kennlinien haben. Die Gesamtkennlinie des
Meßverfahrens ist das Produkt dieser Kennlinien. In der Röntgendensitometrie ist die Kennlinie des Meßverfahrens nichtlinear und hat die
Form eines liegenden S. Diese Kurve hat auf Grund ihres Verlaufes einen
Wendepunkt. Im Bereich des Wendepunktes ist sie über eine größere
Strecke, je nachdem welche Abweichung noch zugelassen wird, weitgehend
als Gerade anzusehen, d. h. der Zusammenhang zwischen Ordinaten- und
Abszissenwert ist innerhalb eines vorgegebenen Fehlers in diesem Be-
reich linear. Auf anderen Teilen der Kennlinie ist der lineare Bereich
innerhalb eines vorgegebenen Fehlers erheblich kleiner.

In Abb. 6-38 a ist die Schwärzung S des Röntgenfilmes in Abhängigkeit
von der Schichtdicke d des zu untersuchenden Objektes aufgetragen.
Ebenso kann statt der Schichtdicke d auch der Mineralgehalt M eines
spongiösen Knochens bei konstantem Knochendurchmesser aufgetragen sein.
Um den größtmöglichen linearen Teil der Kurve auszunutzen, ist durch
den Wendepunkt eine Gerade gezeichnet worden. Das Zusammenfallen über
einen großen Bereich gibt den linearen Teil an.

Wird nun über ein Röntgenbild und damit über diese Kurve für eine bestimmte Schwärzung S die dazugehörige Schichtdicke d oder der Mineralgehalt M bestimmt, so weicht der abgelesene Wert von dem angenommenen
linearen Zusammenhang umso mehr ab, je weiter sich die Stelle auf der
Kurve von dem Wendepunkt entfernt. Der dabei entstehende Fehler ist
ein systematischer Fehler mit festem Vorzeichen und einem von dem Ort
auf der Kurve abhängigen festen Betrag. Entweder wird nur innerhalb
eines engen Bereiches, in welchem der Fehler unterhalb eines vorgegebenen Betrages bleibt, gemessen, oder es muß, wird der nichtlineare
Teil der Kurve mit in die Messung einbezogen, eine Korrekturtafel für
die verschiedenen in Frage kommenden Schwärzungswerte angefertigt werden, aus der die Fehler für jede Messung entnommen werden können, um
den Meßwert zu korrigieren.

6.7.2 Ablesefehler und Empfindlichkeit

Ganz andere Verhältnisse als eben beschrieben liegen vor, wenn die
reale Kennlinie als gegeben vorliegt und über die Schwärzung S des
Filmes an der Meßstelle die Schichtdicke d des (die Röntgenstrahlung
absorbierenden) Meßgegenstandes bzw. dessen Mineralgehalt M mit Hilfe
der aus dem Röntgenbild gewonnenen Kennlinie bestimmt werden soll.

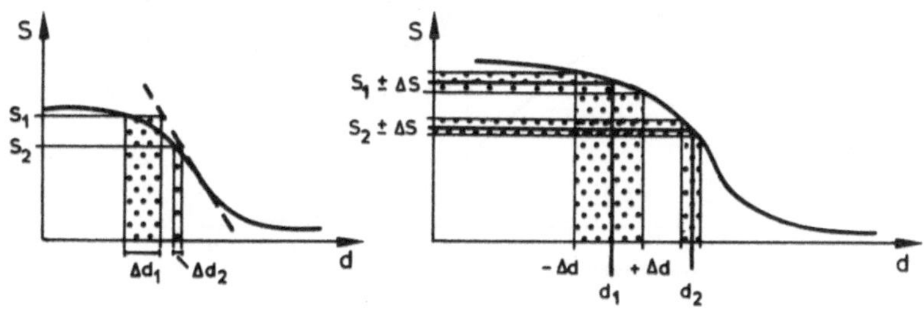

Abb. 6-38 a) Bei der Bestimmung der Schichtdicke (oder Mineralgehalt)
               aus der Filmschwärzung entstehender Fehler, wenn die rea-
               le Kennlinie von der idealen (hier eine Grade) abweicht

         b) Ein Fehler bei der densitometrischen Bestimmung der
               Schwärzung ruft je nach Steigung der Kennlinie einen
               unterschiedlichen Fehler bei der Ermittlung der Schicht-
               dicke hervor

Die Ablesung der Schwärzung S ist mit einem Fehler ΔS behaftet. Die
Kennlinie ist auch nicht fehlerfrei, sondern hat eine Fehlerbreite, die
durch die Strichstärke der gezeichneten Kurve charakterisiert werden
kann. Beide Fehler, Ungenauigkeit in der Ablesung der Schwärzung und
Ungenauigkeit der Kennlinie, ergeben einen Gesamtfehler, der bei der
Ablesung der Schichtdicke d aus dem Diagramm einen Fehler in der
Schichtdicke Δd zur Folge hat. Dieser ist stark abhängig von der Steigung der Kurve. Im steilsten Teil, im Wendepunkt, hat Δd bei konstantem Fehler ΔS der Schwärzung, den kleinsten Wert. Bei sehr großen und
sehr kleinen Werten der Schwärzung, das sind die Bereiche, in denen
die Kurve die kleinste Steigung aufweist, ist der Fehler Δd am größten,
s. Abb. 6-38 b. Er hat im Bereich der größten Steigung ein Minimum und
nimmt am Rande des Ablesebereiches sehr große Werte an.

Im gesamten Bereich sind Ablesungen möglich. Soll der Ablesefehler aber
eine vereinbarte Fehlergrenze nicht überschreiten, so trifft dieses

nur für einen Teil des Ablese- oder Anzeigebereiches zu.

In Abb. 6-39 ist der Ablesefehler für einen konkreten gemessenen Fall
dargestellt. Die gemessene Schwärzung der Röntgenaufnahme einer Alu-

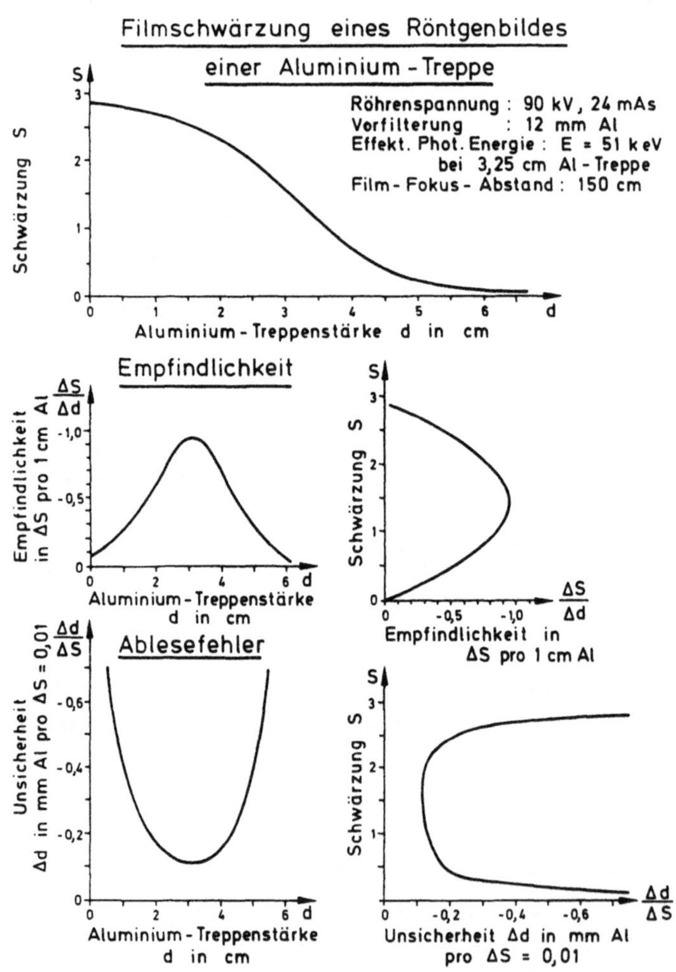

Abb. 6-39 Die gemessene Filmschwärzung in Abhängigkeit von der im
           Strahlengang befindlichen Aluminiumschichtdicke ermöglicht
           es, für diese Aufnahmebedingungen die Empfindlichkeit und
           den Ablesefehler bezogen auf Aluminium quantitativ anzuge-
           ben

miniumtreppe ist in Abb. 6-39 in Abhängigkeit von der Treppenstärke
aufgetragen. Der Ablesefehler Δd für einen vorgegebenen Fehler im

Schwärzungswert $\Delta S = 0.01$ ist in Abhängigkeit von der Treppenstärke
des Aluminiums und in einer weiteren graphischen Darstellung in Abhängigkeit von der Schwärzung S aufgetragen. Auffallend ist der doch
recht große Bereich minimalen Fehlers im Schwärzungsbereich von 0.7
bis 2.2 und für diesen speziellen Fall dementsprechend $d = 2$ bis 4 cm
Aluminiumtreppenstärke. Dieser Bereich wäre als der Meßbereich anzusehen, während der gesamte Bereich der Anzeigebereich ist. Bemerkenswert in diesem Zusammenhang ist die Tatsache, daß nach allgemeiner
Ansicht [210] die mittlere Schwärzung einer gut belichteten Röntgenaufnahme im bildwichtigen Gebiet zwischen $S = 0.8$ und 0.9 liegt. Der
Grund liegt in den physiologischen Bedingungen des Auges bei der
Schaukastenbetrachtung des Röntgenbildes.

Die Abhängigkeit des Ablesefehlers von der Lage auf der Kennlinie
hat ihre Ursache in der Empfindlichkeit, die die Steigung der Kennlinie in den einzelnen Punkten angibt. Wie schon darauf hingewiesen,
gibt es in der Röntgendensitometrie für die Empfindlichkeit mehrere
Definitionen:

Definition 1: Empfindlichkeit ist diejenige Energie in Joule/cm^2
oder Lux·sec, die eine bestimmte Schwärzung hervor-
bringt (DIN 4512).

Definition 2: Empfindlichkeit eines Meßgerätes ist das Verhältnis
einer an dem Meßgerät beobachteten Änderung seiner
Anzeige (Wirkung) zu der sie verursachenden Änderung
(Ursache) der Meßgröße (DIN 1319).

Für den Film wird statt der Definition 2 eine andere Definition verwendet, die ähnlich aussieht aber nicht identisch ist, da sie nicht
das Verhältnis Wirkung zur Ursache zur Grundlage hat, sondern den Kontrast. Der Kontrast K ist der Leuchtdichteunterschied $B_1 - B_2$ zweier
Felder, bezogen auf die Lichtdichte eines der beiden Felder: $K = (B_1 -
B_2)/B_1$. Der Ablesefehler ist bis auf einen Faktor der reziproke Wert
der Empfindlichkeit nach Definition 2, wobei die Empfindlichkeit auch
wie folgt definiert werden kann: Die Änderung der Ursache um einen hinreichend kleinen Betrag ruft eine entsprechende Änderung der Wirkung
hervor, die um so größer ist, je größer die Empfindlichkeit der Meßanlage ist.

Die Empfindlichkeit Empf_{ges}, die sich in Abb. 6-39 aus der Schwärzung
S der Röntgenaufnahme in Abhängigkeit von der Stärke d der Aluminium-

treppe ergibt, ist das Produkt der Empfindlichkeiten $Empf_i$ der einzelnen Glieder der Meßwandlerkette. Für diese ergeben sich folgende Ein-
zel-Empfindlichkeiten: Je weicher die Röntgenstrahlung, um so größer
ist der Schwächungskoeffizient. Daraus ergibt sich die Empfindlichkeit
des ersten Gliedes zu:

$$Empf_1 = \frac{\Delta \mu d}{\Delta d} = \mu \ .$$

Die Strahlenmenge der Röntgenstrahlung wird begrenzt durch Wahl der
mAs. Die Empfindlichkeit aus diesem Vorgang beträgt

$$Empf_2 = \frac{\Delta \ \lg \ (I \cdot t)}{\Delta \mu d} \ .$$

Die Wahl der mAs bedeutet die Festlegung von I_o und t. Diese beiden
Größen haben auf die Empfindlichkeit keinen Einfluß, da sie additiv
auftreten und sich bei Differenzbildung wegheben. Die Röntgenstrahlung
wird mit Hilfe der Verstärkerfolie über Röntgenlumineszenz in sichtbares Licht umgewandelt. Die Empfindlichkeit der Verstärkerfolie beträgt:

$$Empf_3 = \frac{\Delta \ \lg \ (E \cdot t)}{\Delta \ \lg \ (I \cdot t)} \ .$$

Das Licht der Verstärkerfolie belichtet den Röntgenfilm, dessen Empfindlichkeit sich ergibt zu:

$$Empf_4 = \frac{\Delta S}{\Delta \ \lg \ (E \cdot t)} \ .$$

Die Gesamtempfindlichkeit der Abb. 6-39 wird aus dem Produkt der Einzel-
empfindlichkeiten erhalten:

$$Empf_{ges} = Empf_1 \cdot Empf_2 \cdot Empf_3 \cdot Empf_4 = \frac{\Delta S}{\Delta d} \ .$$

Die Empfindlichkeit kann, wie in Abb. 6-39 wiedergegeben, in Abhängigkeit von der Dicke d der Aluminiumschicht oder der Schwärzung S des
Röntgenfilmes aufgetragen werden. Der Sinn der verschiedenen Darstellungen ist, daß, ja nachdem wovon ausgegangen werden soll, Film oder
Meßgegenstand, für jedes Problem eine Empfindlichkeit graphisch dargestellt werden kann.

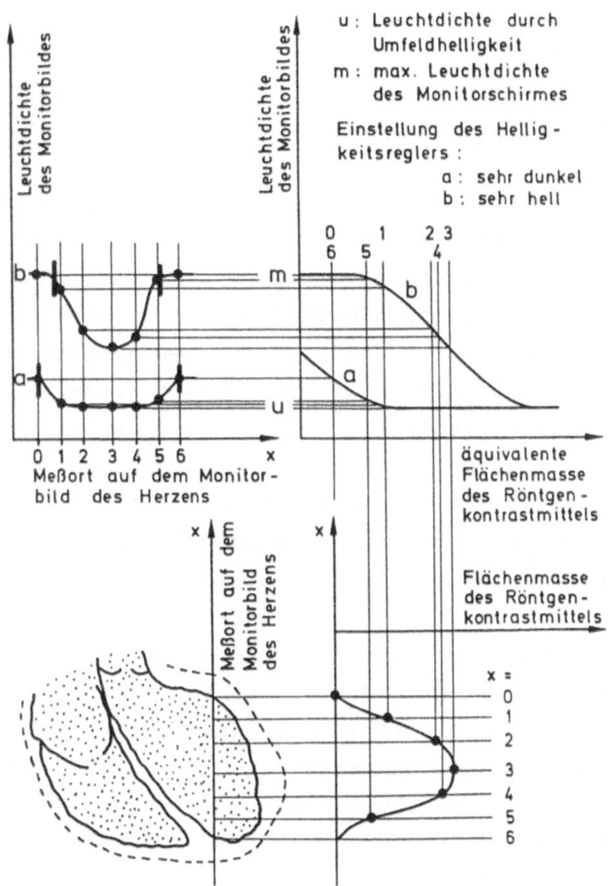

Abb. 6-40   Der Arbeitspunkt auf der Kennlinie und damit die Steigung
der Kennlinie in diesem Punkt bestimmt den Fehler in der
Meßortbestimmung. Der auszuwertende Teil des Bildes sollte
in dem steilsten Bereich der Kennlinie liegen

6.7.3   Arbeitspunkt auf der Kennlinie

Die Kennlinie gibt Auskunft, wie die Kurvenform von Signalen auf der
Anzeigenseite dargestellt wird. Diese graphische Darstellungsart wird
in der Elektronik seit langem angewendet, um z. B. bei Verstärkern im

Tonfrequenzbereich eine verzerrungsfreie Verstärkung einzustellen,
indem der Arbeitspunkt auf den Kennlinien der einzelnen Verstärker
optimal gewählt wird. Das gleiche gilt auch für die Aussteuerung der
Kennlinie entsprechend dem Meßbereich bei der DIN-Definition.

Eine quantitative Auswertung von Röntgenbildern macht keine Schwierigkeiten, wenn alle interessierenden Strukturen im geradlinigen Teil
der Kennlinie (hier Schwärzungskurve) liegen. Da die Schwärzungskurve
nur in einem begrenzten Bereich nahezu linear ist, wird ein großer Teil
der interessierenden Strukturen nichtlinear wiedergegeben. Wenn dann
nichtinteressierende Teile des Bildes im Bereich großer Empfindlichkeit liegen und der interessierende Teil im Bereich geringer Empfindlichkeit, dann kann es leicht zu Fehlbeurteilungen in der Auswertung
kommen. In der Abb. 6-40 ist dieses an einer mit Röntgenkontrastmittel gefüllten Herzkammer schematisch dargestellt worden. Das Röntgenbild (hier ein Monitorbild) des Herzens gibt ein Aufbild des Herzens
wieder. Längs einer Linie x soll durch die Flächenmasse des Röntgenkontrastmittels die Begrenzung des Herzvolumens bestimmt werden. Über
die Linie c hat die Flächenmasse des Röntgenkontrastmittels eine in
der Abb. 6-40 wiedergegebene Verteilung, entsprechend der Flächenmasse in der Herzkammer und der Geometrie des Herzens. Über die Kennlinie
läßt sich die Intensitätsverteilung als Maß für die Flächenmasse des
Röntgenkontrastmittels auf dem Monitorschirm wiedergeben. Die Monitor-
wiedergabe eignet sich zur Demonstration der verschiedenen Einflüsse
der Kennlinie auf die Wiedergabe des Signals besonders gut, da die
Kennlinie durch Regler hin- und herverschoben werden kann (Hellig-
keitsregler) und damit der interessierende Teil des Bildes auf verschiedenen Teilen der Kennlinie zu liegen kommen kann. Wenn die Lage
der Herzwand beurteilt werden soll, so muß dieser Teil auf dem Teil
der Kennlinie liegen, der die größte Empfindlichkeit hat (Kurve a).
Liegt er dagegen im waagerechten Teil der Kennlinie (Darstellung b),
so kann die geometrische Lage nicht beurteilt werden. Diese meßtechnische Betrachtung hat nichts mit dem ästhetischen Wert des Bildes
zu tun. Ein meßtechnisch sehr gutes Bild kann subjektiv als sehr schlecht
empfunden werden.

6.8 Auswirkungen von Meßgrenzen

6.8.1 Filmschwärzung

Bei der Röntgendensitometrie setzt sich der Fehler aus mehreren Einzelfehlern zusammen. Röntgenstrahlung, Verstärkerfolie und Röntgenfilm tragen ihren Teil zum Gesamtrauschen der Röntgenaufnahme in Form von Schwankungen der Schwärzung bei [117]. Das Meßobjekt liefert noch zusätzlich einen eigenen Anteil zum Rauschen durch ungleichmäßig erscheinende Verteilung der Weichteilkomponenten wie Muskel- und Fettgewebe, deren Strukturen auf der Röntgenaufnahme für die quantitative Messung ohne Interesse, daher störend sind und durch ein Wasserbad nicht ausgeglichen werden können. Durch ein Wasserbad kann nur die äußere Form auf dem Röntgenbild weitgehend aufgehoben werden. Alle diese Unregelmäßigkeiten führen auf der Röntgenaufnahme zu einer Schwankung ΔS der Schwärzung, die der zu messenden Schwärzung S überlagert ist. Es hat daher keinen Sinn, durch das Densitometer kleinere Schwärzungsintervalle als die der Schwankung ΔS aufzulösen.

Am Beispiel der Mineralgehaltsbestimmung des Knochens soll aufgezeigt werden, mit welchen Fehlern zu rechnen ist, wenn das kleinste aufzulösende Schwärzungsintervall vorgegeben ist. Bei gleicher Knochendicke d und gleicher Strahlenhärte besteht zwischen einer Änderung ΔS der Schwärzung der Röntgenaufnahme folgender Zusammenhang:

$$\Delta S = -\gamma \; (\mu_K - \mu_W) \; \frac{d}{\rho_K} \; \lg e \; \Delta M \; .$$

Ein Auflösen der Gleichung nach ΔM ergibt:

$$\Delta M = - \; \frac{\rho_K \; \Delta S}{d\gamma (\mu_K - \mu_W) \; \lg e} \; .$$

Bei vorgegebenem kleinsten meßbaren Schwärzungsintervall ΔS als Fehler der Schwärzungsmessung wird der Fehler ΔM bei der Mineralgehaltsbestimmung umso kleiner, je größer der Knochendurchmesser d, je größer der Gradient γ des Röntgenfilmes und je weicher die Röntgenstrahlung und damit je größer der Schwächungskoeffizient ist. Gradient und Schwächungskoeffizient kommen in dieser Gleichung als Produkt vor. Damit hat man die Möglichkeit, härtere Strahlung und damit einen kleineren Schwächungskoeffizienten durch einen härteren Film mit einem größeren γ auszugleichen.

Für die zahlenmäßige Angabe des Fehlers werden folgende Werte verwendet:

$$\rho_K = 3 \text{ g/cm}^3 \qquad \lg e = 0.4343$$

$$d = 3 \text{ cm} \qquad \Delta S = \pm 0.01$$

$$\mu_K - \mu_W = 0.489 \text{ cm}^{-1} \text{ für } E_{eff} = 40 \text{ keV}.$$

Mit diesen Werten ergibt sich für $\gamma = 2$ ein Fehler des Mineralgehaltes:

$$\Delta M = \pm 24 \text{ mg/cm}^3 .$$

Wird $\gamma = e$ in die Gleichung eingesetzt, wird der Fehler entsprechend
kleiner

$$\Delta M = \pm 16 \text{ mg/cm}^3 .$$

Die Schwankung ΔS in der Schwärzung ist die Summe aller Fehler, die in
der Röntgenaufnahme festgehalten werden. Der daraus resultierende
Fehler bei der Mineralgehaltsbestimmung ist ein absoluter Fehler. Bei
einem Mineralgehalt von $M = 260 \text{ mg/cm}^3$ beträgt bei $\Delta M = \pm 16 \text{ mg/cm}^3$
der prozentuale Fehler 6 %, bei $M = 160 \text{ mg/cm}^3$ schon 10 % usw. Der
prozentuale Fehler wird umso größer je geringer der Mineralgehalt ist.
Deshalb sind prozentuale Fehlerangaben hier nicht sinnvoll.

6.8.2 Densitometerspannung

Die Schwärzung der Röntgenaufnahme wird mit Hilfe eines Densitometers
gemessen. Hierbei wird das durch die Schwärzung der Röntgenaufnahme
geschwächte Licht einer Konstant-Lichtquelle durch einen Photoempfänger registriert und in Form eines elektrischen Spannungswertes zur
Anzeige gebracht. Helligkeitsschwankungen und nicht vollständige Sta-
bilität der Konstantlichtquelle führen bei der Spannungsanzeige des
Densitometers zu Fehlern des Meßwertes. Rauschen und Schwankungen bei
der Meßwertverarbeitung im elektronischen Teil des Densitometers einschließlich Photoempfänger führen zusätzlich zu Fehlern in der Anzeige.
Diese Fehler sind unabhängig von den Fehlern, die auf der Röntgenauf-

nahme durch Schwankungen in der Schwärzung in Erscheinung treten,
und getrennt zu betrachten.

Bei dem in dieser Arbeit beschriebenen Meßverfahren war die Schwankung kleiner als

$$\Delta U = 0.01 \text{ Volt } .$$

Interessant ist nun ein Vergleich, welche Spannungsänderung eine
Schwärzungsänderung $\Delta S = 0.01$ hervorruft. Geht man von der Gleichung

$$\Delta U = - \frac{1}{4} U_o \, r \, \ln 10 \, \Delta S$$

aus und setzt folgende Werte ein:

$$U_o = 9 \text{ V} \qquad \ln 10 = 2.3$$

$$r = 0.7 \qquad \Delta S = 0.01$$

so erhält man:

$$\Delta U = 0.036 \text{ Volt } .$$

Der Fehler aus der Röntgenaufnahme mit $\Delta S = 0.01$ ergibt auf dem Densitometer einen Fehler von $\Delta U = 0.036$ Volt und ist damit 3.6 mal größer
als der Fehler durch das Densitometer selbst mit $\Delta U = 0.01$ Volt. Die
Auflösung des Densitometers genügt somit den Meßanforderungen. Für die
Empfindlichkeit des Densitometers ergibt sich:

$$\frac{\Delta U}{\Delta S} = - \frac{1}{4} U_o \, r \, \ln 10 = - 3.6 \, \frac{\text{Volt}}{\text{Schwärzung}} \quad .$$

Entsprechend erhält man für die Empfindlichkeit der Röntgenaufnahme
bezogen auf den Mineralgehalt, wobei $\gamma = 3$ gewählt wurde:

$$\frac{\Delta S}{\Delta M} = - \frac{d_K}{\rho_K} \, (\mu_K - \mu_W) \, \lg e = 0.64 \, \frac{\text{Schwärzung}}{\text{g/cm}^3} \quad .$$

Die Empfindlichkeit der gesamten Meßanordnung ergibt sich zu:

$$\frac{\Delta U}{\Delta M} = \frac{1}{4}\, U_O\; r\; \gamma\; (\mu_K - \mu_W)\; \frac{d_K}{\rho_K} = \frac{\Delta U}{\Delta S} \cdot \frac{\Delta S}{\Delta M} = 2.3\; \frac{\text{Volt}}{\text{g/cm}^3} = 0.0023\; \frac{\text{Volt}}{\text{mg/mc}^3}\;.$$

Dann ist der Fehler der Anlage für die Gradation $\gamma = 3$:

$$\Delta M = \frac{4\,\rho_K\,\Delta U}{U_O\; r\; \gamma\,(\mu_K - \mu_W)\; d_K} = 0.435\; \frac{\text{g/cm}^3}{\text{Volt}} \cdot \Delta U\;.$$

Für $\Delta U = 0.036$ V wird $\Delta M = 16$ mg/cm^3

$\Delta U = 0.01$ V $\Delta M = 4$ mg/cm^3.

Der Fehler wird umso größer je kleiner der γ-Wert ist.

6.8.3 Strahlenmenge "mAs"

In einigen Fällen können aus Platzgründen Meßobjekt und Referenzsystem
nicht auf einer Röntgenaufnahme untergebracht werden. Es bleibt dann
nichts anderes übrig als zwei Röntgenaufnahmen zum einen nur mit dem
Meßobjekt und zum anderen nur mit dem Referenzsystem unter sonst iden-
tischen Bedingungen aufzunehmen. Dieses Verfahren hat auch den Vorteil, daß das Referenzsystem an derselben Stelle in der Röntgenaufnahme angeordnet werden kann wie das Meßobjekt, so daß Fehler bedingt
durch die Geometrie des Strahlenganges gar nicht erst auftreten. Auch
bei der Herstellung von Cinefilmen bei Angiographieaufnahmen wird dieses Verfahren manchmal angewendet. Es ist ein Substitutionsverfahren,
das Meßobjekt wird durch einen Körper mit bekannter Zusammensetzung
ersetzt, also substituiert. Bei Schwärzungsgleichheit wird angenommen,
daß die angegebenen Werte des Referenzsystems auf die des Meßobjektes
zutreffen.

So einfach dieses Meßverfahren ist, so hat es doch auch mehrere Fehlerquellen. Eine Fehlerquelle hat ihre Ursache darin, daß trotz gleicher mAs die Röntgenstrahlenmengen doch geringfügig auf Grund appara-
tebedingter Schwanken voneinander abweichen.

Damit weicht der aus der Auswertung erhaltene Mineralgehalt entsprechend von dem wahren Wert ab.

Für die folgende Berechnung wird für die erste Aufnahme der Index 1 und für die zweite der Index 2 verwendet. Damit ist bei Schwärzungsgleichheit:

$$(It)_1 = (It)_2$$

aber wegen der geringfügig unterschiedlichem "mAs":

$$(I_o t)_1 \neq (I_o t)_2$$

mit

$$I = I_o \, e^{-f(\mu_i, M_j, d_K)}$$

und

$$I_o = \frac{K \; i \; Z \; U_R^a}{l^2}$$

s. Kap. 3.2.1. Logarithmieren der Schwächungsgleichung ergibt für diese Meßanordnung:

$$\lg (It)_i = \lg (I_o t)_i - (\mu_K - \mu_W) \frac{d_K M_i}{\rho_K} \lg e - const .$$

Werden die beiden Gleichungen, die den beiden Röntgenaufnahmen entsprechen, subtrahiert, so fällt $\lg (It)_i$ wegen der vorausgesetzten Schwärzungsgleichheit fort.

$$2. \text{ Film} \quad \lg (It)_2 = \lg (I_o t)_2 - (\mu_K - \mu_W) \frac{d_K M_2}{\rho_K} \lg e - const$$

$$(-)1. \text{ Film} \quad \underline{\lg (It)_1 = \lg (I_o t)_1 - (\mu_K - \mu_W) \, d_K M_1 / \rho_K \, \lg e - const}$$
$$0 = \Delta \lg (I_o t) - (\mu_K - \mu_W) \, d_K \Delta M / \rho_K \, \lg e$$

In der Differenz $\Delta \lg (I_o t)$ fallen die konstanten Summanden heraus und es bleibt:

$$\Delta \lg (I_o t) = \Delta \lg (it) = \lg \frac{(it)_2}{(it)_1} .$$

Geht man bei diesem Rechenbeispiel davon aus, daß bei der 2. Aufnahme die "mAs" etwas größer ausgefallen ist als bei der 1. Aufnahme, so kann man setzen:

$$(it)_2 = (it)_1 + \Delta\ (it)\ .$$

Damit wird:

$$\Delta\ \lg\ (it) = \lg\ \frac{(it)_1 + \Delta(it)}{(it)_1} = \lg\ \left(1 + \frac{\Delta\ (it)}{it} \right)\ .$$

Eingesetzt in die Gleichung ergibt:

$$\Delta\ \lg\ (I_o t) = \lg\ \left(1 + \frac{\Delta\ (it)}{it} \right) = (\mu_K - \mu_W)\ \frac{d_K \Delta M}{\rho_K}\ \lg\ e$$

$$\Delta M = \frac{\rho_K\ \lg\ (1 + \Delta(it)/it)}{d_K\ (\mu_K - \mu_W)\ \lg\ e}\ .$$

Es werden folgende Werte eingesetzt:

$$\rho_K = 3\ g/cm^3 \qquad\qquad \frac{\Delta\ it}{it} = 0.01\ \text{entsprechend 1 \%}$$

$$d\ = 3\ cm$$

$$\lg\ e = 0.4343 \qquad\qquad \lg\ (1 + 0.01) = 0.00432$$

$$\mu_K - \mu_W = 0.489\ cm^{-1}\quad \text{für}\quad E_{eff} = 40\ keV\ .$$

Für diese Werte und eine Abweichung der "mAs" um 1 % ergibt sich für den Mineralgehalt ein Fehler von:

$$\Delta M = 20\ mg/cm^3\ .$$

Das entspricht einem Schwärzungsunterschied von $\Delta S = 0.015$ für $\gamma = 3$. Hier handelt es sich ebenfalls um einen absoluten Fehler, der aber bezüglich der beiden Röntgenaufnahmen als systematischer Fehler anzusehen ist, da er erfaßbar und angebbar ist. Wird bei den beiden Röntgenaufnahmen ein zweites nur für die Erfassung geringerer Schwärzungsunterschiede konstruiertes Referenzsystem jedesmal an derselben Stelle aufgenommen, so können Schwärzungsunterschiede durch geringfügig unterschiedliche Belichtung erfaßt werden und bei der Auswertung der Messung berücksichtigt werden.

6.9 Messungen im Zeitbereich

6.9.1 Zeitliche Auflösung

Bei der Untersuchung zeitlich veränderlicher Größen wird in konstanten Zeitintervallen das Geschehen festgehalten. Durch Auswertung der Meßserie wird die zeitliche Veränderung der zu messenden Größe einer quantitativen Untersuchung zugänglich. Ganz gleich, ob die Zeit zwischen zwei Ereignissen, die Geschwindigkeit oder die Änderung der Geschwindigkeit von Vorgängen gemessen wird und ob es sich um Zeiträume von Jahren, wie zum Beispiel bei der Änderung des Mineralgehaltes bei Langzeittherapie, oder im Sekundenbereich, wie zum Beispiel bei der Messung der Blutströmung, handelt, bei der Registrierung von Meßserien in Form von Einzelmessungen oder von Bildserien wie bei der Cine- oder Videoregistrierung, ist die Ursache und die Grundlage des Fehlers dieselbe. Die zeitliche Serie von Messungen ist die Grundlage, die Zeit zwischen zwei Ereignissen zu bestimmen. Diese Zeit kann das Endergebnis der Messung sein, oder der Ausgangswert zur Bestimmung der Geschwindigkeit oder die Änderung der Geschwindigkeit. Im Gegensatz zur kontinuierlichen Registrierung ist man bei der Registrierung in zeitlich konstanten Abständen nicht in der Lage anzugeben, wann das Ereignis in dem Zeitintervall zwischen zwei Registrierungen stattgefunden hat. Diese Unsicherheit bestimmt den Fehler bei Messungen im Zeitbereich [226].

Die Entstehung der Fehler bei Zeitmessungen in der Video- oder Cinedensitometrie wird in Abb. 6-41 A bis D graphisch dargestellt. Kontinuierliche Kurven (Darstellung A) werden durch Registrierung in zeitlich konstanten Abständen (Darstellung B) in Treppenform (Darstellung C) wiedergegeben. Das Ende der jeweiligen Registrierung ist in Darstellung B durch einen senkrechten Strich gekennzeichnet. Nach einer Pause setzt die nächste Aufnahme oder Speicherung des momentanen Bildes ein, die nach einer vorgegebenen Zeit abgeschlossen ist. In diesem Zeitintervall zwischen dem Ende des vorherigen und dem Ende der momentanen Aufnahme können die zeitlich nacheinander ablaufenden Ereignisse a, b und c der Darstellung A zeitlich nicht unterschieden werden und erscheinen in der Darstellung C als eine Treppenstufe. Der Fehler beträgt somit 1 Bild oder ± 1/2 Bild.

Zeitbestimmungen in der Densitometrie sind Zeitintervalle zwischen zwei Ereignissen. Für beide Ereignisse getrennt trifft die eben durchgeführte Überlegung bezüglich des Fehlers zu, wie in der Darstellung D im einzelnen dargestellt ist. Somit beträgt der maximale Fehler für eine densitometrisch gemessene Zeit 2 Bilder oder ± 1 Bild. Die densitometrisch gemessene Zeit ergibt sich aus der Anzahl der in dem Zeitintervall abgelaufenen Bilder dividiert durch die Bildfrequenz. Der Fehler der densitometrisch gemessenen Zeit beträgt ± 1 Bild dividiert durch die Bildfrequenz.

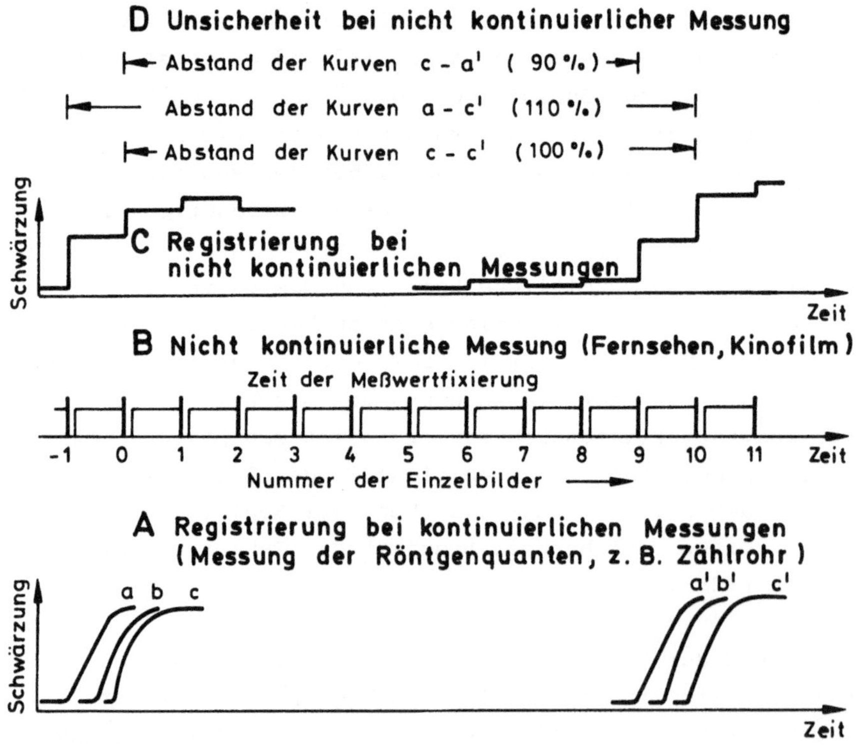

Abb. 6-41 Zeitliche Auflösung zeitlich kontinuierlich veränderlicher Größen A durch Meßwertaufnahme in konstanten Zeitintervallen B. C: Wiedergabe der Messung nach B. D: Ursache des möglichen Fehlers und Ausgaben des maximal möglichen Fehlers

Bei der Planung von densitometrischen Zeitbestimmungen kann die Ereigniszeit oft vorher dadurch abgeschätzt werden, daß die Meßstrecke und die

Strömungsgeschwindigkeit des Blutes ungefähr bekannt sind. Die Ereigniszeit ergibt sich aus dem Betrag der Meßstrecke dividiert durch den
Betrag der Strömungsgeschwindigkeit. Bei den arteriellen Blutgefäßen
sind die Meßstrecken meist nicht größer als 6 cm, das ist der Bereich
bis zur nächsten Teilung oder bis zum nächsten Abgang eines anderen
Gefäßes. Wird eine Strömungsgeschwindigkeit des Blutes im Gefäß von
60 cm/sec angenommen, wie sie etwa an der Arteria carotis gegeben
ist, so erhält man eine Ereigniszeit von O.1 sec. Aus Abb. 6-42 ergibt sich bei einem zulässigen Meßfehler von ± 20 % eine notwendige
Bildfolgefrequenz von 50 Bildern/sec, bis 10 % eine von 100 B./sec
und bei 5 % eine von 200 B./sec. Ist die Meßstrecke kleiner, so ist
die Meßzeit kürzer und der Meßfehler wird bei vorgegebener Bildaufnahmefrequenz noch größer.

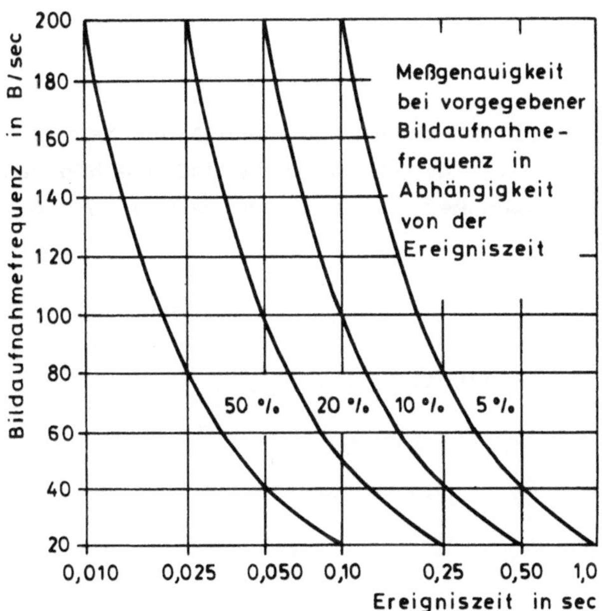

Abb. 6-42   Relative Fehler bei der Messung der Strömungsgeschwindig-
            keit

Bei der densitometrischen Auswertung sind die Meßstrecke, die Strömungsgeschwindigkeit, die Bildaufnahmefrequenz und der zulässige maximale Fehler vier Größen, die zueinander in Beziehung stehen. Der for-
melmäßige Zusammenhang ist leicht herzustellen, wenn für die verschiedenen Größen Abkürzungen eingeführt werden:

f = Anzahl der Bilder pro Sekunde = Bildfrequenz
n = Anzahl der Bilder zwischen zwei Ereignissen
± 1 B = maximal möglicher Fehler des Meßwertes n mit ± 1 Bild
t_n = verstrichene Zeit zwischen zwei Ereignissen
d = Abstand der Stellen auf dem Blutgefäß, an denen die beiden
     Ereignisse gemessen werden
v = Strömungsgeschwindigkeit.

Für die verstrichene Zeit zwischen zwei Ereignissen unter Berücksichtigung des maximal möglichen Fehlers erhält man:

$$t_n = \frac{n \pm 1\,B}{f} \; .$$

Damit ergibt sich für die Strömungsgeschwindigkeit:

$$v = \frac{d}{t_n} = \frac{fd}{n} \left(1 \pm \frac{1\,B}{n} \right)^{-1} \; .$$

Reihenentwicklung des Klammerausdruckes und Abbrechen nach dem linearen Glied der Reihe, weil das quadratische und die höheren Glieder der Reihe als klein gegenüber 1 angenommen werden, ergibt:

$$v = \frac{fd}{n} \left(1 \mp \frac{1\,B}{n} \right) \; .$$

Setzt man bei dem Fehleranteil:

$$n = \frac{fd}{v}$$

ein, so wird:

$$v = \frac{fd}{n} \left(1 \mp \frac{v}{fd}\,1\,B \right) \; .$$

Der relative Fehler F_r ergibt sich somit zu:

$$F_r = \mp \frac{1\,B}{n} = \mp \frac{v}{fd}\,1\,B \; .$$

Dieser Zusammenhang wird in Abb. 6-45 A graphisch dargestellt: der
relative Fehler F_r in Abhängigkeit von der Strömungsgeschwindigkeit v
für verschiedene Meßstrecken d bei vorgegebener Bildfrequenz f = 80 B/
sec. Wird die Gleichung für den relativen Fehler nach der Strömungsgeschwindigkeit aufgelöst, so erhält man:

$$v = F_r \ fd \cdot 1 \ B \ .$$

Wird die Strömungsgeschwindigkeit des Blutes in Abhängigkeit von der
Meßstrecke für verschiedene relative Fehler bei konstanter Bildfre-
quenz dargestellt, so ergibt sich Abb. 6-43. Wird aber bei konstantem
Fehler die Strömungsgeschwindigkeit in Abhängigkeit von der Meßstrecke
für verschiedene Bildfrequenzen wiedergegeben, so erhält man Abb. 6-44.
Berücksichtigt man, daß $n = t_n f$ ist, so wird der relative Fehler zu:

$$F_r = \mp \frac{1 \ B}{n} = \mp \frac{1 \ B}{t_n f} \ .$$

Somit läßt sich die Bildaufnahmefrequenz in Abhängigkeit von der Ereigniszeit entsprechend der Gleichung:

$$f = \frac{1 \ B}{t_n \ F_r}$$

für verschiedene vorgegebene Fehler darstellen. Für den relativen
Fehler ergeben sich folgende Darstellungsformen:

$$F_r = \mp \frac{1 \ B}{n} = \mp \frac{v}{fd} \ 1 \ B = \mp \frac{1 \ B}{t_n f} \ .$$

Wird der relative Fehler mit dem Wert der Geschwindigkeit multipliziert, so erhält man:

$$v = \frac{fd}{n} \mp \frac{v^2}{fd} \ 1 \ B$$

mit dem absoluten Fehler F_a:

$$F_a = \mp \frac{v^2}{fd} \ 1 \ B \ .$$

Der absolute Fehler hängt von dem Quadrat der Geschwindigkeit ab,
Abb. 6-45 B, bei vorgegebenen Meßstrecken und fester Bildfrequenz,

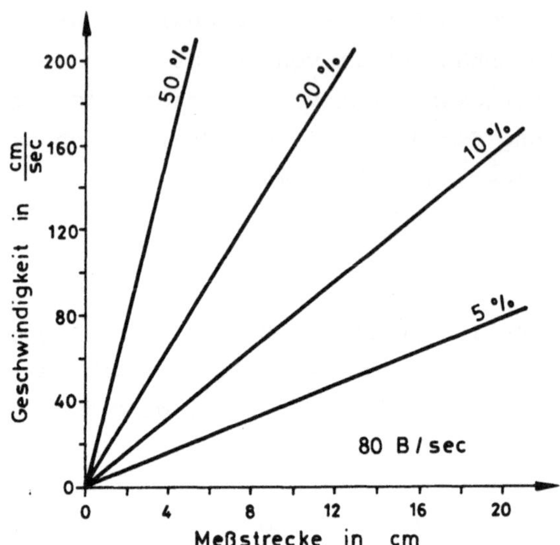

Abb. 6-43   Relativer Fehler bei vorgegebener Bildaufnahmefrequenz in
Abhängigkeit von der Geschwindigkeit und der Meßstrecke

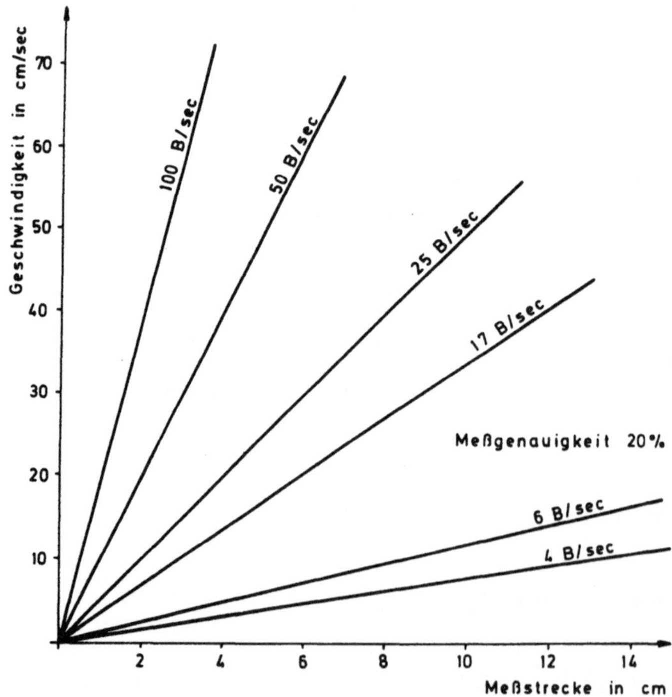

Abb. 6-44   Bei vorgegebenen relativen Fehlern notwendige Bildaufnahmefrequenz in Abhängigkeit von der Geschwindigkeit und der
Meßstrecke

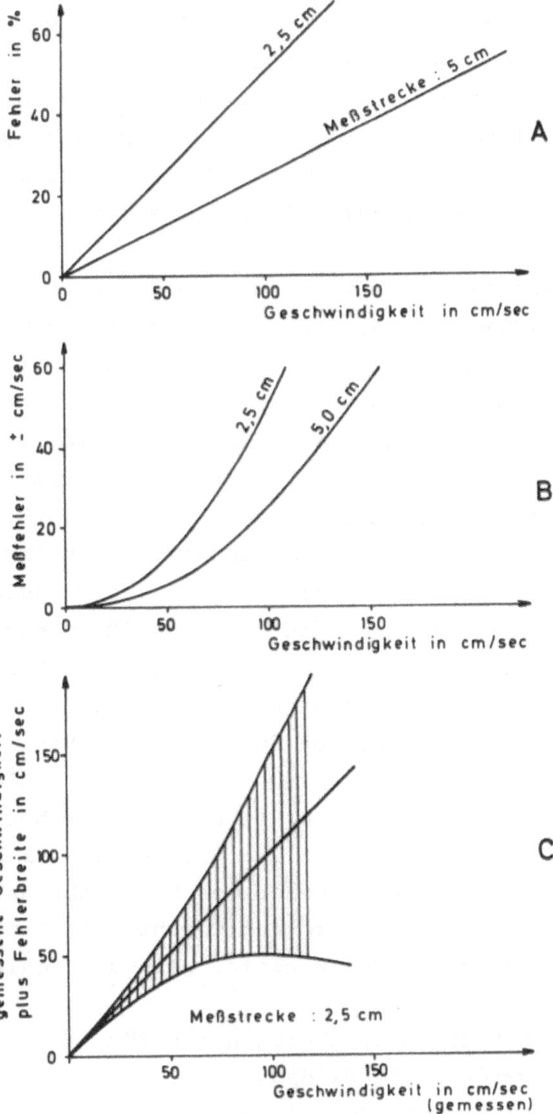

Abb. 6-45   Meßfehler der Strömungsgeschwindigkeit bei einer Bildauf-
nahmefrequenz von f = 80 B/sec. A: relativer Meßfehler;
B: absoluter Meßfehler und C: Fehlerbreite der gemessenen
Strömungsgeschwindigkeit

in diesem Falle f = 80 B/sec. Wird, wie in Abb. 6-45 C geschehen,
die richtige oder wahre Geschwindigkeit mit dem maximal möglichen
Fehler gegen die wahre Geschwindigkeit allein aufgetragen, bei vorgegebener Meßstrecke d = 2.5 cm und vorgegebener Bildfrequenz
f = 80 B/sec, so zeigt sich, daß bei diesen Meßvoraussetzungen höhere
Strömungsgeschwindigkeiten als 60 bis 70 cm/sec zu messen nicht
sinnvoll ist. Dieses sei an einem Beispiel erläutert:

Bei vielen Blutgefäßen können wegen der geringen Länge oder vielen
Verzweigungen Messungen nur an kurzen Abschnitten durchgeführt werden.
Dieses trifft in vollem Umfange für die Arteria renalis zu. Ein Teil
der Meßstrecke geht auch dadurch verloren, daß der Katheter ein
Stück in die A. renalis eingeführt werden muß. Die für die Messung
verbleibende Meßstrecke beträgt im Mittel ca. 2.5 cm. In Abb. 6-46
ist die Strömungsgeschwindigkeit in der A. renalis für die Kontrast-
mittelfront und für das Kontrastmittelmaximum nach der Anzahl der
Fälle für Geschwindigkeitsintervalle von 5 cm/sec aufgetragen [51].
Die gemessenen Geschwindigkeiten reichen von 10 cm/sec bis über
100 cm/sec. Bei einer angenommenen Meßstrecke von 2.5 cm errechnet
sich bei einer Strömungsgeschwindigkeit des Blutes von 10 cm/sec
und einer Bildaufnahmefrequenz von 80 B/sec ein Fehler von 5 %, bei
einer Geschwindigkeit von 100 cm/sec dagegen ein Fehler von 48 %.
Wird bei einer Geschwindigkeit von 100 cm/sec der höchstzulässige
Fehler mit 20 % vorgegeben, so muß die Bildaufnahmefrequenz mindestens 200 B/sec betragen. Der Fehler des Meßergebnisses hängt von
der Bildaufnahmefrequenz, der Strömungsgeschwindigkeit und der Meßstrecke ab. Werden diese Werte zu klein, wird der Fehler schnell groß.

Bisher wurden die Fehler im Zeitbereich nur für die Cinedensitometrie
beschrieben. Hier werden alle Bildpunkte zur gleichen Zeit zeitlich
festgelegt. Es gibt zwischen den einzelnen Bildpunkten des Röntgenbildes während der Bildfixierung keine zeitliche Verschiebung. Ganz anders sind die Verhältnisse bei der Videodensitometrie. Hier werden die
Bilder während der Bildaufnahme und während der Bildwiedergabe von
oben nach unten zeilenweise zeitverschoben geschrieben, so daß die
oberste Zeile 1/50 sec eher registriert wird als die unterste. Es
ist bei der Messung nicht unwichtig, ob das Ereignis von oben nach
unten läuft oder umgekehrt. Zwischen oben und unten können im möglichen Extremfall 1/50 sec liegen, das ist die Aufbauzeit eines Fern-
sehhalbbildes. Das bedeutet bei senkrecht verlaufenden Vorgängen einen

zusätzlichen Fehler von maximal ± 1/50 sec. Bei waagerecht verlaufenden Vorgängen tritt dieser Fehler nicht auf. Was an ein und demselben
Bildpunkt von Halbbild zu Halbbild an Ereignissen geschieht, kann
ebenso wie bei der Cinedensitometrie zeitlich nicht erfaßt werden.

6.9.2 Strömungsgeschwindigkeit

Bei der Auswertung von Geschwindigkeitsprofilen nach Abb. 6-46 wird
davon ausgegangen, daß der Fehler zufällig ist, und die Meßwerte sich
in einer Verteilung, die der Gaußschen Fehlerkurve mehr oder weniger
nahekommt, um einen Schwerpunkt, den arithmetischen Mittelwert, grup-
pieren. Liegt eine genügend große Zahl von Meßwerten vor, so muß sich
der Fehler bei der Mittelwertbildung wegen seiner Zufälligkeit dem
Wert Null nähern. Die Hüllkurve der Geschwindigkeitsverteilung in
Abb. 6-46 sieht aber nicht nach einer Gaußschen Verteilungskurve aus.
Es wird nicht daran liegen, daß die verschiedenen Patienten so unterschiedliche Blutstromgeschwindigkeiten haben. Es wird meist übersehen,
daß der zeitliche Fehler nicht der einzige zu sein braucht, der das
Profil der Verteilung beeinflussen kann und damit die Aussagen eines
solchen Geschwindigkeitsprofils erschwert. Ein häufig gemachter Fehler ist, daß Gesetzmäßigkeiten, seien sie bekannt oder nicht bekannt,
die die Meßwerte in ihrem Betrag beeinflussen, bei der Auswertung
nicht berücksichtigt werden und, anstatt sie den systematischen Fehlern zuzuordnen, als zufällige Fehler angesehen werden. Die Nichtbe-
rücksichtigung einer Gesetzmäßigkeit ist aber ein Fehler, der zu den
systematischen zählt.

Die Blutstromgeschwindigkeit in der A. renalis ist sicher von Patient
zu Patient unterschiedlich aber nicht in der Größenordnung, wie sie
aus Abb. 6-46 hervorgeht. Meist wird nicht berücksichtigt, daß die
Blutströmung periodisch pulsiert und die zeitliche Verfolgung des
Röntgenkontrastmittels zur Geschwindigkeitsbestimmung in ihrem Ergebnis davon abhängt, in welcher Phase der Pulsperiode das Kontrastmittel
injiziert wurde. Die Geschwindigkeit der Blutströmung ändert sich periodisch. Durch die zeitlich zufällige Injektion des Kontrastmittels
wird eine zeitlich zufällige Geschwindigkeitsmessung durchgeführt.
Diese zufällige Meßwertentnahme wird random-sampling-Verfahren genannt, welches in Abb. 6-47 näher erläutert wird.

Blutströmungsgeschwindigkeit I (1 - 2)

cm / sec	Kontrastmittelfront Anzahl der Fälle	Kontrastmittelmaximum Anzahl der Fälle
0 - 5	19 26 27 51	
5 - 10	104 105 107	14 103 105 128 130
10 - 15	14 16 21 56 85 87 106	7 16 43 46 52 68 80 104 115 117 123 125 126 127 129
15 - 20	5 7 22 34 52 81 96 118 129	5 44 64 73 74 81 87 96 97 106 107 133 135
20 - 25	2 4 61 63 66 68 74 92 111 120 123 126 127 128 132	4 54 57 61 66 92 108 122 131 132 136 139
25 - 30	11 31 50 64 109 114 117 125	56 109 114 118
30 - 35	1 18 40 43 54 67 69 70 79 94 119 122 133 135 139	55 75 77 82 86 111 119 124
35 - 40	8 13 46 62 65 77 80	8 13 47
40 - 45	17 53	17 53 138
45 - 50	55 82 115 137	45 59 63 83 99
50 - 55	45 97 124 136	65 93 121
55 - 60		42 85
60 - 65	91 103 112	60 70 94 95
65 - 70	44 75 84	41
70 - 75	93	
75 - 80	32	76
80 - 85	131	
85 - 90	37 42 59	
90 - 95	90 113 134	90 113 134
95 - 100	57	
über 100	38 41 60 76 83 86 95 99 108 121 138	38 40 62 84 91 112 137

Abb. 6-46   Häufigkeitsverteilung der Blutstromgeschwindigkeit des
Blutes in der A. renalis

Werden bei periodischen Vorgängen viele Meßwerte zufällig über die
Zeit verteilt entnommen, so ist es das gleiche, als ob über eine Periode der Zeitraum in gleiche Abschnitte eingeteilt ist, und aus jedem Abschnitt im statistischen Mittel eine annähernd gleiche Zahl von
Meßwerten entnommen werden (siehe Abb. 6-47 linke Darstellung). Diese
Meßwerte werden nach ihrem Betrag über der Anzahl der Meßwerte gleichen Betrages aufgetragen, siehe rechte Darstellung der Abb. 6-47.
Die so gewonnene Geschwindigkeitsverteilung der zeitlich zufällig
gewonnenen Meßwerte hat Maxima, bei denen die ausgemessene Kurve
(linke Darstellung) über längere Zeit dieselben Geschwindigkeiten
hat. Diese Kurve gibt die Häufigkeiten der Geschwindigkeit über eine
Periode wieder [228]. Die in Abb. 6-46 wiedergegebene Häufigkeitsverteilung der Blutstromgeschwindigkeit der A. renalis erhält somit eine
Erklärung durch die unterschiedlichen Geschwindigkeiten innerhalb
einer Periode während der vielen Messungen.

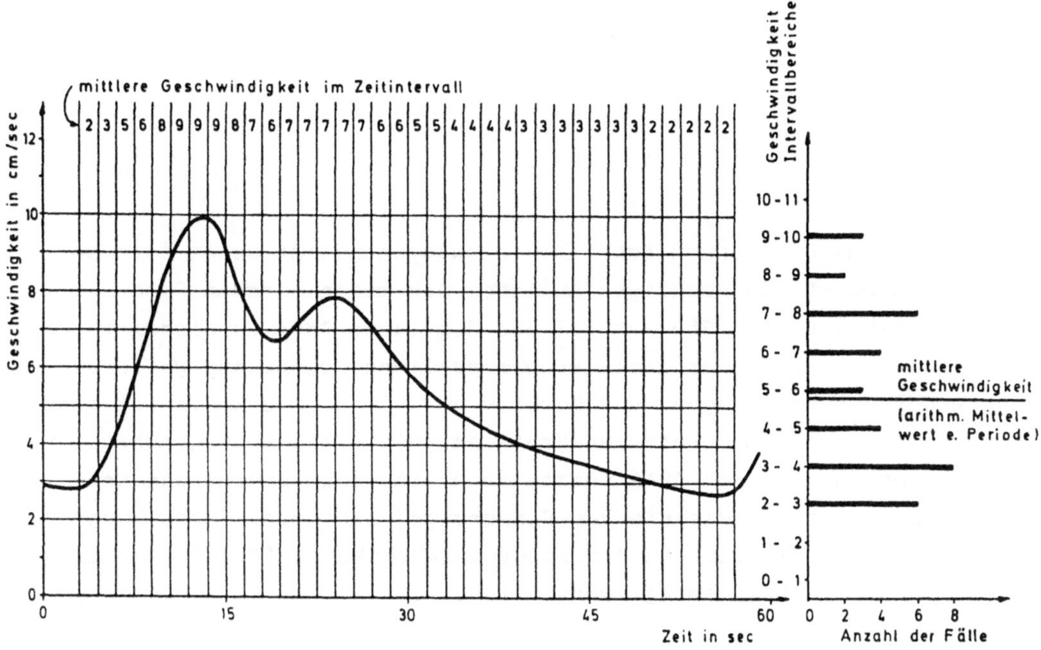

Abb. 6-47 Angenommene Geschwindigkeitsverteilung einer Pulswelle in Abhängigkeit von der Zeit (linke Darstellung). Die Zeitachse ist in kleine Zeitintervalle aufgeteilt, und die mittlere Geschwindigkeit in diesen Zeitintervallen ist oben eingetragen. In der rechten Darstellung ist die Anzahl der Zeitintervalle aufgetragen, die in die gleichen Geschwindigkeitsintervalle fallen

6.10 Der Einfluß der Pulsation auf die röntgendensitometrische Bestimmung der Blutstromgeschwindigkeit

K. Wolschendorf

6.10.1 Einführung

Die Erforschung des menschlichen Kreislaufsystems ist schon fast seit einem Jahrhundert ein wichtiges Anliegen der medizinischen Diagnostik, wie erste Arbeiten von Stewart [1] aus dem Jahre 1894 zu diesem Thema erkennen lassen. Bald war diese Problemstellung Gegenstand weiterer eingehender Untersuchungen, und bereits um 1930 führte Moniz [2] quantitative Messungen am zerebralen Kreislauf mit Hilfe angiographischer Meßverfahren durch. Nach 1945 setzte dann eine sehr stürmische Entwicklung auf diesem medizinischen Forschungsgebiet ein, deren Fortschritt insbesondere von den Arbeitsgruppen um Heuck [3, 4], Rutishauser [5] und Wood [6] geprägt worden ist.

In den beiden letzten Jahrzehnten hat die ständig fortschreitende Entwicklung auf dem Gebiet der Mikroelektronik und der Bestrahlungstechnik zu einer weiteren Verbesserung der serienangiographischen Untersuchungsverfahren geführt. Hierbei ist als derzeit jüngstes Glied in der Kette dieser Entwicklungen die digitale Angiographie zu nennen, die es aufgrund der großen Variabilität ihrer technischen Möglichkeiten gestattet, schon relativ schwache radiographische Informationen meßtechnisch zu erfassen und digital weiter zu verarbeiten.

Trotz dieser inzwischen erheblich verbesserten technischen Möglichkeiten auf dem Gebiet der schnellen Serienangiographie treten jedoch bei praktischen Messungen der Blutstromgeschwindigkeit und des Blutstromvolumens sowohl am Patienten als auch am Modell [7, 8] häufig recht große Fehler auf, die gelegentlich eine Größenordnung von 20 % bis 40 % erreichen können. Das Auftreten solcher Meßwert-Abweichungen ist häufig fehlinterpretiert und vielfach als Fehler des technischen Meßsystems gedeutet worden. Dies ist jedoch nur in einem sehr geringen Maße der Fall; zu einem weitaus größeren Teil sind die obengenannten Fehler eine Folge der hämodynamischen Vorgänge im Körper des Patienten, wie in den nachfolgenden Abschnitten gezeigt wird.

6.10.2 Serienangiographische Meßsysteme

Ein serienangiographischer Meßvorgang läßt sich grundsätzlich in zwei
Abschnitte unterteilen. In einem ersten Schritt wird dem Patienten zur
radiographischen Sichtbarmachung des Blutes ein meist jodhaltiges Kontrastmittel injiziert. Dabei können verschiedene Injektionstechniken
zur Anwendung gelangen [9], je nachdem, mit welcher Art von Katheter
gearbeitet wird, ob druck- oder geschwindigkeitsproportional einge-
spritzt wird und ob die Injektion intraarteriell oder - wie heute
vielfach angestrebt - intravenös erfolgt. Vom Zeitpunkt der Injektion
an wird dann in fest vorgegebenen zeitlichen Intervallen eine Serie
von Röntgenaufnahmen der betreffenden Körperregion des Patienten angefertigt, die dann als Röntgenbildfolge bzw. Röntgenfilm, als Video-
bandaufzeichnung oder direkt als digitalisierte Bildsequenz in einem
Computer gespeichert wird.

In einem zweiten Schritt erfolgt dann die opto-elektronische Auswertung der so gewonnenen Bildserien. Dabei wird die Bildserie in zeitlich konstanter Reihenfolge - die sehr viel langsamer erfolgen kann
als bei der Aufnahme - wieder reproduziert und in einem oder meistens
in zwei Punkten entlang des infrage kommenden Gefäßes jeweils die
Schwärzung, d. h. die optische Dichte gemessen und registriert. Da
das Helligkeitssignal, d. h. das zur Schwärzung gegenläufige Signal,
in guter Näherung proportional zur Konzentration des injizierten
Kontrastmittels ist, werden die so erhaltenen zeitlichen Folgen von
Schwärzungswerten Bolus-Kurven oder Zeitkonzentrations-Kurven genannt.
Mathematisch genauer ist allerdings die Bezeichnung Konzentrations-
Zeit-Kurven. Aus dem zeitlichen Verlauf und dem zeitlichen Abstand
solcher Konzentrations-Zeit-Kurven läßt sich unter Berücksichtigung
verschiedener Nebenbedingungen die Blutstromgeschwindigkeit in dem
betreffenden Gefäßabschnitt berechnen.

Bei den ersten Serienangiographien wurden die Bildfolgen noch mit vorhandenen konventionellen Röntgengeräten in relativ langen zeitlichen
Abständen aufgenommen. Der Wunsch nach einer besseren Zeitauflösung
führte jedoch bald zu immer kurzzeitiger gepulsten Röntgenröhren und
zu immer schnelleren Bildwechslerapparaturen.

Heute liegt das Meßverfahren der schnellen Serienangiographie im wesentlichen in drei technischen Ausführungsformen vor, die in Abb. 1
in zusammenfassender Weise dargestellt sind. Es handelt sich dabei um

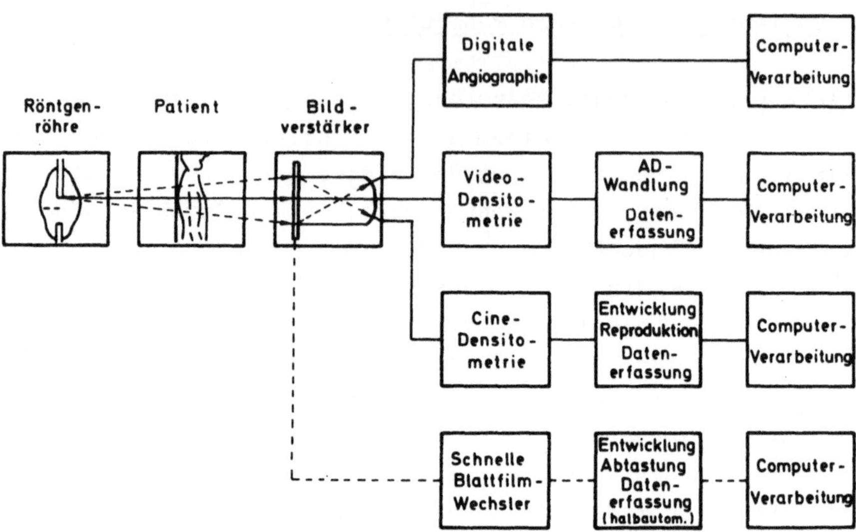

Abb. 1 Funktionsdiagramm der gebräuchlichsten technischen Ausführungsformen der schnellen Serienangiographie

die Cinedensitometrie, die Videodensitometrie und in jüngster Zeit auch vermehrt um die digitale Angiographie. Der Vollständigkeit halber ist in der Abbildung auch noch die Blattfilm-Wechsler-Technik mit aufgeführt, die zwar im engeren Sinne nicht zu den "schnellen" Methoden zählt, dafür jedoch eine ausgezeichnete örtliche Auflösung der Schwärzungswerte im Bild liefert.

Die Cinedensitometrie ist das am frühesten entwickelte Verfahren dieser Art und wurde u. a. schon um 1960 von Heuck [3] zur quantitativen Bestimmung der Blutstromgeschwindigkeit herangezogen. Nachteilig ist bei diesem Verfahren der zur Filmverarbeitung gehörende Entwicklungsprozeß und das zur digitalen Erfassung der Meßwerte notwendige Reprojizieren des Filmes; andererseits kann es mit Abtastfrequenzen von bis zu 200 Bildern pro Sekunde die derzeit höchste zeitliche Auflösung erreichen. Eine umfassende Darstellung der röntgen-cinedensitometrischen Grundlagen und der dazugehörenden Theorien wurde u. a. 1975 von Vanselow [10] gegeben. In neuerer Zeit sind hierzu von Wolschendorf [11] entsprechende mikroprozessorgesteuerte Auswerteanlagen entwickelt und beschrieben worden; ein Beispiel hierzu ist in Abb. 2 wiedergegeben.

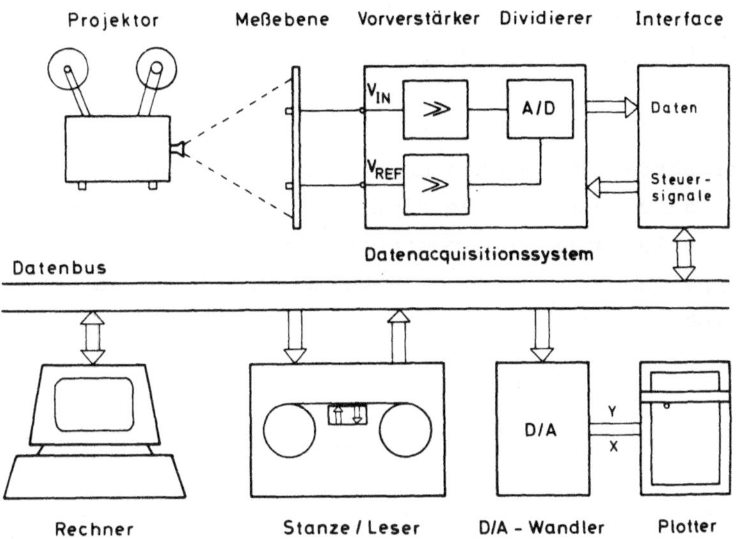

Abb. 2   Beispiel für ein mikroprozessorgestütztes cinedensitometri-
         sches Auswertesystem

Mit dem Aufkommen der Videotechnik entstand dann als nächstes die Videodensitometrie, deren Technik und Anwendung beispielsweise von
Heintzen [12] ausführlich dargestellt wird. Als nachteilig hat sich
bei dieser Art der Densitometrie insbesondere die begrenzte Bildfrequenz sowie die merkliche Nachleuchtdauer der Fernsehaufnahmeröhre bemerkbar gemacht; als vorteilhaft ist dagegen die bequeme, ohne chemischen Entwicklungsprozeß ablaufende Verarbeitungsweise anzusehen. In
neuerer Zeit sind auch hierbei spezielle Techniken wie beispielsweise
die Subtraktionsangiographie entwickelt und u. a. von Seifert und Zeitler [13] ausführlich dargestellt worden.

Die technisch jüngste Version ist zur Zeit die digitale Angiographie.
Bei dieser Ausführungsform wird die Röntgenbildserie direkt am Ausgang
des Bildverstärkers in Pixel zerlegt, digitalisiert und als Matrix von
Schwärzungswerten im Computer gespeichert. Die Vorteile dieses Verfahrens liegen in der relativ leichten Verfügbarkeit des digitalen Bildes
und in der damit verbundenen komfortablen mathematischen Weiterverarbeitung der Bildsequenz, sowie in der großen Variabilität der Aufnah-
memöglichkeit, wie sie z. B. von Brody [14] beschrieben wird. Anderer-

seits sind auch Untersuchungen gemacht worden [15], die sich mit den
Grenzen dieses Verfahrens bezüglich seines Auflösungsvermögens befaßt
haben.

Alle diese Verfahren führen nach mehr oder weniger aufwendigen Zwi-
schenschritten dazu, daß am Ende eine digitale Information des Röntgenbildes oder relevanter Bildausschnitte vorliegt, die dann in einem
Computer abgespeichert wird und für die mathematische Weiterverarbeitung bereitsteht.

6.10.3 Auswerteverfahren der Serienangiographie

Bevor man nun die möglichen Fehlerquellen der durch serienangiographi-
sche Meßverfahren bestimmten Werte der Blutstromgeschwindigkeit diskutiert, muß zunächst einmal dargelegt werden, nach welchem Verfahren
die gewonnenen Meßwertreihen ausgewertet werden sollen. Auch hier gibt
es mehrere verschiedene Möglichkeiten der mathematischen Auswertung.

Zu den ältesten Methoden zählt z. B. das Stewart-Hamilton-Verfahren
[1], bei dem nur die Bolus-Kurve in einem einzigen Punkt des Gefäßes
gemessen wird. Aus dem Zeitintegral über die gemessene Dichtekurve
läßt sich dann die mittlere Blutflußgeschwindigkeit berechnen, wobei
allerdings - und das bedeutet eine gewisse Erschwernis - die absolute
Konzentration des injizierten Kontrastmittels bekannt sein muß. Heute
findet das Stewart-Hamilton-Verfahren noch vielfach bei solchen Ge-
schwindigkeitsmessungen Verwendung, wo es auf das Verhältnis der Blutstromgeschwindigkeiten zweier Gefäße ankommt.

Des weiteren gibt es auch noch die Möglichkeit, die Blutflußgeschwindigkeit aus der Verweilzeit-Verteilungsfunktion zu bestimmen. Diese
Methode, die z. B. von Kämpfen [16] ausführlich beschrieben wird, ist
jedoch bisher lediglich bei Modellkreisläufen angewendet worden und
erscheint für in-vivo-Messungen nicht ganz so geeignet.

Ähnliches gilt für das Verfahren, die Blutstromgeschwindigkeit aus
den Orts-Konzentrationskurven zu bestimmen, wie es u. a. von Höhne [17]
vorgeschlagen worden ist. Eine praktische Nutzung dieser Methode am
Patienten ist meistens aus dem Grund nicht möglich, weil hier selten
hinreichend lange und homogene Gefäßabschnitte zur Verfügung stehen,

entlang derer man die Konzentrations-Orts-Kurve mit der erforderlichen
Genauigkeit bestimmen kann.

Die am häufigsten benutzte Methode ist das sogenannte Zeitkonzentra-
tionskurven-Verfahren [4, 5, 18, 19]. Hierbei werden an zwei um die
Strecke Δx auseinanderliegenden Meßorten entlang eines Gefäßes die jeweiligen Konzentrations-Zeit-Kurven gemessen, aus deren Abstand man
die zugehörige Zeitdifferenz Δt gewinnt. Der Quotient beider Größen
liefert dann eine mittlere Geschwindigkeit $\bar{v}$ des durch den betreffenden Gefäßabschnitt fließenden Blutes.

6.10.4 <u>Verschiedene Zeitzuordnungsmethoden bei dem Zeit-Konzentra-
       tions-Verfahren</u>

So einfach die oben beschriebene Methode der Blutgeschwindigkeitsbe-
stimmung auch auf den ersten Blick erscheint, so verschiedenartig
kann doch ihre meßtechnische Anwendung erfolgen. Eines der Hauptpro-
bleme ist hierbei nämlich die Zuordnung einer repräsentativen Zeit t
zum Bolus-Signal. Auch hier werden eine Reihe von unterschiedlichen
Zeitzuordnungsverfahren benutzt, die in der Abb. 3 einmal schematisch
dargestellt sind.

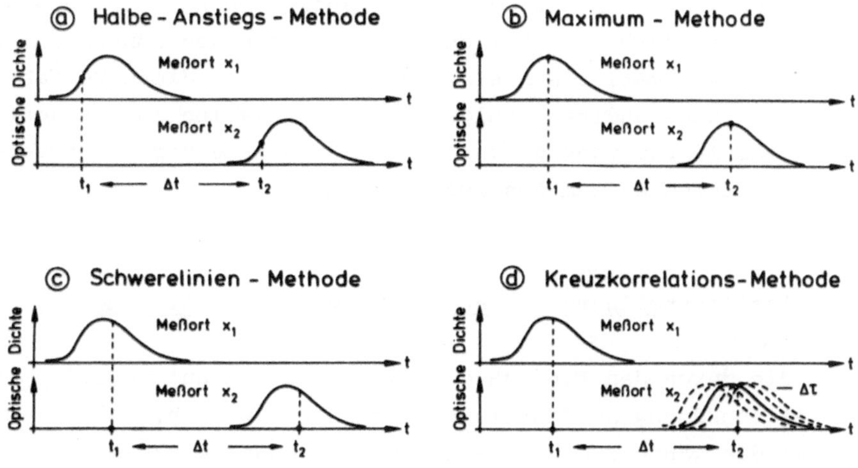

Abb. 3   Verschiedene Methoden der Zeitzuordnung zu den gemessenen
         Zeitkonzentrationskurven

Zum einen arbeitet man vielfach mit punktbezogenen Methoden. Hierbei
benutzt man für die dem Bolus-Signal zuzuordnende repräsentative Zeit
diejenige Zeit t, die zu einem besonders markanten Punkt der Zeitkon-
zentrationskurve gehört. Das kann beispielsweise die halbe Anstiegs-
höhe oder auch das Maximum des Bolus-Signals sein, wie sie in der Abbildung in den Kurven a) und b) dargestellt sind.

Weiterhin werden auch vielfach flächenintegrierende Methoden verwendet, bei denen man zunächst die Schwerelinien der Bolus-Signale berechnet und den so gewonnenen Punkten die entsprechende Zeit t zuord-
net (Kurve c)). Neuerdings werden darüberhinaus auch vermehrt Kreuz-
korrelations-Methoden benutzt. Hierbei wird die Kreuzkorrelationsfunk-
tion der beiden Zeitkonzentrationskurven berechnet und diejenige Zeitdifferenz $\Delta\tau$ als repräsentativ angenommen, wo die Kreuzkorrelations-
funktion ihren maximalen Wert annimmt.

Von den einzelnen Arbeitsgruppen werden je nach der apparativen Aus-
rüstung der Labors für die Auswertung verschiedene Verfahren bevorzugt, obwohl jedes dieser Zeitzuordnungsverfahren bei der Erfassung
der Blutstromgeschwindigkeit seine besonderen Fehlerquellen aufweist.

So ist beispielsweise das im mathematischen Sinne ideale Schwerelinien-
Verfahren gegenüber Unterschichtungsphänomenen des Kontrastmittels an
den Gefäßwänden besonders empfindlich, weil diese vielfach zu einer
erheblich verlängerten Rückflanke des Bolus-Signals führen. Dieser
Effekt ist dann meistens nur durch eine entsprechende Anhebung der
Basislinie zu unterdrücken. Bei den anderen Methoden können entspre-
chende andere systematische Fehler auftreten. Alle diese Verfahren
können jedoch insbesondere infolge der Blutpulsation zu beträchtlichen
Fehlern in der Zeitzuordnung führen, die dann in einem entsprechenden
Geschwindigkeitsfehler zum Ausdruck kommen.

6.10.5 Pulsationsbedingte Meßfehler bei der Zeitzuordnung

Bevor nun die durch den Einfluß der Blutpulsation auftretenden Fehler
bei der Zeitzuordnung ausführlicher untersucht werden, sollen zunächst
noch einmal die während des gesamten Meßvorganges wirksam werdenden
Fehlerquellen kurz diskutiert werden.

Da tritt zunächst eine statistische Schwankung auf, die der Zeitkon-
zentrationskurve überlagert ist und die ihre Ursache in der durch das
Quantenrauschen bedingten unregelmäßigen Verteilung des Filmkornes
sowie durch mangelnden Bildstand der filmreproduzierenden Einrichtung
haben kann.

Solche statistisch überlagerten Störungen müssen vor einer mathematischen Weiterverarbeitung der Zeitkonzentrationskurven eliminiert werden. Das bereitet in der Regel jedoch keine großen Schwierigkeiten
und läßt sich durch eine mit dem Computer durchgeführte digitale Filterung der Bolus-Signale erreichen. In Abb. 4 ist als Beispiel die
Bolus-Kurve eines in der A. carotis interna gewonnenen Schwärzungs-
Signals wiedergegeben, und zwar ungefiltert (a), nach Filterung mit
einer Grenzfrequenz von 10 Hz (b) und nach Filterung mit einer Grenzfrequenz von 2 Hz (c).

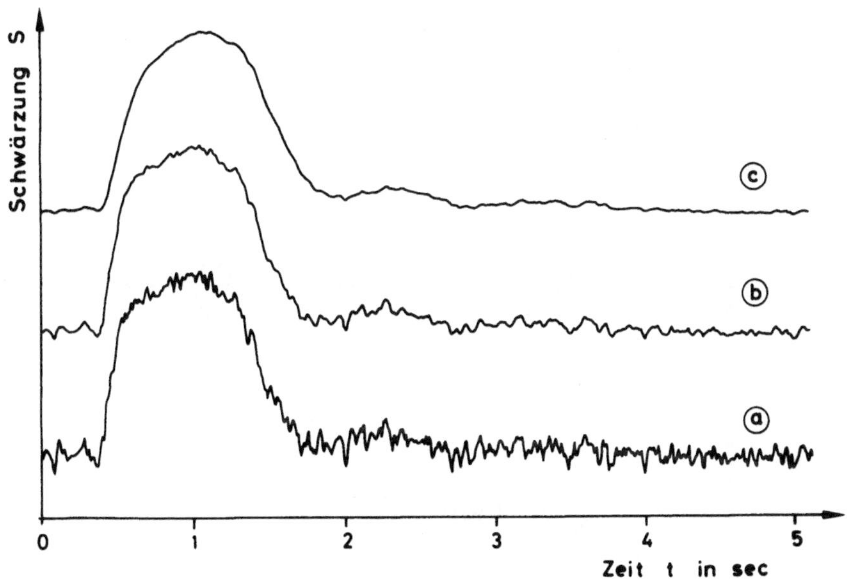

Abb. 4   Abgetastetes Bolus-Signal in der A. carotis interna
         bei verschiedenen Tiefpaßfilterungen

In diesen statistischen Schwankungen treten nun noch eine Reihe von
mehr oder weniger systematischen Störgrößen auf, wie z. B. die Art und
Dauer der Kontrastmittelinjektion, das Problem der unvollständigen

Durchmischung von Kontrastmittel und Blut, das räumliche Auseinander-
fließen des Bolus während seines Vorschubs und schließlich noch die
ebenfalls durch die Pulsation mit hervorgerufene periodische Dilata-
tion der Gefäße während des Ausbreitens der Druckwelle.

Diese Störungen verursachen in der Regel eine um eine Größenordnung
stärkere Meßwertabweichung als die obengenannten statistischen Fehler.
Sie lassen sich auch selten vollständig unterdrücken, aber man kann
sie bei Kenntnis der Übertragungseigenschaften des Meßsystems und bei
Kenntnis ihrer Tendenz durch Referenzverfahren oder Rückrechnung zu
einem gewissen Teil reduzieren.

Noch größer können jedoch die Beträge der Meßfehler werden, die durch
die infolge der Blutpulsation auftretenden Zeitzuordnungsfehler der
Bolus-Signale auftreten. Meßtechnisch bestimmt man bei dem oben beschriebenen Zeit-Konzentrations-Kurven-Verfahren im Prinzip jeweils

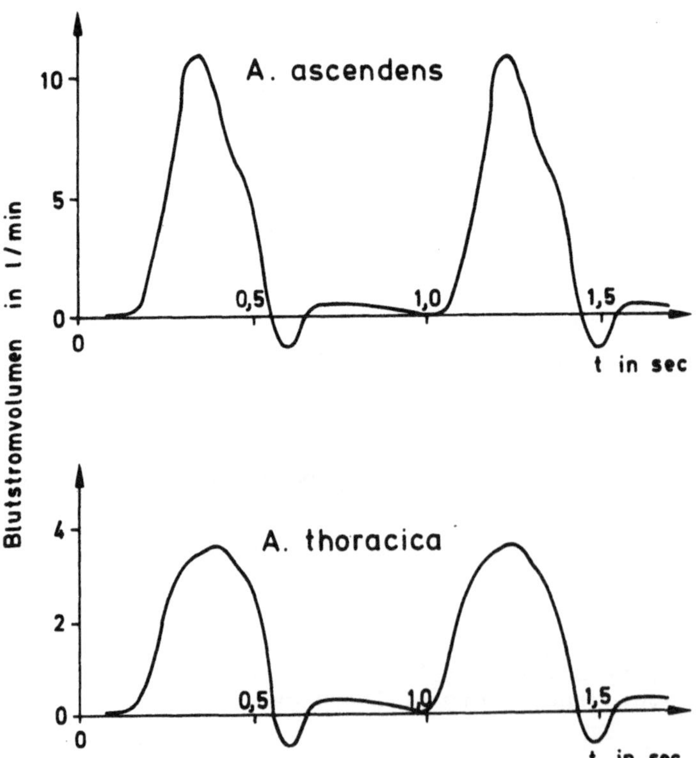

Abb. 5   Zeitlicher Verlauf der Blutstromgeschwindigkeit in der
         A. ascendens und A. thoracica (nach Wetterer und Kenner)

einen zeitlich gemittelten Wert $\bar{v}$ der Blutstromgeschwindigkeit. In
Wirklichkeit fließt das Blut jedoch mit einer zeitlich nicht konstanten Momentangeschwindigkeit $v(t)$ durch das Gefäßsystem, deren Zeitab-
hängigkeit beispielsweise den in Abb. 5 gezeigten Verlauf aufweisen
kann. Eine ausführliche mathematische Behandlung der recht komplizier-
ten Druck- und Geschwindigkeitsverhältnisse in unserem Kreislaufsystem
findet man z. B. bei Wetterer und Kenner [20].

In Kenntnis dieser Zusammenhänge läßt sich nun der durch den Einfluß
der Blutpulsation entstehende Fehler bei der Geschwindigkeitsbestimmung mit Hilfe einer Computer-Simulation ermitteln. Für den örtlichen
Verlauf der Kontrastmittelkonzentration im Bolus wurde - wie schon bei
anderen Untersuchungen - ein Cosinus-Profil zugrunde gelegt. Der pul-
sierende Vorschub des Blutes wurde in guter Näherung dadurch simuliert,
daß für dessen Geschwindigkeit eine Überlagerung aus einem zeitlich
konstanten und einem oszillierenden Anteil angenommen wurde.

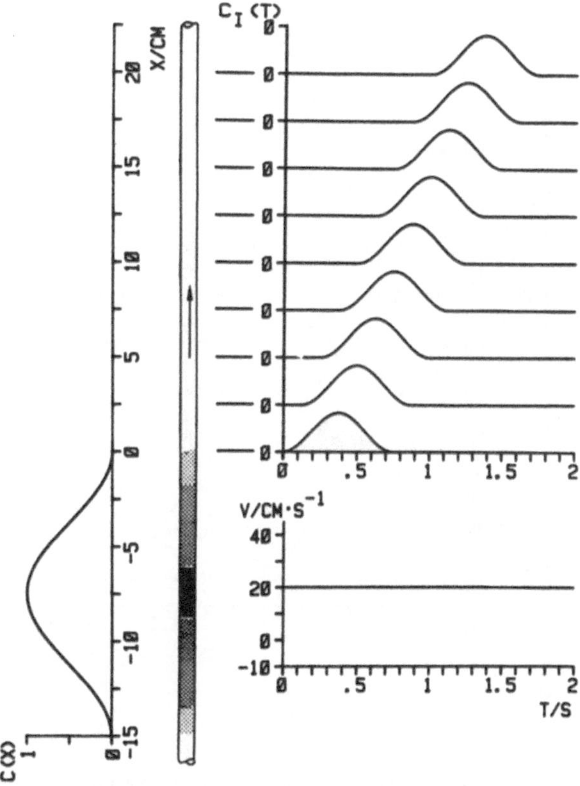

Abb. 6 Verlauf des Bolus-Signals entlang des Gefäßes in Abständen
von x_i = 2,5 cm bei konstanter Blutstromgeschwindigkeit

Bei der mit diesen Vorgaben durchgeführten Rechner-Simulation wurden
nun die Zeitkonzentrations-Kurven, wie sie in verschiedenen Abständen
von jeweils 2,5 cm vom ersten Meßort entfernt zu späteren Zeitpunkten
auftreten, berechnet. Das Ergebnis dieser Berechnungen ist in den Abbildungen 6 und 7 dargestellt.

In Abb. 6 ist dabei zunächst mit einer zeitlich konstanten Geschwindigkeit von v = 20 cm/sec, d. h. ohne oszillierenden Anteil gerechnet
worden, die im unteren rechten Teilbild zu sehen ist. In der linken
Bildhälfte ist das örtliche Konzentrationsprofil des Bolus wiedergegeben. Das rechte obere Teilbild stellt nun die berechneten Zeitkonzentrationskurven des entlang des Gefäßes bewegten Bolus dar, und man
erkennt, daß das Bolus-Signal an den verschiedenen Orten x_i nur zeitlich verschoben aber nicht verformt auftritt.

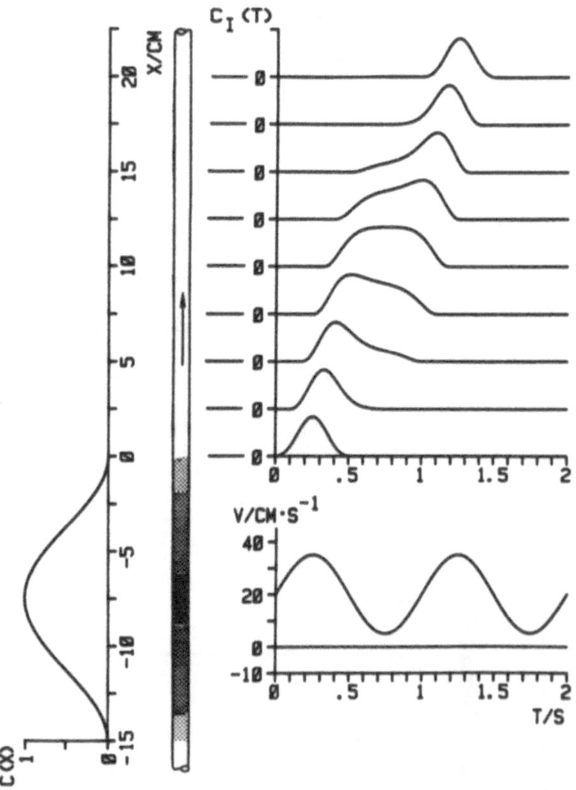

Abb. 7 Verlauf der Bolus-Signale entlang des Gefäßes in Abständen
von x_i = 2,5 cm bei pulsierender Blutstromgeschwindigkeit

Führt man die Berechnungen jedoch unter Hinzunahme des oszillierenden Geschwindigkeitsanteils für einen pulsierenden Blutfluß durch, so erhält man die in Abb. 7 gezeigten Kurven. Im rechten unteren Teilbild ist wieder die Geschwindigkeit als Funktion der Zeit t dargestellt, und das rechte obere Teilbild zeigt die Zeitkonzentrationskurven an den verschiedenen Orten x_i entlang des Gefäßes. Hier ist nun ganz deutlich zu erkennen, daß das Bolus-Signal an den nachfolgenden Meßorten x_i nicht nur zeitverschoben sondern auch verformt auftritt.

Diese Verformung entsteht dadurch, daß sich der Kontrastmittel-Bolus je nach Phasenlage der Geschwindigkeit zeitweise langsamer oder schneller vorwärts bewegt; dies ist auch bei experimentellen Untersuchungen u. a. von Vanselow [10] praktisch nachgewiesen worden. Da durch diese Verformung nun der Zeitpunkt des halben Anstiegs, des Maximums, der Schwerelinie oder der maximalen Autokorrelationsfunktion erheblich beeinflußt wird, können infolgedessen entsprechende Fehler bei der Zeitzuordnung auftreten.

6.10.6 Ergebnisse und Schlußfolgerungen

Dieser Fehler in der Zeitzuordnung hängt offensichtlich von der Phasenlage des oszillierenden Geschwindigkeitsanteils, d. h. der Pulsation, ab und kann daher sowohl zu kleine als auch zu große Werte der Blutstromgeschwindigkeit liefern. Um eine quantitative Aussage über die Größe und die Phasenabhängigkeit des so entstehenden Geschwindigkeitsfehlers zu bekommen, wurde mit der gleichen Computersimulation die mittlere Blutstromgeschwindigkeit als Funktion der variierten Anfangsphase der Pulsation berechnet.

In Abb. 8 ist nun das Ergebnis dieser Geschwindigkeitsberechnungen dargestellt, das man für punktbezogene Zeitzuordnungsverfahren (z.B. halber Anstieg, Maximum) erhält; der Scharparameter ist dabei der Meßortabstand Δx. Aus dieser Abbildung ist zu erkennen, daß die Geschwindigkeit v bei kleinen Meßortabständen ($\Delta x < 10$ cm) je nach Phasenlage der Pulsation große Schwankungen aufweist; dabei kann der Fehler ungünstigenfalls bis zu etwa 50 % betragen. Erst bei größeren Meßortabständen bleibt der Fehler in einem Bereich unterhalb von 20 %. Bei $\Delta x = 20$ cm tritt hier kein Fehler auf, da dieser Abstand genau der Verschiebung des Bolus während einer ganzen Pulsationsperiode von einer Sekunde entspricht.

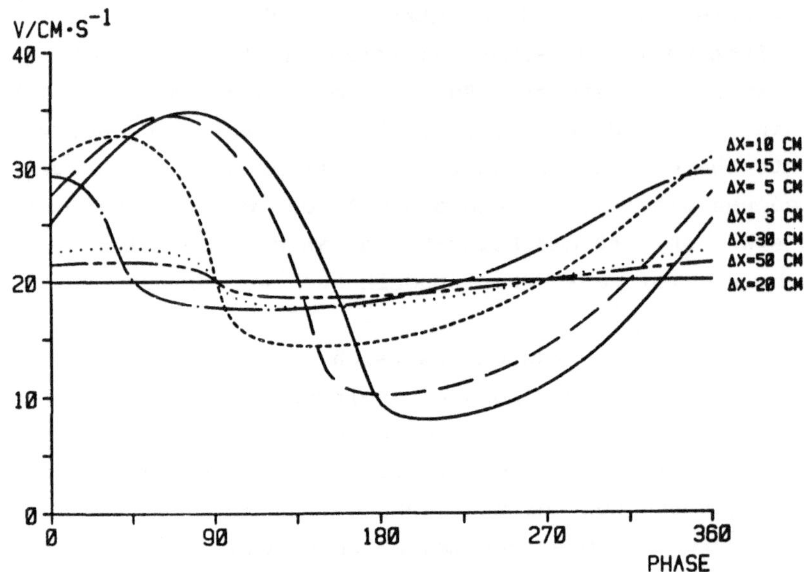

Abb. 8   Berechnete Blutstromgeschwindigkeit v als Funktion der
Anfangsphase der Pulsation bei punktbezogenen Zeitzuordnungsverfahren. (Parameter ist der Meßortabstand Δx)

Zu einem ähnlichen Ergebnis gelangt man, wenn man die Angiogramme
nach dem Schwerelinien-Verfahren oder nach dem Kreuzkorrelations-Ver-
fahren auswertet und dabei die Boluslänge variiert. Hier ergibt sich,
daß man für den Geschwindigkeitsfehler neben der Abhängigkeit vom Meßort auch eine Abhängigkeit von der Boluslänge L_B erhält. Für kurze Boluslängen können die Geschwindigkeitsfehler ebenfalls sehr hohe Werte
annehmen; erst bei Boluslängen von 30 cm und mehr sinkt der Fehler
unter die 20 %-Grenze.

Der pulsationsphasenbedingte Meßfehler ist davon abhängig, an welchen
Stellen des zu untersuchenden Gefäßes man die besten Meßorte mit der
dazwischenliegenden Meßstrecke Δx wählt. Um sich einen Eindruck über
den mittleren Wert des hierbei auftretenden Phasenfehlers zu verschaffen, wurde dieser mit Hilfe der oben genannten Computersimulation
durch Mittelwertbildung über den gesamten Phasenbereich von 360° für
die untersuchten Zeitzuordnungsverfahren berechnet.

Das Ergebnis ist in Tab. 1 wiedergegeben. Hieraus ist deutlich zu ersehen, daß der mittlere Meßfehler bei der Blutstromgeschwindigkeits-
messung in der Tat im Bereich zwischen 10 % und 25 % liegt. Das ist

Zeitzuordnungsverfahren	Geschwindigkeit $\bar{v}$ in cm/sec	Abweichung in Prozent
Punktbezogene Methode	22,0	+ 10 %
Schwerelinien - Methode	22,9	+ 14,5 %
Mittlere - Anstiegs - Methode	24,6	+ 23 %
Kreuzkorrelations - Methode	24,7	+ 23,5 %

Tab. 1 Mittlerer Fehler bei der Bestimmung der Blutstromgeschwindigkeit bei verschiedenen Zeitzuordnungsverfahren

in recht guter Übereinstimmung mit den von anderen Arbeitsgruppen in
Düsseldorf [8] und Stuttgart [7] gefundenen experimentellen Ergebnissen. Bemerkenswert ist hierbei die Tatsache, daß alle Zeitzuordnungsverfahren zu hohe Strömungsgeschwindigkeiten liefern und daß offenbar
die punktbezogenen Verfahren noch die geringsten Geschwindigkeitsfehler aufweisen.

Diese Erkenntnisse müssen insgesamt berücksichtigt werden, wenn man
Blutstromgeschwindigkeiten in Patienten mit größerer Genauigkeit messen will. Als selbstverständliche Voraussetzung wird hierbei angenommen, daß man über ein rechnergestütztes Meßsystem mit hinreichender
Zeit- und Ortsauflösung bei der densitometrischen Abtastung verfügt
und daß dessen elektronische Signalverarbeitung - wie z. B. die digitale Filterung - weitgehend fehlerfrei erfolgt.

Darüberhinaus muß aber auch - wie aus dem oben Gesagten hervorgeht -
darauf geachtet werden, daß der Meßortabstand möglichst größer ist als
das Produkt aus Pulsationszeit und mittlerer Geschwindigkeit und daß
die Boluslänge mehr als 30 cm beträgt. Schließlich sind die Bildserien
noch rein visuell auf Unterschichtungsphänomene des Kontrastmittels
hin zu kontrollieren, da auch diese auf die Flanken des Bolus-Signals
und damit auf die Zeitzuordnung einen beträchtlichen Einfluß ausüben
können. Bei Berücksichtigung aller dieser Bedingungen kann man in der
Tat zu einem Fehler von weniger als 10 % bei der Messung der Blutstromgeschwindigkeit gelangen.

6.10.7 Literatur

[1] Stewart G N (1894) Researches on the circulationtime in organs and on the
        influences which affect it. Journ. Physiol. 15: 1-89
[2] Moniz E (1932) Sur la vitesse du sang dans l'organisme. Ann. Med. 32: 193-220
[3] Heuck F (1962) Röntgenologische Methoden zur direkten Messung der arteriellen
        Durchblutung. Radiol. Diagn. 3: 569-573
[4] Heuck F, Vanselow K (1970) Methodik und Möglichkeiten einer densitometrischen
        Kreislaufanalyse. Fortschr. Röntgenstr. 112: 69-83
[5] Rutishauser W (1969) Kreislaufanalyse mittels Röntgendensitometrie.
        Huber, Bern
[6] Wood E H (1962) Symposium on use of indicator-dilution technique in the
        study of circulation. Circ. Res. 10: 379-386
[7] Decker D (1973) Meßwertabweichungen der Röntgen-Cine-Densitometrie, überprüft
        an Modellkreisläufen. Biomed. Techn. 18: 133-138
[8] Fermor U, Huber H, Neuhaus K L, Schmiel F K, Spiller P (1979) Measurement of
        flow velocity in the model circulation by videodensitometry.Methodolo-
        gical investigations. Basic Res. Cardiol. 73: 361-377
[9] Faust U, Decker D, Knast K (1983) Technique for Injection of Contrast Medium.
        In: Radiological Functional Analysis of the Vascular System (Ed.: F Heuck)
        Springer, Berlin Heidelberg New York Tokyo: 36-41
[10] Vanselow K, Heuck F, Deininger H K (1975) Neue Grundlagen und Theorien zur
        Verbesserung der Angio-Cine-Densitometrie. Fortschr. Röntgenstr. 123:
        468-475
[11] Wolschendorf K, Müller-Deile J, Vanselow K. Mikroprozessorgesteuerte Aus-
        werteanlage für die Röntgendensitometrie. Biomed. Techn. (Erg. Bd.) 24:
        154-156
[12] Heintzen P H, Bürsch J H (1978) Roentgen video techniques. Thieme, Stuttgart
[13] Seyferth W, Marhoff P, Zeitler E (1982) Transvenöse und arterielle digitale
        Videosubtraktionsangiographie. Fortschr. Röntgenstr. 136: 301-309
[14] Brody W R (1981) Hybrid subtraction for improved arteriography. Radiology
        141: 828-831
[15] Schultz E, Fischer P (1983) Zum Auflösungsvermögen der digitalen Subtraktions-
        angiography. Fortschr. Röntgenstr. 139: 296-299
[16] Kämpfen Y (1975) Zur Bestimmung der Verweilzeit in pulsierenden Strömungen
        mit der Röntgendensitometriemethode. Biomed. Techn. 20: 150-154
[17] Sonne B, Höhne K H (1978) Vergleichende Untersuchungen verschiedener Meßmetho-
        den zur Blutflußbestimmung aus digitalen Angiogrammen. Biomed. Techn. 23:
        208-215
[18] Wolschendorf K (1983) Information Content of Cinedensitometric Blood Flow
        Measurements. In: Radiological Functional Analysis of the Vascular System
        (Ed.: F Heuck) Springer, Berlin Heidelberg New York Tokyo: 63-68
[19] Möller W-D, Wolschendorf K (1978) The dependence of cerebral blood flow on age.
        Eur. Neurol. 17: 276-279
[20] Wetterer E, Kenner T (1968) Grundlagen der Dynamik des Arterienpulses.
        Springer, Berlin Heidelberg

7 Physikalische und chemische Knochenwerte

7.1 Hydroxylapatitreferenzsystem

Da es sich bei den Untersuchungen zur vorliegenden Thematik um Fundamentalbestimmungen handelt, war eine physikalische und chemische Analyse des benutzten Referenzsystems erforderlich. Hierzu wurden aus den drei Konzentrationsstufen der Hydroxylapatit-Referenztreppe Bohrkerne entnommen und deren spezifische Masse, Calciumgehalt durch Elektronenstrahlmikroanalyse und Veraschungsmasse bei 800° C bestimmt (Tab. 7-1).

Tab. 7-1 Physikalische und chemische Meßdaten des Hydroxylapatit-Referenzsystems. Bei den Massenangaben handelt es sich um wahre Massen, d. h. korrigierte Werte

		1	2	3
Hydroxylapatit-Konzentration (Hersteller-Angaben)	g/cm^3	0.130	0.260	0.380
Bohrkernvolumen	cm^3	1.6886	1.6962	1.6919
Bohrkernmasse	g	2.1664	2.3201	2.4245
spez. Masse (ρ_T)	g/cm^3	1.2829	1.3678	1.4330
Veraschungsmasse	g	0.2303	0.4684	0.6560
Asche-Konzentration (K)	g/cm^3	0.1364	0.2762	0.3877
Aschegehalt	g/100g	10.63	20.19	27.06
Calciumgehalt	g/100g	4.05	8.105	10.99
Calciumgehalt der Asche	g/100g	38.10	40.14	40.62
IAC-Meßwerte* spez.Masse	g/cm^3	1.267	1.373	1.436
IAC-Meßwerte* Aschekonzentr.	g/cm^3	0.1346	0.2754	0.3814

*IAC = Institut für Angewandte Chemie, Stuttgart-Feuerbach

Die Abweichungen der Hydroxylapatit-Konzentrationen in den drei Konzentrationsstufen des Referenzsystems von den Herstellerangaben betragen + 4.9 % (Stufe 1), + 6.2 % (Stufe 2) und + 2.0 % (Stufe 3). Die Meßwerte für die spezifischen Massen und Aschegehalte der drei Konzentrationsstufen entsprechen weitgehend den Meßergebnissen des Instituts für Angewandte Chemie in Stuttgart-Feuerbach (Tab. 7-1, unterste Zeile; vom Hersteller freundlicherweise zur Verfügung gestellte Unterlagen). Aus den Meßdaten lassen sich die spezifische Masse ρ_P des Kunstharzes Palatal^R und der Veraschungsmasse ρ_A des Referenzsystems bestimmen. Nach Kap. 5.2.2 Gleichung 12 ist, wenn statt des Röntgenkontrastmittels (Index R) jetzt Apatit bzw. Knochenglühasche (Index A), statt

des Wassers (Index W) jetzt Vergußmasse Palatal (Index P) und statt
der Röntgenkontrastmittellösung (Index L) jetzt Referenztreppensubstanz
(Index T) verwendet wird:

$$\rho_A = \frac{K \, \rho_P}{\rho_P - \rho_T + K} \; .$$

Diese Gleichung gilt für verschiedene Konzentrationen; also muß gelten:

$$\rho_A = \frac{K_1 \, \rho_P}{\rho_P - \rho_{T1} + K_1} = \frac{K_2 \, \rho_P}{\rho_P - \rho_{T2} + K_2} \; .$$

Aufgelöst nach ρ_P erhält man:

$$\rho_P = \frac{\rho_{T1} \, K_2 - \rho_{T2} \, K_1}{K_2 - K_1} \; .$$

Einführung zweier Summanden in den Zähler, deren Summe null ist, ergibt:

$$\rho_P = \frac{\rho_{T1} \, K_2 - \rho_{T1} \, K_1 + \rho_{T1} \, K_1 - \rho_{T2} K_1}{K_2 - K_1} \; .$$

Vereinfacht man die Gleichung, so erhält man:

$$\rho_P = \rho_{T1} - (\rho_{T2} - \rho_{T1}) \, \frac{K_1}{K_2 - K_1} \; .$$

Diese letzte Form zeigt, daß es auf die Differenz von spezifischer
Masse der Treppensubstanz und Konzentration der Glühasche ankommt. In
diese Gleichung werden die gemessenen Werte aus Tabelle 7-1 eingesetzt.
Die erhaltenen Werte sind $\rho_P = 1.2$ g/cm^3 (vgl. [192]) und $\rho_A = 3.0553$
g/cm^3. Der letztere Wert stimmt mit Angaben für die spezifische Dichte des Knochenminerals genau überein [20, 145, 181, 182]. Aus den Meßdaten läßt sich weiterhin ein mittlerer Calciumgehalt der Asche des
Referenzsystems von 39.621 Gewichtsprozent errechnen. Der Calciumanteil des idealen Hydroxylapatit-Moleküls $Ca_{10}(PO_4)_6(OH)_2$ (Mol.-Gewicht
1004.64) beträgt 39.895 % (Kap. 2.3).

7.2   Calcaneus

7.2.1   Ganzer Calcaneus

Die Messung wesentlicher physikalischer Parameter des intakten ganzen
Calcaneus (Tab. 7-2) war erforderlich, um die Meßwerte umschriebener
Areale des Knochens mit denjenigen des ganzen Knochens korrelieren zu
können. In vivo-Messungen an kleinen Teilbezirken eines Knochens, wie
sie ja bei klinischen densitometrischen Untersuchungen mit durchdringender Strahlung ausnahmslos durchgeführt werden, können nur dann
sinnvoll sein, wenn die Ergebnisse auch das Verhalten des ganzen Knochens widerspiegeln (zur Korrelation der Meßwerte umschriebener Areale
peripherer Knochen zum axialen Skelett, Gesamtskelett und Gesamt-Kör-
percalcium). Die gemessene mittlere Dichte des mazerierten, fettfreien
und luftgetrockneten menschlichen Calcaneus (mittleres Alter 64.6 Jahre) von 0.445 g/cm^3 zeigt im übrigen eine bemerkenswerte Übereinstimmung mit der von BROMAN et al. (1958) gemessenen mittleren Dichte mazerierter, fettfreier und luftgetrockneter menschlicher Lendenwirbelkörper (mittleres Alter 62.8 Jahre) von 0.432 g/cm^3 des sogenannten
axialen Skeletts.

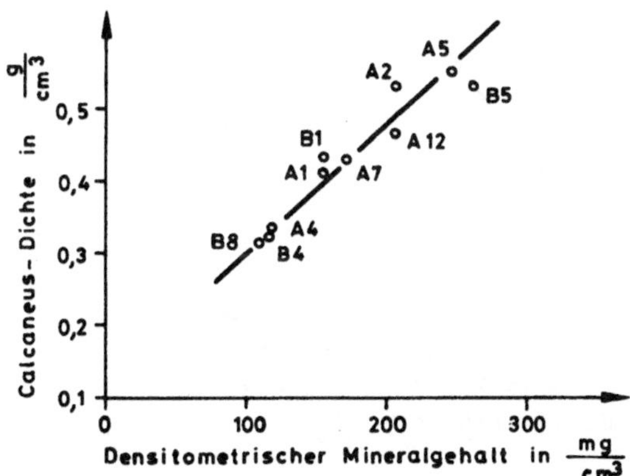

Abb. 7-1   Beziehung zwischen der Dichte (Ordinate; Masse/Volumen ein-
            schließlich Markraum) des ganzen mazerierten, fettfreien und
            luftgetrockneten menschlichen Calcaneus zu seinem im poste-
            rioren Anteil röntgendensitometrisch bestimmten Hydroxylapa-
            titgehalt (Abszisse). Aufnahmebedingungen wie Abb. 5-15. Be-
            zifferung der Meßwerte vgl. Tab. 7-2

Die in Abb. 7-1 dargestellten Verhältnisse erfüllen die oben angesprochene Voraussetzung der Korrelation der Meßwerte eines kleinen Teilbezirks des Knochens mit demjenigen des ganzen Knochens. Die röntgendensitometrischen Meßwerte wurden in dem in Abb. 7-4 beschriebenen Meßbezirk im posterioren Anteil des intakten Calcaneus gewonnen. Die Abbildung weist gleichzeitig auf den engen Zusammenhang zwischen Mineralgehalt und Knochenmassegehalt des spongiösen Knochens hin. Noch augenscheinlicher wird die enge Korrelation zwischen einem Teilbezirk des Knochens und dem ganzen Knochen in der Darstellung der Beziehung der Dichte der völlig kompaktafreien, nur aus Spongiosa bestehenden Bohrkerne der Parallelepipede der Calcanei zur Dichte der intakten ganzen Calcanei (Abb. 7-2). Mit beiden Abbildungen ist die hohe Korrelation des Glühaschegehalts der Spongiosa mit der Spongiosadichte zu vergleichen (Abb. 7-5).

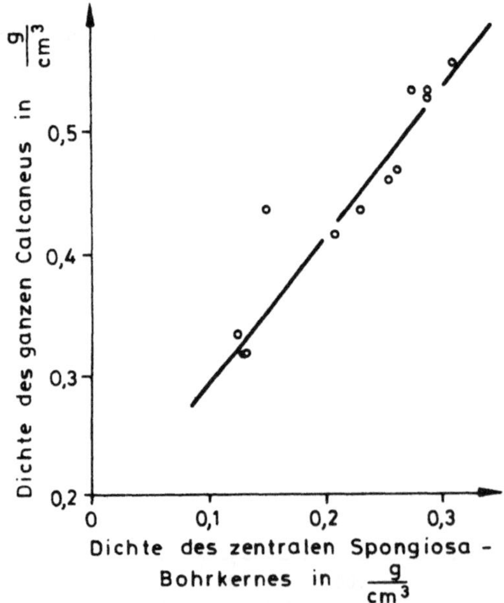

Abb. 7-2 Beziehung zwischen der Dichte der ganzen Calcanei (Ordinate) (Tab. 7-2) zur Dichte der korrespondierenden zentralen Spongiosabohrkerne (Abszisse)

Abb. 7-3 zeigt schließlich eine Rarefizierung der Knochensubstanz bei Vergrößerung des Markraums des Knochens mit zunehmendem Lebensalter, wie sie bei Untersuchungen der physikalischen Dichte beispielsweise

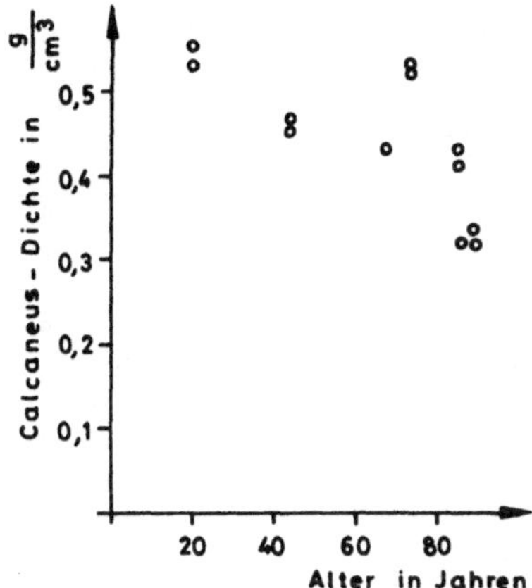

Abb. 7-3 Abhängigkeit der Dichte des ganzen mazerierten, fettfreien
und luftgetrockneten menschlichen Calcaneus (Masse/Volumen
einschließlich Markraum; Ordinate) vom Lebensalter (Abszisse)

auch der menschlichen Lendenwirbelkörper und Oberschenkelknochen gefunden wurde [25] und in zahlreichen densitometrischen in vivo-Untersu-
chungen spongiöser Knochen als Abnahme des "Mineralgehalts" oder "Hy-
droxylapatitgehalts" des Knochens bezeichnet wird (Übersichten s.[87,
93]).

7.2.2 Spongiosabohrkern

Die an den Spongiosazylindern durchgeführten Fundamentalmessungen
(Tab. 7-3) dienen der notwendigen Untersuchung der Zusammenhänge zwischen den verschiedenen dargestellten Parametern, um schließlich auf
dieser experimentell gewonnenen Basis die Aussagekraft einer röntgendensitometrischen Mineralgehaltsbestimmung einschätzen zu können. Die
densitometrischen Messungen wurden an den prospektiven, in ihren Di-
mensionen genau vermessenen Spongiosabohrkernarealen im Spongiosaver-
band der Parallelepipede vorgenommen.

Um reine kortikalisfreie Spongiosa gleicher Schichtdicke untersuchen
zu können, wurden in der Sagittalebene, in der die mechanische Haupt-
beanspruchung des Calcaneus liegt [75], planparallele, 15 mm starke
dorsoplantare, nur noch an den Schmalseiten außerhalb der Meßzone von
Kortikalis begrenzte mittlere Sagittalschnitte (Parallel-Epipede)
hergestellt (Abb. 7-4). Nach Durchführung der röntgendensitometrischen

Tab.: 7-2 Physikalische und chemische Meßwerte des mazerierten, fettfreien und luftgetrockneten menschlichen Calcaneus											
Nr.	Art	Bezeichn.	Zeichen Einh.	1R	1L	2R	2L	4R	4L	5R	5L
1		Alter geschl.		85 w		73 m		89 w		20 w	
2	G	Masse	m_G g	18,663	19,432	36,561	34,740	19,764	18,661	25,013	23,823
3	G	Volumen	V_G cm^3	44,89	44,54	68,58	66,05	58,85	58,37	45,09	44,71
4	G	Konzentr.	m_G/V_G g/cm^3	0,4158	0,4363	0,5331	0,5260	0,3358	0,3197	0,5548	0,5328
5	G	Ant. Markr	V_{PG}/V_G %	73,31	74,15	69,81	69,76	77,15	81,39	70,28	71,84
6	SB	Masse	m_S g	0,3432	0,3859	0,4545	0,4784	0,2102	0,2260	0,5113	0,4774
7	B	Volumen	V_B cm^3	1,657	1,669	1,639	1,657	1,682	1,697	1,650	1,649
8	B	Konzentr.	m_W/V_B g/cm^3	0,2071	0,2312	0,2773	0,2887	0,1249	0,1332	0,3099	0,2895
9	B	Ant. Markr.	V_{PB}/V_B %	86,7	86,3	84,3	83,4	91,5	92,2	83,4	84,7
10	SB	Asche	m_A g		0,2238				0,1364		
11	B	Asche-Konz.	m_A/V_B mg/cm^3		134,1				80,4		
12	S	Volumen	V_S cm^3	0,2204	0,2287	0,2573	0,2751	0,1430	0,1324	0,2739	0,2523
13	S	Spez. Masse	m_S/V_S g/cm^3	1,5575	1,6879	1,7661	1,7392	1,4699	1,7077	1,8667	1,8920
14	S	Asche-Geh.	m_A/m_S %		58,0				60,4		
15	S	Asche-Konz.	m_A/V_S mg/cm^3		979				1031		
16	BS	Ca-Gehalt	m_{Ca}/m_A %		(33,1)				(33,5)		
17	D	Ca-Gehalt	$m_{Ca}/m_{deh.}$ %		(27,0)			(26,9)	(27,7)		
18	S	Wasser-Geh.	m_W/m_S %		(28,6)				(27)		
19	M	Spez.M.Matr.	ρ_M g/cm^3		(1,158)				(1,150)		
20	D	Spez. M. deh.	ρ_{deh} g/cm^3		(2,384)				(2,323)		

Nr.	Art	Bezeichn.	Zeichen Einh.	7R	8L	12R		12L	Referenztreppe		
1		Alter geschl.		67w	86w	44w			130	260	380
2	G	Masse	m_G g	23,904	17,321	23,253		22,873			
3	G	Volumen	V_G cm^3	54,76	54,04	49,68		49,72			
4	G	Konzentr.	m_G/V_G g/cm^3	0,4365	0,3205	0,4681		0,4600			
5	G	Ant. Markr.	V_{PG}/V_G %	74,39	81,10	74,52		74,11			
6	SB	Masse	m_S g	0,2486	0,2219	0,4280	(0,1449)	0,4251			
7	B	Volumen	V_B cm^3	1,657	1,678	1,629	(0,4241)	1,673	1,6886	1,6962	1,6919
8	B	Konzentr.	m_W/V_B g/cm^3	0,1500	0,1323	0,2627	(0,3417)	0,2541			
9	B	Ant. Markr.	V_{BP}/V_B %	91,2	92,2	85,7		85,7			
10	SB	Asche	m_A g	0,1556	0,1382	0,2663	(0,09195)		0,2303	0,4684	0,6560
11	B	Asche-Konz.	m_A/V_B mg/cm^3	93,9	82,4	163,5	(216,9)		136,4	276,2	387,7
12	S	Volumen	V_S cm^3	0,1458	0,1309	0,2330		0,2392			
13	S	spez. Masse	m_S/V_S g/cm^3	1,7046	1,6957	1,8371		1,7771			
14	S	Asche-Geh.	m_A/m_S %	62,6	62,3	62,2	(63,48)				
15	S	Asche-Konz.	m_A/V_S mg/cm^3	1067	1056	1143					
16	BS	Ca-Gehalt	m_{Ca}/m_A %	(33,4)	(32,8)				38,10	40,14	40,62
17	D	Ca-Gehalt	$m_{Ca}/m_{deh.}$ %	(29,6)	(27,9)						
18	S	Wasser-Geh.	m_W/m_S %	(26,9)	(26,6)						
19	M	spez. M. Matr.	ρ_M g/cm^3	(0,981)	(1,040)						
20	D	spez. M. deh.	ρ_{deh} g/cm^3	(2,329)	(2,283)				3,055	3,055	3,055

Messungen an den Parallel-Epipeden wurden aus dem zentralen Bereich
der Meßzone senkrecht zur Schnittebene Spongiosazylinder von 12 mm
Durchmesser sowie bei einigen Calcanei zusätzlich je 4 periphere Spongiosazylinder von 6 mm herausgebohrt. Die peripheren Bohrkerne lagen
zentrisch um den zentralen Bohrkern auf einem Kreis von 12 mm Radius.

Die Ergebnisse der an den ganzen Calcanei sowie an den Parallel-Epipeden und an den Bohrkernen durchgeführten Untersuchungen sind in Tabelle 7-2 wiedergegeben. Die Begriffe Asche-Konzentration (Mineral-
Konzentration) und Aschegehalt wurden in dieser Tabelle gem. DIN 1310
benutzt:
Gehalt heißt jeder Quotient aus einer der Größen Masse, Volumen und
Stoffmenge für einen Stoff und der Summe der gleichartigen Größen für
alle Stoffe der Mischphase.
Konzentration heißt jeder Quotient aus einer der Größen Masse, Volu-
men und Stoffmenge für einen Stoff und dem Volumen der Mischphase.
In der Tabelle werden in der Spalte 1 die für Calcaneus gewonnenen
Meßwerte nach ihrer Art durchnummeriert. In Spalte 2 ist angegeben,
was am Calcaneus untersucht wurde.
Es bedeutet:
G = ganzer, mazerierter, fettfreier und luftgetrockneter menschlicher
    Calcaneus
B = Spongiosa-Bohrzylinder der Parallelepipede der Calcanei, sonst
    wie G
S = Spongiosabälkchen des Spongiosa-Bohrzylinders nach B
D = im Hochvakuum (10^{-5}-10^{-6} Torr) dehydrierte Knochensubstanz
M = Knochenmatrix

In Spalte 3 kommen folgende Abkürzungen vor:
Zeile 5 und 9: Ant. Markr. = Anteil des Markraumes am Gesamtvolumen
Zeile 19: Spez. M. Matr. = spezifische Masse der Knochenmatrix
Zeile 20: Spez. M. deh.: spezifische Masse der dehydrierten Knochen-
                         substanz.

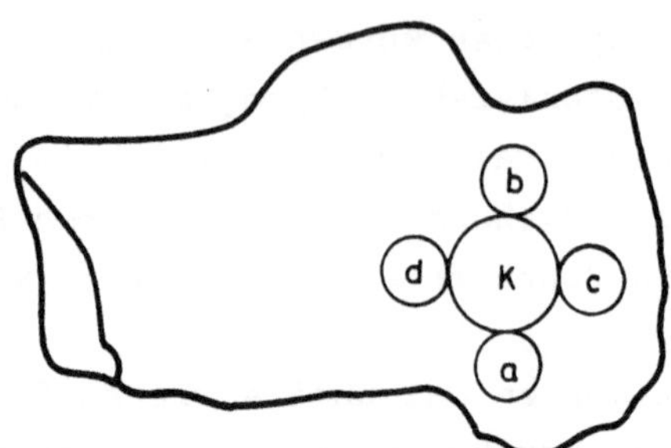

Abb. 7-4   Schematische Darstellung des Parallel-Epipedes des rechten
            Calcaneus und Angabe der Lage der herausgebohrten Spongiosa-
            zylinder (Bohrkerne): Zentraler Bohrkern (K) 12 mm Durchmes-
            ser, vier periphere Bohrkerne (a, b, c, d) je 6 mm Durchmes-
            ser. Bei den linken Calcanei ist die Lage von c und d ver-
            tauscht

In Spalte 4 werden folgende Formelzeichen verwendet:

m_G = Masse des ganzen, mazerierten fettfreien und luftgetrockneten
menschlichen Calcaneus

m_S = Masse des mazerierten fettfreien und luftgetrockneten Spongiosa-
Bohrzylinders

m_A = Masse der Glühasche der Spongiosa des Bohrzylinders

m_{Ca} = Masse des Calciums der Spongiosa des Bohrzylinders

m_W = Wassermasse, die in der luftgetrockneten Knochensubstanz des
Spongiosa-Bohrzylinders enthalten ist

V_G = Volumen des ganzen menschlichen Calcaneus

V_{PG} = Volumen des Markraumes des ganzen menschlichen Calcaneus

V_B = Volumen des Spongiosa-Bohrzylinders des Parallelepipedes des
Calcaneus

V_{PB} = Volumen des Markraumes im Spongiosa-Bohrzylinder

V_S = Volumen der Spongiosabälkchen des Spongiosa-Bohrzylinders des
Parallelepipedes des mazerierten fettfreien und luftgetrockneten menschlichen Calcaneus.

Die Angabe der Maßeinheit in % bedeutet Gramm pro 100 Gramm.

Bei den Bezeichnungen in der ersten Zeile ab Spalte 5 bedeutet die
Ziffer die Patienten-Nummer und die Buchstaben: R = rechter und L =
linker Calcaneus.

Die Meßwerte beziehen sich in der Tabelle auf den Zentralbohrkern bis
auf die Meßwerte in Klammern, die den Mittelwert aus den Meßwerten der
peripheren Bohrkerne a, b, c und d angeben.

Tab. 7-3   Physikalische Meßwerte der Spongiosa-Bohrzylinder der
           Parallelepipede der Calcanei

Nr.	Gewicht g	Volumen cm^3	Dichte g/cm^3	Markraum-Volumen %	Nr.	Gewicht g	Volumen cm^3	Dichte g/cm^3	Markraum Volumen %
A1	0.3432	1.657	0.2071	86.7	A7	0.2486	1.657	0.1500	91.2
B1	0.3859	1.669	0.2312	86.3	B8	0.2219	1.678	0.1323	92.2
A2	0.4545	1.639	0.2773	84.3	A12	0.4280	1.629	0.2627	85.7
B2	0.4784	1.657	0.2887	83.4	B12	0.4251	1.673	0.2541	85.7
A4	0.2102	1.682	0.1249	91.5	A12a*	0.1410	0.4241	0.3325	
B4	0.2260	1.697	0.1332	92.2	A12b	0.1841	0.4241	0.4341	
A5	0.5113	1.650	0.3099	83.4	A12c	0.1606	0.4241	0.3787	
B5	0.4774	1.649	0.2895	84.7	A12d	0.0940	0.4241	0.2215	

	B1	B4	A7	B8	A12	A12a*	A12b	A12c	A12d
Glühasche g	0.2238	0.1364	0.1556	0.1382	0.2663	0.0883	0.1173	0.1022	0.0600
Glühaschegehalt mg/cm^3	134.1	80.4	93.9	82.4	163.5	208.3	276.7	241.1	141.5
Densit.Mineralgehalt mg/cm^3	110	72	85	68	155	-	252	197	126

*Periphere Spongiosabohrzylinder a-d

In der Tabelle 7-3 ist die densitometrische Mineralkonzentration der
Mittelwert aus den korrigierten Meßwerten der drei Messungen bei drei
Strahlenhärten. Der Vergleich der Dichtewerte von peripheren Spongio-
sabohrkernen (Tab. 7-3) und zentralen Bohrkernen zeigt - wie zu erwarten - eine teilweise deutliche Zunahme der Spongiosadichte und auch
des Aschegehaltes (Tab. 7-3) zur Peripherie des Knochens hin. Die
einerseits wesentlich geringere Dichte der zentralen Bohrkerne, andererseits aber gute Korrelation zur Dichte des ganzen Calcaneus (Abb.
7-2) läßt die Notwendigkeit der Festlegung anatomisch gut korrespon-
dierender Meßstellen beim Vergleich densitometrischer Meßwerte verschiedener Calcanei erkennen.

Ein wesentliches Ergebnis der Untersuchungen ist die hohe Korrelation
von Glühasche- bzw. Knochenmineralgehalt und Spongiosadichte (Abb. 7-5).
Eine ähnliche Korrelation zeigen naturgemäß auch densitometrischer
Mineralgehalt und Dichte der Spongiosa (Abb. 7-6). Die Altersabhängig-
keit der Spongiosadichte (Abb. 7-7) bietet ein weitgehend mit Abb. 7-3
kongruentes und in gleicher Weise wie dort zu kommentierendes Bild.
Der Vergleich der beiden Abbildungen bestätigt noch einmal die gute
Korrelation wesentlicher Parameter der zentralen Spongiosabohrkerne

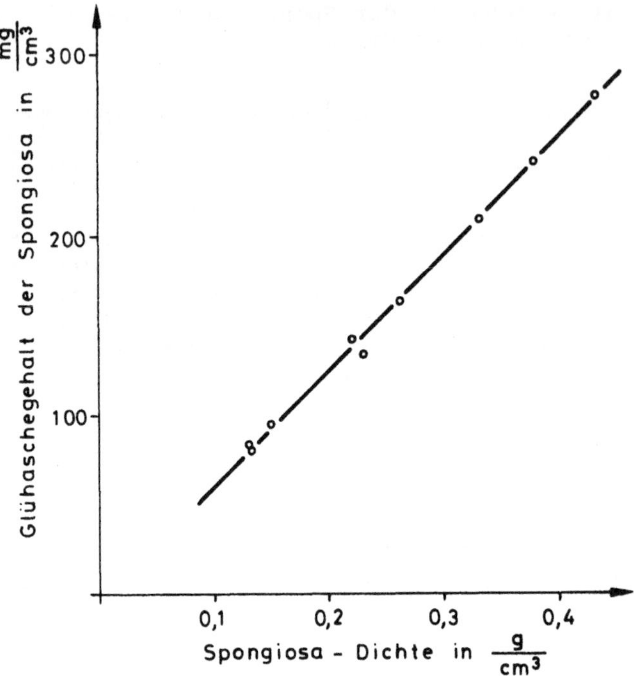

Abb. 7-5 Beziehung zwischen Spongiosadichte (Abszisse) und Knochenmineralgehalt (Ordinate) der zentralen Spongiosabohrkerne der
Calcaneus-Parallelepipede

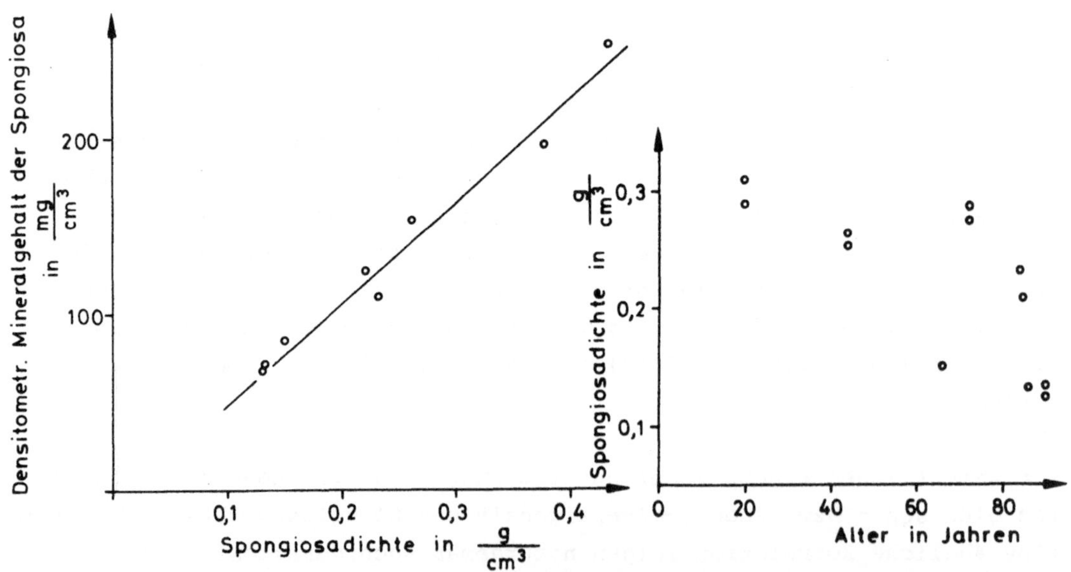

Abb. 7-6 Beziehung zwischen röntgendensitometrisch gemessenem Knochenmineralgehalt (Ordinate) und Spongiosadichte (Abszisse) der
zentralen Spongiosabohrkerne der Calcaneus-Parallelepipede
(Aufnahmebedingungen wie Abb. 5-15)

Abb. 7-7 Abhängigkeit der Spongiosadichte (Trabekelmassekonzentra-
tion) der Calcaneus-Spongiosa der zentralen Bohrkerne vom
Lebensalter

mit denen des ganzen Calcaneus. Die Altersabhängigkeit auch des röntgendensitometrisch gemessenen Knochenmineralgehalts der Spongiosa
läßt sich aus den Daten der Abb. 7-6 und 7-7 ableiten, so daß hier
auf eine spezielle Darstellung verzichtet werden kann.

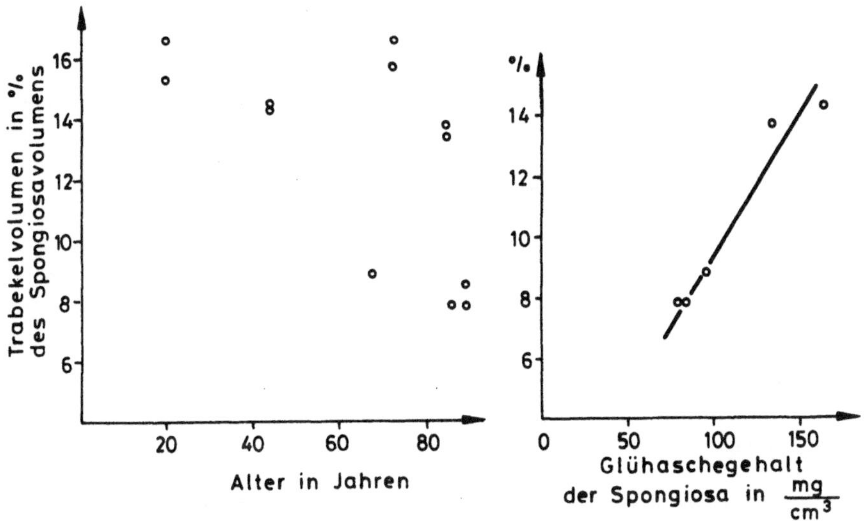

Abb. 7-8 Abhängigkeit des prozentualen Trabekelvolumens (bezogen auf
das Volumen des Spongiosazylinders) vom Lebensalter.
Rechts: Beziehung zwischen prozentualem Trabekelvolumen und
Glühaschegehalt der Spongiosazylinder

Um eine Basis für den Vergleich mit der sogenannten "volumetrischen
Spongiosadichte" [53] oder auch "trabecular bone volume" [48] der histologischen Beurteilung von Biopsien spongiösen Knochens (in der Regel Hüftkamm) zu gewinnen, bei der aus Meßwerten des Knochendünn-
schnitts der Volumenanteil der Trabekel am Spongiosavolumen berechnet
wird, ist in Abb. 7-8 das prozentuale Trabekelvolumen der Spongiosazylinder in Abhängigkeit vom Lebensalter dargestellt. Die gegebenen
Verhältnisse sind der Größenordnung nach durchaus mit den Ergebnissen
histologischer Untersuchungen vergleichbar [21, 53, 118, 146, 161].
Nach den von SCHENK & OLAH (1980) angegebenen Kriterien liegt die
Grenze zur Osteoporose unterhalb 14 % Volumenanteil der Trabekel. Im
übrigen korreliert auch das prozentuale Trabekelvolumen gut mit dem
Glühaschegehalt der Spongiosa (vgl. Abb. 7-8).

7.2.3 Spongiosabälkchen

In den eigenen Untersuchungen (Abb. 7-9) zeigt der Mineralgehalt der
Spongiosa in Gewichtsprozenten keine Korrelation zur Spongiosadichte.
Trägt man den Mineralgehalt in Gewichtsprozenten (g/100 g) gegen die

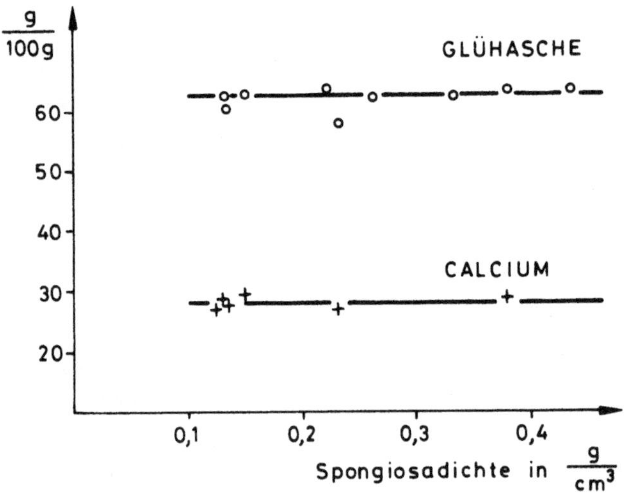

Abb. 7-9   Beziehung zwischen Spongiosadichte der Calcaneus-Bohrkerne
und Glühasche- sowie Calciumgehalt in Gewichtsprozenten
(Ordinate)

spezifische Masse ρ (g/cm^3) der Knochensubstanz (Knochenbälkchen) auf
(Abb. 7-10), so erkennt man die nur geringe Abhängigkeit zwischen beiden Parametern. Für Glühasche, mit ρ = 1,7 und 2,25 g/cm^3, liegt die
Differenz bei nur etwa 4 %, die wie man sieht, leicht in der Streuung
der Meßwerte verschwinden kann. Für die spezifische Masse aber bedeutet das eine Differenz von etwa 30 % und für den Mineralgehalt in
mg/cm^3 eine von etwa 40 %. So wird verständlich, daß mögliche altersabhängige Unterschiede im anteiligen Aschegewicht der Knochensubstanz infolge der Streuung der Meßwerte unter Umständen nicht zu erkennen sind. In einer älteren Veröffentlichung haben TROTTER & PETER-
SON (1955) allerdings eine leichte Abnahme des prozentualen Aschege-
wichts der Knochensubstanz mit zunehmendem Lebensalter beim Erwachsenen festgestellt.

Ganz ähnliche Zusammenhänge wie die in Abb. 7-10 dargestellten gehen
aus den von ROBINSON & ELLIOTT (1957) und BLACK & MATTSON (1982) veröffentlichten Meßwerten hervor.

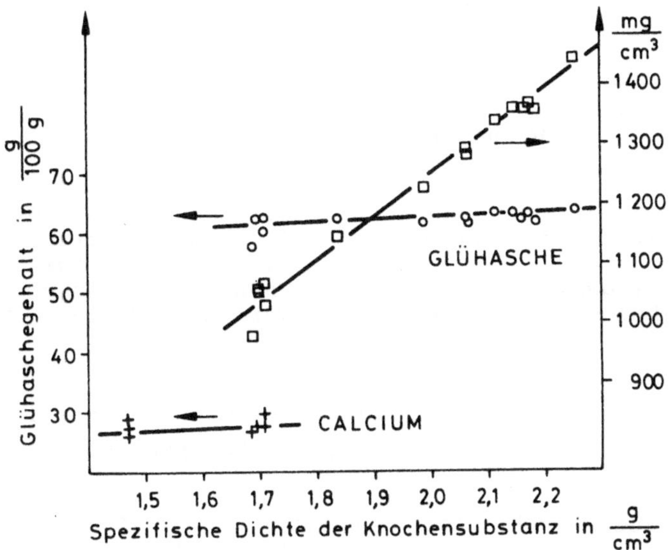

Abb. 7-10   Beziehung zwischen spezifischer Masse ρ der Knochensub-
             stanz (Abszisse) und dem Mineral- und Calciumgehalt in
             Gewichtsprozenten (linke Ordinate) und Konzentrationswer-
             ten (rechte Ordinate: Symbol   ). Die Daten sind für
             $\rho > 1.9$ g/cm³ durch Meßwerte von RUSTGI et al. (1980) er-
             gänzt worden

In Abb. 7-11 zeigt die spezifische Masse der Knochensubstanz der Spongiosa der Calcaneus-Bohrkerne eine deutliche Abhängigkeit vom Lebensalter. Die Zahl der eigenen direkten Mineralmeßwerte der Knochensubstanz ist allerdings zu gering, um hieraus experimentell den schlüs-
sigen Beweis einer Abnahme des Mineralgehalts der Knochensubstanz mit
zunehmendem Lebensalter des Erwachsenen zu führen. Möglicherweise sind
die Unterschiede in der spezifischen Masse der Knochensubstanz unter
den gewählten experimentellen Bedingungen auch durch Unterschiede in
der Packungsdichte der Matrix und einem damit verbundenen unterschiedlichen Wasserbindungsvermögen bedingt. Die Abnahme des Wassergehalts
der Knochensubstanz mit zunehmendem Lebensalter darf hier nicht mit
dem Verhalten des zunehmend altersatrophischen Knochens verwechselt

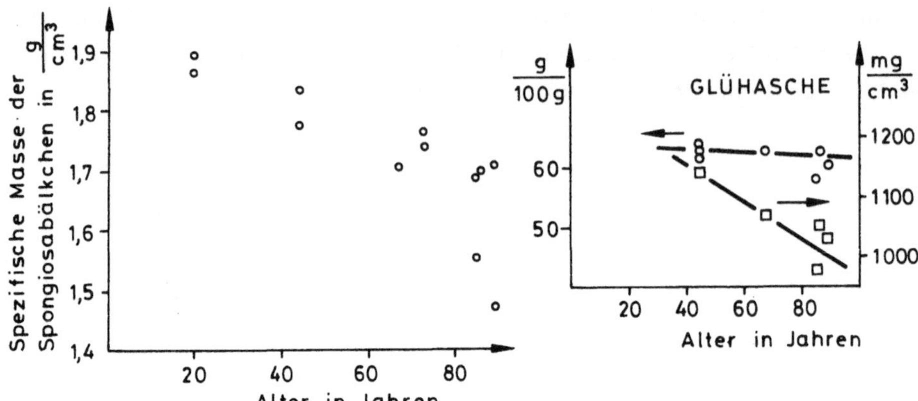

Abb. 7-11   Links: Beziehung zwischen spezifischer Masse (Dichte) ρ
der luftgetrockneten, fettfreien Spongiosatrabekel
(Tab. 7-2 und 7-4) und Lebensalter; rechts zwischen dem
Mineralgehalt der Knochenbälkchen in Gewichtsprozenten
(Symbol o) und Konzentrationswerten (Symbol   ) und Lebens-
alter

werden. Sie bezieht sich auf den Vergleich zwischen fetalem bzw.

kindlichem Knochen und Knochen des Erwachsenen [56, 57, 61, 182].

Tab. 7-4   Spongiosabälkchen der Spongiosazylinder: Glühaschegehalt
der luftgetrockneten und Calciumgehalt der dehydrierten
Knochensubstanz. a, b, c, d = periphere Bohrkerne;
z = zentraler Bohrkern

Nr.	B1	A4	B4	A7	B8	A12
	Calcium-Gehalt g/100 g					Aschege-halt g/100 g
a	28.4	27.2	27.9	28.1	29.0	62.6
b	27.6	28.7	27.5	31.3	28.2	63.7
c	28.1	26.1	29.2	26.8	26.0	63.7
d	24.0	25.8	26.2	32.1	28.3	63.9
$\bar{x}$	27.0	26.9	27.7	29.6	27.9	
	Glühasche-Gehalt g/100 g (%); mg/cm³ (V)					
z (%)	58.0	–	60.4	62.6	62.3	62.2
z (v)	979	–	1031	1067	1056	1143

Ergänzend ist zu erwähnen, daß der Aschegehalt (Gewichtsprozente) der fettfreien, trockenen Knochensubstanz der Spongiosa mit Meßwerten des kompakten Knochens bei Mensch und Tier gut übereinstimmt [22, 36, 70, 125, 131, 188, 189]. In der Regel wurde zwischen den Mineralgehalten (Glühasche- oder Calciumgehalt) der Knochensubstanz von Spongiosa und Kompakta kein Unterschied gefunden [8, 252, 239].

Der von uns gemessene Calciumgehalt der Knochensubstanz liegt infolge des methodischen Vorgehens, das zu einer Dehydrierung des Knochens führt (Bestimmung an Knochendünnschnitten im Hochvakuum), signifikant höher als in der Literatur vielfach mitgeteilt [2, 8, 29, 30, 69, 70, 131, 261]. Ähnlich hohe Werte wurden bei verschiedenen Tierspezies gefunden [56, 57, 182, 252, 253]. Über die an der dehydrierten Knochensubstanz gewonnenen Meßwerte lassen sich der Wassergehalt und die tatsächliche spezifische Masse der Knochensubstanz bestimmen.

7.2.4 Knochenmatrix und dehydrierte Knochensubstanz

Nur an wasserfreier Knochensubstanz lassen sich tatsächliche Änderungen des Mineralgehaltes sicher nachweisen, da hierfür das Verhältnis Mineral/Matrix entscheidend ist. Da eine Vertiefung derartiger spezieller Untersuchungen, die mehr der kritischen Beleuchtung methodischer Probleme einer Mineralgehaltsbestimmung des Knochens dienen, nicht Thema der vorliegenden Arbeit ist, sollen in diesem Kapitel in Kürze nur der prinzipielle Weg sowie einige exemplarische Ergebnisse mitgeteilt werden. Die Bedingung der Messung an wasserfreier Knochensubstanz wurde im Hochvakuum (10^{-5} - 10^{-6} Torr) mit der Elektronenstrahlmikroanalyse erreicht. Neben der Messung des Calciums in der Knochensubstanz (Tab. 7-4) war die Bestimmung des Calciumgehaltes der Glühasche des Knochens mit der gleichen Methode erforderlich (Tab. 7-5).

Aus den bisher gewonnenen Meßdaten läßt sich der Wassergehalt m_W/m_S in Gramm Wasser pro 100 Gramm mazerierter, fettfreier und luftgetrockneter Knochensubstanz bestimmen. Die luftgetrocknete Knochensubstanz mit der Masse m_S setzt sich aus der im Hochvakuum dehydrierten Knochensubstanz mit der Masse m_{deh} und dem der luftgetrockneten Knochensubstanz entzogenen Wasser mit der Masse m_W zusammen nach der Gleichung:

$$m_S = m_{deh} + m_W \; .$$

Tab. 7-5 Spongiosabälkchen der peripheren Spongiosabohrzylinder:
Calciumgehalt der Glühasche; Wassergehalt der luftgetrockneten Knochensubstanz; spezifische Masse ρ_{Matrix}
der Knochenmatrix; spezifische Masse ρ_T der dehydrierten
Knochensubstanz

		Asche-Ca g/100 g	H_2O g/100 g	ρ_{Matrix} g/cm^3	ρ_T g/cm^3
B 1	a	33.4	31.8	1.065	2.482
	b	33.2	30.4	1.139	2.412
	c	31.6	34.8	0.863	2.669
	d	34.1	17.5	1.564	1.975
B 4	a	33.4	27.8	1.123	2.349
	b	34.4	24.4	1.275	2.212
	c	33.5	30.9	0.950	2.497
	d	32.6	24.9	1.253	2.233
A 7	a	33.0	26.6	1.051	2.288
	b	33.7	32.6	0.620	2.584
	c	33.5	21.6	1.272	2.115
B 8	a	34.0	26.9	1.052	2.280
	b	31.2	31.0	0.791	2.464
	c	33.3	20.1	1.339	2.055
	d	32.7	28.2	0.978	2.334
$\bar{x}$			27.3	1.089	2.330

Dividieren durch m_S und Auflösen nach m_W/m_S ergibt:

$$\frac{m_W}{m_S} = 1 - \frac{m_{deh}}{m_S} \ .$$

Der Ausdruck m_{deh}/m_S ist nicht gemessen worden, und so ist es sinn-
voll, ihn derart zu erweitern, daß er sich aus Faktoren gemessener
Größen zusammensetzt, was in diesem Falle möglich ist. Erweitern des
Zählers und Nenners mit m_A und m_{Ca} ergibt:

$$\frac{m_W}{m_S} = 1 - \frac{m_{deh}}{m_{Ca}} \cdot \frac{m_{Ca}}{m_A} \cdot \frac{m_A}{m_S} \ .$$

In dieser Gleichung für den Wassergehalt m_W/m_S der luftgetrockneten
Spongiosasubstanz kommen nur Größen vor, deren Meßwerte in Tabelle 7-2
stehen und zwar m_{deh}/m_{Ca} in Zeile 17, m_{Ca}/m_A in Zeile 16 und m_A/m_S in
Zeile 14.

Weiterhin lassen sich aus den gemessenen Werten die spezifischen Massen der dehydrierten Knochensubstanz $\rho_{deh} = m_{deh}/V_{deh}$ bestimmen. Nach Kap. 5.2.2 Gl. 12 ist, wenn statt des Röntgenkontrastmittels (Index R) jetzt im Hochvakuum dehydrierte Knochensubstanz (Index deh) und statt der Röntgenkontrastmittellösung (Index L) jetzt luftgetrocknete Knochensubstanz (Index S) verwendet wird, die spezifische Masse der dehydrierten Knochensubstanz:

$$\rho_{deh} = \frac{m_{deh}}{V_{deh}} = \frac{K\,\rho_W}{\rho_W - \rho_S + K} \cdot$$

Durch Umformen erhält man:

$$\rho_{deh} = \left[\ \frac{1}{\rho_W} - \frac{\rho_S}{K}\left(\frac{1}{\rho_W} - \frac{1}{\rho_S}\right)\ \right]^{-1} \cdot$$

In dieser Gleichung kann

$$K = \frac{m_{deh}}{V_S}$$

durch gemessene Größen ausgedrückt werden. Einsetzen von V_S aus

$$\rho_S = \frac{m_S}{V_S}$$

in K ergibt:

$$K = \frac{m_{deh}}{m_S}\,\rho_S \cdot$$

Umformen und Erweitern des Bruches mit m_A und m_{Ca}

$$K = \rho_S\,\frac{m_A}{m_S} \cdot \frac{m_{Ca}}{m_A} \cdot \frac{m_{deh}}{m_{Ca}} \cdot$$

Hier geben die einzelnen Faktoren gemessene Größen wieder. Wird K in die Gleichung für ρ_{deh} eingesetzt, so erhält man:

$$K = \frac{m_A}{m_{deh}}\,\rho_{deh} \cdot$$

Der Bruch m_A/m_{deh} ist nicht gemessen worden aber durch gemessene Werte ausdrückbar, wenn Zähler und Nenner mit m_{Ca} erweitert werden:

$$K = \frac{m_A}{m_{Ca}} \; \frac{m_{Ca}}{m_{deh}} \, \rho_{deh} \; .$$

Damit wird die Gleichung für die spezifische Masse der Knochenmatrix zu

$$\rho_M = \rho_A \, \rho_{deh} \; \frac{\dfrac{m_{Ca}}{m_A} - \dfrac{m_{Ca}}{m_{deh}}}{\rho_A \dfrac{m_{Ca}}{m_A} - \rho_{deh} \dfrac{m_{Ca}}{m_{deh}}} \; .$$

Hier sind alle Größen bekannt. In Tabelle 7-2 ist m_{Ca}/m_A in Zeile 16 und m_{Ca}/m_{deh} in Zeile 17 enthalten. Weiterhin ist ρ_A die spezifische Masse der Knochenasche 3 g/cm^3 [20, 145, 181, 182].

Die mittlere spezifische Masse (Dichte) der Knochenbälkchen der in Tab. 7-5 aufgeführten Spongiosazylinder beträgt $\rho_F = 1.7$ g/cm^3, der hierzu bestimmte mittlere Wassergehalt W = 27.3 g/100 g luftgetrockneter Knochensubstanz und die mittlere spezifische Masse der dehydrierten Knochensubstanz $\rho_T = 2.33$ g/cm^3. DICKERSON (1962 a, 1962 b) maß einen mittleren Wassergehalt der fettfreien, luftgetrockneten Knochensubstanz von 23 g/100 g beim Erwachsenen (femur) und 26 bis 36 g/100 g bei ausgewachsenen Tieren (Schwein, Ratte, Huhn). Die Meßwerte liegen im Streubereich der in Tab. 7-5 aufgelisteten Daten. ROBINSON & ELLIOTT (1957) bestimmten an Tibia-Kortikalis von Hunden für die hydrierte Knochensubstanz der spezifischen Dichte $\rho_F = 1.7$ g/cm^3 ebenfalls einen Wassergehalt von 27.3 g/100 g. Als mittlere spezifische Masse der dehydrierten Knochensubstanz fanden sie $\rho_T = 2.34$ g/cm^3.

ROBINSON (1964) gab für trockene, fettfreie Knochensubstanz des Menschen $\rho_T = 2.32$ g/cm^3 an. BLACK & MATTSON (1982) bestimmten $\rho_T = 2.2$ g/cm^3. RUSTGI et al. (1980) fanden als Maximalwert der spezifischen Masse menschlicher Kompakta (Ulna und Radius) 2.25 g/cm^3; VINZ (1970) bestimmte für menschliche Femurkompakta $\rho_T = 2.33-2.34$ g/cm^3. Die spezifische Dichte der Knochenmatrix liegt mit $\rho_{Matrix} = 1.09$ g/cm^3 in der Nähe des von ROBINSON & ELLIOT (1957) für die Matrix der hydrierten Knochensubstanz der Dichte $<_F < 1.75$ g/cm^3 mitgeteilten Wertes $\rho_{Matrix} = 1.12$ g/cm^3. BLACK & MATTSON (1982) geben die Dichte der organischen Phase der Knochensubstanz mit $\rho = 1.23$ g/cm^3 an.

7.2.5 Massen- und Volumenanteile beim spongiösen Knochen

Bei der Berechnung des Mineralgehalts des Knochens beziehen sich die
unterschiedlichen Meßwerte der verschiedenen Knochen nicht auf Änderung des Massen- oder Volumenverhältnisses von Calcium oder Glühasche
zur Knochenmatrix, sondern auf unterschiedliche Massen- und Volumenverhältnisse von mazerierten, fettfreien und luftgetrockneten Knochen
zu Knochenmark, wie aus Abb. 7-12 zu ersehen ist. Die vorliegenden Meßergebnisse erlauben es, die Massen- und Volumenverhältnisse zu berechnen. Ausnahme ist das Knochenmark, wo nur die Volumenverhältnisse angegeben werden können.

Die Massenverhältnisse wurden in Abb. 7-12a auf die Masse des Calciums
bezogen. Für Glühasche ergibt sich gemäß Tabelle 7-2 Zeile 16 aus dem
Mittelwert $m_A = 3.0\ m_{Ca}$. Für die im Hochvakuum dehydrierte Knochensubstanz liefert der Mittelwert der Zeile 17 $m_{deh} = 3.6\ m_{Ca}$. Bezogen auf
die Calciummasse liegen für die mazerierte, fettfreie und luftgetrocknete Spongiosasubstanz keine Meßwerte vor.

Erweitern des Bruches mit der Masse der Knochenglühasche ergibt:

$$\frac{m_S}{m_{Ca}} = \frac{m_S}{m_A} \cdot \frac{m_A}{m_{Ca}}\ .$$

Für m_S/m_A erhält man aus Zeile 14 und für m_A/m_{Ca} aus Zeile 16 die Mittelwerte, so daß für die luftgetrocknete Spongiosasubstanz $m_S = 4.9\ m_{Ca}$
erhalten wird. Bezieht man die Werte auf die Masse der Glühasche m_A,
so erhält man für die im Hochvakuum dehydrierte Knochensubstanz

$$m_{deh} = \frac{m_{deh}}{m_{Ca}} \cdot \frac{m_{Ca}}{m_A}\ m_{Ca}\ ,$$

wobei m_{deh}/m_{Ca} aus Zeile 17 und m_{Ca}/m_A aus Zeile 16 entnommen werden.
Einsetzen der Werte ergibt: $m_{deh} = 1.2\ m_{Ca}$. Für die luftgetrocknete
Spongiosasubstanz erhält man aus Zeile 14: $m_S = 1.6\ m_{Ca}$.

Entsprechend lassen sich die Volumenverhältnisse berechnen. Hier ist
es sinnvoll, die Volumina auf das Volumen der Knochenasche V_A zu beziehen. Geht man von der Gleichung für die spezifische Masse der im
Hochvakuum dehydrierten Knochensubstanz $\rho_{deh} = m_{deh}/V_{deh}$ aus, löst
nach V_{deh} auf, erweitert mit m_A und setzt für m_A im Zähler den ent-

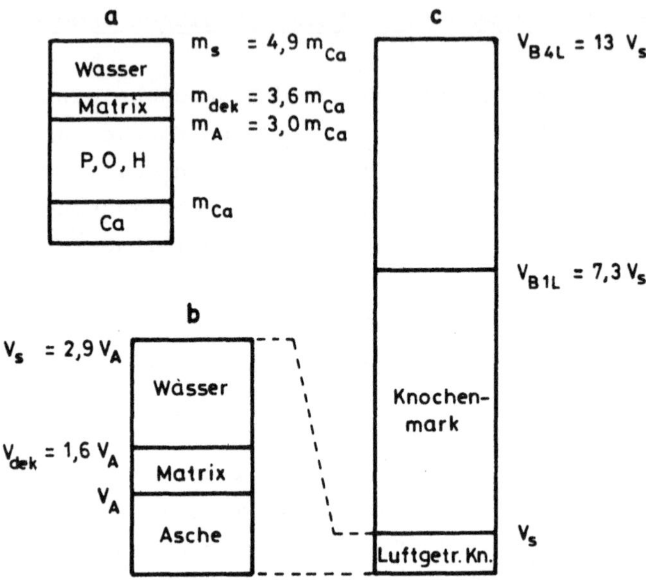

Abb. 7-12 Blockdarstellung der Massen- und Volumenanteile beim spongiösen Knochen. a) Massenanteile bezogen auf die Calciummasse, b) Volumenanteile bezogen auf das Aschevolumen und c) Volumenanteile bezogen auf das Volumen des luftgetrockneten Knochens mit V_B = Volumen des Spongiosa-Bohrzylinders, 1L und 4L sind die Nummern der Knochen

sprechenden Ausdruck, den man aus der Gleichung für die spezifische Masse der Knochenglühasche erhält, ein, so ergibt sich:

$$V_{deh} = \frac{m_{deh}}{m_{Ca}}\,\frac{m_{Ca}}{m_A}\,\frac{\rho_A}{\rho_{deh}}\,V_A.$$

Einsetzen der Meßwerte aus Zeile 16, 18 und 20 ergibt $V_{deh} = 1.6\,V_A$. Entsprechend wird die Gleichung für das Volumen des mazerierten, fettfreien und luftgetrockneten Knochens hergeleitet:

$$V_S = \frac{m_S}{m_A}\,\frac{\rho_A}{\rho_S}\,V_A.$$

Die Meßwerte aus Zeile 13, 14 und 20 liefern $V_S = 2.9\,V_A$.

Da für den Spongiosa-Bohrzylinder der Parallelepipede der Calcanei das Knochenmarkvolumen im Verhältnis zum Gesamtvolumen aus Zeile 9 bekannt ist und das Gesamtvolumen sich aus dem Knochenmarkvolumen und dem Volumen der luftgetrockneten Knochensubstanz zusammensetzt, ergibt sich das Gesamtvolumen als das Vielfache des Volumens der Knochenasche:

$$V_B = \frac{1}{1 - \dfrac{V_{PB}}{V_B}} \cdot \frac{m_S}{m_A} \cdot \frac{\rho_A}{\rho_S} V_A \; .$$

Einsetzen der Mittelwerte aus den Zeilen 13, 14 und 20 sowie für den Knochen 1L des Meßwertes aus Zeilte 9 ergibt: $V_B = 21\, V_A$. Wird das Gesamtvolumen auf das Volumen der luftgetrockneten Spongiosabälkchen bezogen, ist $V_B = 7.3\, V_S$. Die entsprechenden Werte für den Knochen 4L betragen: $V_B = 37\, V_A$ und $V_B = 13\, V_S$. Die Mineralgehalte (Zeile 11) für diese Knochen betragen 134 und 80 mg/mc^3 und weisen große in entgegengesetzte Richtung weisende Unterschiede auf.

Bei der Berechnung der Mittelwerte aus den Meßwerten wurde keine Standardabweichung der Einzelwerte vom Mittelwert und kein Vertrauensbereich des Mittelwertes angegeben, um nicht eine Sicherheit vorzugeben, die wegen nicht ganz auszuschließender systematischer Fehler nicht gegeben ist. Die Meßvorgänge wurden soweit möglich genau nach systematischen Fehlern untersucht. Es wird davon ausgegangen, daß, falls vorhanden, die systematischen Fehler nicht wesentlich größer als die zufälligen Fehler sind.

Die Überlegungen und Berechnungen zeigen, daß für den mazerierten, fettfreien und luftgetrockneten spongiösen Knochen die Massen von Calcium, Knochenglühasche, dehydrierter Knochensubstanz und luftgetrocknetem Knochen in einem festen Verhältnis zueinander stehen:

$$m_{Ca} : m_A : m_{deh} : m_S = 1 : 3.0 : 3.6 : 4.9 \; .$$

Das bedeutet, daß bei der Messung des Mineralgehalts, ganz gleich, welche der vier Größen gemessen wird, von einer Größe in eine andere umgerechnet und die Skala des Meßgerätes entsprechend kalibriert werden kann.

7.3 Röntgendensitometrische Werte

Am Schluß der Darstellung der experimentellen Untersuchungsergebnisse
ist auf das zentrale Anliegen der vorgelegten Thematik zurückzukommen,
aus dem sich die eigentliche Fragestellung der Untersuchungen ableitet:
Die experimentelle Überprüfung der röntgendensitometrischen Methode am
biologischen "Modell" der Spongiosabohrkerne. Die hierzu entscheidende
Vergleichsmethode ist die direkte Bestimmung des Mineralgehalts der
Spongiosa mittels der Veraschung. In Abb. 7-13 zeigt die Gegenüberstel-
lung der mit beiden Methoden gewonnenen Meßwerte nicht die eigentlich
erwartete Übereinstimmung. Vielmehr finden sich systematische Abweichungen, deren Ausmaß zudem evident strahlenenergieabhängig ist.

Um die Abweichungen quantitativ überprüfbar zu machen, sind die Meßergebnisse in Tabelle 7-6 gegenübergestellt. Der densitometrisch gewonnene Aschegehalt wurde zusätzlich und, wie aus der Tabelle hervorgeht,
unvollständig mit Werten von entsprechenden Leeraufnahmen korrigiert.

Allgemein wurden bisher bei der Überprüfung der densitometrischen Bestimmung des Knochenmineralgehalts durch die direkte "chemische" Messung im Experiment eine grundsätzlich genaue, zum Teil hervorragende
Übereinstimmung zwischen den Ergebnissen beider Methoden festgestellt
und kleinere Abweichungen mehr als Frage der Kalibrierung angesehen
[87, 168, 189]. Die in Abb. 7-13 dargestellten Ergebnisse sind jedoch
nicht singulär. Gleichsinnige systematische Abweichungen, deren immer-
hin mögliche Energieabhängigkeit nicht untersucht wurde, fanden PESCH
et al. (1979) beim Vergleich densitometrischer Mineralgehaltsbestimmungen an weichteilumgebenen Knochen (^{125}Jod-Gammastrahlen und Röntgenstrahlen) mit Messungen des Glühaschegehalts von Bohrkernen derselben zuvor untersuchten Knochenbezirke. Die radiologischen Meßwerte lagen etwa um die Hälfte niedriger als die direkt gemessenen Mineralgehaltswerte. Die Ursache für die Abweichungen wurde in anatomischen,
von den Eigenschaften der benutzten durchdringenden Strahlung unabhängigen Gegebenheiten gesucht.

Die bereits untersuchten experimentellen Möglichkeiten einer Korrektur
der Schwärzungskurven des Hydroxylapatit-Referenzsystems mittels der
Leeraufnahme führt zu keiner befriedigenden Annäherung der Meßwerte
der Mineralgehalts-Wertepaare. Die Energieabhängigkeit der Meßwertabweichungen wird durch die Korrektur nicht grundsätzlich beeinflußt
(Abb. 7-14).

Tab. 7-6 Glühsaschekonzentration und densitometrisch bestimmter
Mineralgehalt von fünf Calcanei. Die Meßorte wurden in
Abb. 7-4 beschrieben

Knochen Nr.	Meß-ort	Glüh-Asche-Konzentr. mg/cm^3	Aufnahme-Daten Al mm	keV	Densitometr. Asche-Konzentr. un-korrig. mg/cm^3	korrig. mg/cm^3
1 L	K	134,1	3	60	111	120
			9	60	117	128
			21	90	67	81
4 L	K	80,4	3	60	81	87
			9	60	67	77
			21	90	40	60
7 R	K	93,9	3	60	80	99
			9	60	72	91
			21	90	45	74
8 L	K	82,4	3	60	73	77
			9	60	76	82
			21	90	20	33
12 R	K	163,5	3	60	138	153
			9	60	136	155
			21	90	92	125
	b	276,7	3	60	231	250
			9	60	227	249
			21	90	175	219
	c	241,1	3	60	186	208
			9	60	185	212
			21	90	144	190
	d	141,5	3	60	117	125
			9	60	119	129
			21	90	83	104

Die Ergebnisse des Vergleichs der mit den beiden differenten Methoden
gewonnenen Mineralmeßwerte sowie der Voruntersuchungen lassen

1. einen strahlenenergieabhängigen Einfluß der Strahlenausbreitungsgeometrie und

2. strahlenenergieabhängig divergierende Änderungen der Schwächungskoeffizienten von Komponenten des benutzten Phantomkörpers (Hydro-
   xylapatit-Polyester-Plexiglas-Wasser)

als die beiden wesentlichen Ursachen der Meßabweichungen der röntgendensitometrischen Methode vermuten.

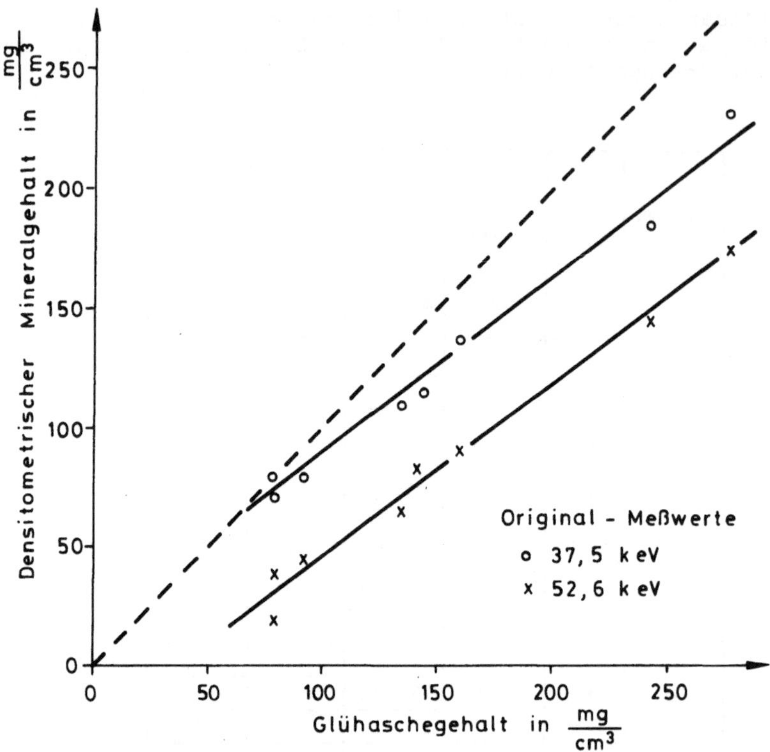

Abb. 7-13   Knochenmineralgehalt der Spongiosabohrzylinder der Calcaneus-Parallelepipede (Tab. 7-2 und 7-3).
Ordinate: Röntgendensitometrisch bestimmter Mineralgehalt,
bezogen auf Spongiosa einschließlich Markraum (Symbol O:
60 kV, 50 mA, 2.0 sec, Filter 3 mm Al (E_{eff} = 37.5 keV);
Symbol x: 90 kV, 30 mA, 2.5 sec, Filter 21 mm AL (E_{eff} =
52.6 keV)). Die gestrichelte Linie markiert die erwartete
Beziehung zwischen den Meßwertpaaren

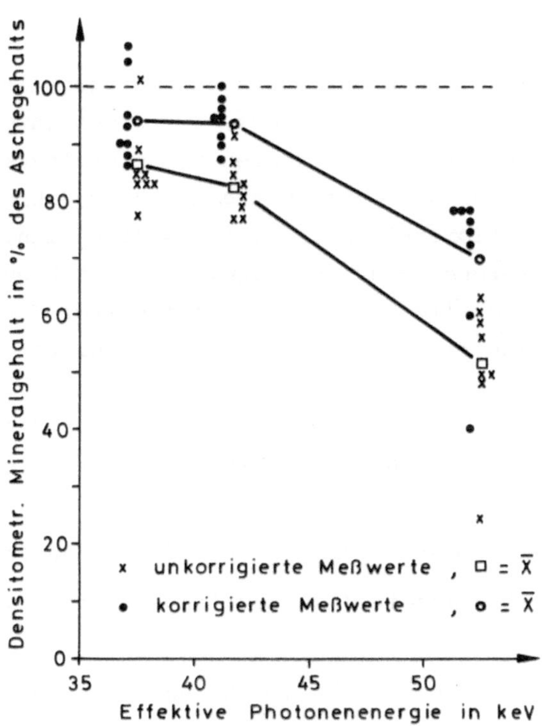

Abb. 7-14   Röntgendensitometrisch bestimmter Knochenmineralgehalt
(Ordinate) der Spongiosabohrzylinder der Calcaneus-Parallelepipede in Prozent des Glühaschegehaltes: Einfluß
der effektiven Photonenenergie (Abszisse) auf die Meßwerte. Aufnahmebedingungen wie Abb. 5-2; zusätzliche Messungen mit 9 mm Al-Filter bei 60 kV, 50 mA und 2.0 sec
$(e_{eff} = 41.7\ keV)$

Die Methode der quantitativen photometrischen Röntgenfilmauswertung
zur Mineralgehaltsbestimmung des Knochens, die sogenannte Röntgendensitometrie, die älteste unter den Methoden zur nichtinvasiven Messung
des Knochenmineralgehalts, hat seit Anfang der 70er Jahre mit dem Aufkommen der Gamma-Absorptiometrie kein nennenswertes klinisches und
wissenschaftliches Interesse mehr gefunden. Die Kritik nennt als be-
sondere, von den Fehlerquellen anderer vergleichbarer Methoden differente Ursachen der Unzuverlässigkeit der Röntgendensitometrie:

(1) das Problem der Strahlenaufhärtung des niederenergetischen Bremsstrahlenspektrums durch den densitometrisch zu untersuchenden Gegenstand

(2) die Ungleichmäßigkeit der Feldintensität des Strahlungsfeldes

(3) die Nicht-Reproduzierbarkeit des Energiespektrums und der Filmantwort

(4) die völlig ungenügende Entwicklung geeigneter mathematischer Modelle.

Punkt (4) erscheint als entscheidende Ursache für die Stagnation in
der Weiterentwicklung der Methode und ihre Unfähigkeit einer erfolgreichen Fehleranalyse ("adverse effects of unknown magnitude" [43]),
die bisher nach dem Prinzip des "costly trial and error" durchgeführt
worden sei [38, 42, 135].

Die Röntgenbilddensitometrie ist ein bisher in vielfacher Hinsicht
theoretisch und experimentell nicht grundlegend analysiertes empirisch-
quantitatives Verfahren geblieben.

Die Strahlenaufhärtung wird in der Röntgendensitometrie allgemein als
vernachlässigbar betrachtet. In der voraussetzungslosen Anwendung des
Lambert-Beerschen Gesetzes auf das Bremsstrahlenspektrum, wie sie beispielsweise bei der linearen Interpolation zur Gewinnung densitometrischer Meßwerte praktiziert wird, wurden keine besonderen Schwierigkeiten gesehen [43, 87, 162, 190]. Über das Ausmaß der hierdurch verursachten Fehler lagen bisher jedoch weder experimentelle Untersuchungen
noch theoretische Abschätzungen vor. Andererseits betrifft die Problematik der Strahlenaufhärtung (wie auch der Streustrahlung) in gleicher
Weise die Mineralgehaltsbestimmung mit der Methode der Computer-Tomo-

metrie [39, 135]. Selbst die Gamma-Absorptiometrie, deren Meßergebnisse naturgemäß ebenfalls durch Streustrahlung beeinflußt werden, ist
nicht frei von Aufhärtungsproblemen [260]. Es ist wahrscheinlich   , daß im Gegensatz zu den bisher angegebenen Ursachen der
Unzuverlässigkeit der Röntgendensitometrie die Problematik des Referenzsystems und der Strahlenausbreitungsgeometrie als Fehlerquellen
der bisher nicht verstandenen röntgendensitometrischen Meßwertabweichungen verantwortlich zu machen sind. Die bisher vermuteten Fehlerquellen scheinen demgegenüber eine vergleichsweise geringe Rolle zu
spielen.

Die Frage nach den Gründen, die dazu führen, daß die von uns experimentell und theoretisch analysierten Fehlermöglichkeiten der Röntgendensitometrie bisher nicht untersucht (Strahlenaufhärtung) oder nicht erkannt worden sind (Mehrkomponenten-Referenzsystem, Strahlenausbreitungsgeometrie), läßt sich zunächst damit beantworten, daß bei empi-
risch-quantitativen Verfahren, zu denen die Röntgendensitometrie bisher
zu rechnen war, sich empirisch (vgl. Abb. 5-18; Wahl der richtigen
Meßorte auf dem Film durch "Probieren") Bedingungen finden lassen,
unter denen wenigstens experimentell die "richtigen" Ergebnisse gewonnen werden können. Durch "Vermeiden" von Bedingungen, die zu Meßabweichungen führen, wird das sich dahinter verbergende Problem, dessen Analyse zu fundamentalen Erkenntnissen führen könnte, ignoriert.
Diese Empirie ist daher nicht auf andere Bedingungen (anderes Röntgengerät u. ä.) übertragbar, wenn die tatsächlichen Ursachen der Meßabweichungen nicht durchschaut werden.

Weiterhin wurde in der Aufzählung der Fehlerquellen der Methode der
Röntgendensitometrie ein möglicher Einfluß der Nicht-Parallelität der
Röntgenstrahlen oder der Strahlenausbreitungsgeometrie auf das Meßergebnis bisher nie erwähnt [38, 43, 87, 93, 174]. Untersuchungen über
diesen Punkt sind dementsprechend bisher auch nicht bekannt geworden.

Der von COLBERT & BACHTELL (1981, l.c.p. 75) bei ihren röntgendensitometrischen Untersuchungen über den Einfluß verschiedener Abstände des
Aluminium-Referenzsystems zum Zentralstrahl in der Filmebene beobach-
tete "adverse effect of yet unknown magnitude", für den sie keine Erklärung fanden, ist vermutlich durch die Strahlenausbreitungsgeometrie
bedingt. Allein schon die Maße einiger Referenztreppen (beispielsweise
17.5 x 28 cm bei Fokus-Leuchtschirmabstand von 90 cm, RUTISHAUSER 1969,
l.c.pp 36 und 67) lassen bei den üblichen Fokus-Film- bzw. Fokus-

schirmabständen (Videodensitometrie) erhebliche geometrisch bedingte Verfälschungen der Meßergebnisse erwarten (der Meßfehler wächst mit dem Quadrat des Abstands der Referenz-Meßstelle vom Zentralstrahl in der Filmebene, mit Abnahme des Quadrats des Fokus-Film-Abstands und Zunahme der Röhrenspannung). Selbst der in unseren Untersuchungen gewählte Fokus-Film-Abstand von 150 cm (Abstand der Referenz-Meßstelle zum Zentralstrahl in der Filmebene 10 cm) führte noch zu nicht tolerierbaren Meßabweichungen (Abb. 7-14).

Erfahrungen aus einem anderen Gebiet der quantitativen Röntgenfilmauswertung, der Filmdosimetrie, hätten indessen die Zulässigkeit der obigen Ansicht zumindest in Frage stellen können. Hier ist als problematische Fehlerquelle sowohl eine unter Umständen erhebliche unmittelbare Abhängigkeit der Filmschwärzung vom Strahleneinfallswinkel als auch eine zusätzlich mittelbare Abhängigkeit infolge des längeren Strahlenweges durch Schrägstrahlung bei Benutzung von Filtern seit langem bekannt gewesen [3, 15, 27, 66, 68, 80, 83, 106, 121, 122, 133, 208, 249, 258].

Als unabdingbare Grundlage der Analyse der experimentellen und theoretischen Zusammenhänge der von uns untersuchten Probleme war die Entwicklung einer praktisch anwendbaren transparenten Mathematik der Zusammenhänge zwischen Röntgenstrahlung, durchstrahlter Materie und Filmschwärzung erforderlich, deren Voraussetzungen und im wesentlichen neu zu formulierenden Grundlagen erarbeitet wurden. Nur auf dem Fundament dieser mathematisch-analytischen Grundlagen war überhaupt die Fehleranalyse möglich, wie dies von COLBERT (1972) gefordert und vorausgesagt worden war.

(1) In der vorliegenden Arbeit wurde eine theoretische und experimen-
    telle Fundamentalanalyse der Methode der Röntgendensitometrie,
    die den quantitativen Zusammenhang zwischen Röntgenstrahlung,
    durchstrahlter Materie und Filmschwärzung nutzt, am Beispiel der
    Mineralgehaltsbestimmung des isolierten markfreien spongiösen
    Knochens (menschlicher Calcaneus) mittels eines Hydroxylapatit-
    Kunststoff-(Palatal)-Wasser-Referenzsystems durchgeführt (Synony-
    ma: Röntgenfilm-Densitometrie, quantitative radiologische Photo-
    densitometrie, radiographic absorptiometry).

    Die densitometrischen Meßergebnisse wurden durch die experimen-
    telle Untersuchung des Einflusses sensitometrischer Größen der
    Filmschwärzung auf die Bestimmung physikalischer Parameter der
    Röntgenstrahlung und der durchstrahlten Materie, die experimen-
    telle Untersuchung der Strahlenabsorption des Hydroxylapatit-Pala-
    tal-Wasser-Referenzsystems sowie durch physikalische und chemi-
    sche Analyse von Spongiosa und Referenzsystem kontrolliert (Be-
    stimmung von Masse, Markraum- und Trabekelvolumen der Spongiosa,
    des Wassergehalts der Knochensubstanz, der spezifischen Masse des
    luftgetrockneten und des dehydrierten Knochengewebes, der spezi-
    fischen Masse des Referenzsystems und seiner Bestandteile; ver-
    gleichende quantitative (Elektronenstrahlmikroanalyse) und quali-
    tative Röntgenspektralanalyse (Pulverdiffraktometrie) von Kno-
    chensubstanz und Referenzsystem einschließlich ihrer Glühaschen;
    Bestimmung der Massenverhältnisse von Knochenmineral, Knochenma-
    trix und Wasser der Knochensubstanz sowie von Hydroxylapatit und
    Palatal des Referenzsystems).

(2) Die gewonnenen densitometrischen Ergebnisse zeigten eine systema-
    tische, mit Zunahme der effektiven Photonenenergie der Röntgen-
    strahlung zunehmende (Minus-) Meßabweichung (bis über 50 % vom
    wahren Mineralgehalt). Die Meßwertabweichungen konnten nicht wider-
    spruchsfrei mit den bisher bestehenden wesentlichen Fehlertheorien
    der röntgendensitometrischen Methode (Strahlenaufhärtung, Ungleich-
    mäßigkeit der Feldintensität des Strahlungsfeldes, Nicht-Reprodu-
    zierbarkeit des Energiespektrums der Strahlung und der Filmantwort,
    Streustrahlung, Inhomogenität der Knochenstrukturen) erklärt wer-
    den. Zur umfassenden Beschreibung der entscheidenden Ursachen der
    Meßabweichungen mußte eine praktisch anwendbare mathematische Dar-

stellung der Zusammenhänge zwischen Röntgenstrahlung, durchstrahlter Materie und Filmschwärzung entwickelt werden. Hierzu waren die Untersuchung der Bedingungen und die Charakterisierung von Gültigkeitsbereichen bei der Anwendung des Lambert-Beerschen-Gesetzes auf die polychromatische Röntgenstrahlung erforderlich.

(3) Als entscheidende, für die Meßabweichungen verantwortlich zu machende Faktoren wurden erkannt:

1. Die bisher als unkritisch angesehene Strahlenausbreitungsgeometrie mit den unterscheidbaren Einflußgrößen

   a) der divergierenden Intensitätsverteilung in der Filmebene sowie

   b) der durch Schrägstrahlung bewirkten Zunahme der effektiven Schichtdicke der Untersuchungsobjekte,

   wobei das Verhältnis der beiden Einflußgrößen von der Strahlenenergie abhängig ist. Der hierdurch bedingte Meßfehler wächst mit dem Quadrat des Abstands des Referenzobjekts vom Untersuchungsobjekt (Zentralstrahl) in der Filmebene, mit abnehmendem Schwächungskoeffizienten bzw. zunehmender Strahlenenergie, mit abnehmendem (quadratischen) Fokus-Film-Abstand und mit abnehmender Schichtdicke des Meßobjekts.

2. Als weitere wesentliche Ursache der densitometrischen Meßabweichungen wurde die Schwächungscharakteristik des Hydroxylapatit-Palatal-Wasser-Referenzsystems erkannt. Hierauf deutete bereits der bisher in der Literatur noch nicht beschriebene experimentelle Befund (in Abhängigkeit von der Strahlenenergie auftretender) unterschiedlicher Absorptionsverhältnisse bei gleichen Hydroxylapatit-Flächenmassen der verschiedenen Konzentrationsstufen des Referenzsystems hin. Dieser Befund läßt sich auch bei anderen Mehrkomponenten-Referenzsystemen nachweisen. Die theoretische Analyse ergab als Ursache für die Abweichungen das Verhalten der Schwächungskoeffizienten des Kunststoffs und Wassers (beides Komponenten zahlreicher radiologischer Phantomkörper) im diagnostischen Strahlenenergiebereich. Ein strahlenenergieabhängiger Einfluß der Schwächungscharakteristik des Referenzsystems auf das Meßergebnis ist auch bei in-vivo-Untersuchungen zu erwarten.

(4) Die gefundenen Meßabweichungen konnten durch den Einfluß der Strahlenausbreitungsgeometrie und der Schwächungscharakteristik des Referenzsystems ausreichend erklärt werden.

(5) Die Methode der Röntgendensitometrie gilt heute allgemein im Vergleich zu anderen nicht-invasiven Methoden zur Mineralgehaltsbestimmung des Knochens als relativ ungenaues empirisch-quantitatives Verfahren. Ziel der vorliegenden Arbeit war eine Analyse der Problematik der Methode und Entwicklung eines tragfähigen, zur Lösung der Probleme geeigneten mathematischen Modells. Der Mangel an geeigneten mathematischen Modellen wurde bisher als entscheidende Ursache für die Stagnation in der Weiterentwicklung der Methode und ihre Unfähigkeit zur erfolgreichen Fehleranalyse angesprochen. Inzwischen schreibt die Federal Drug Administration (FDA) der USA die Anwendung nicht-invasiver Methoden zur Mineralgehaltsbestimmung des Knochens zur klinischen Wirksamkeitskontrolle von Medikamenten zur Behandlung der Osteoporose vor.

Die prinzipielle Flexibilität und universelle Anwendbarkeit der Röntgendensitometrie (einschließlich quantitativer Untersuchungen mit Röntgenkontrastmitteln) wird von keiner vergleichbaren Methode erreicht. Besonders im Verhältnis zur Videodensitometrie, die grundsätzlich auf den gleichen Prinzipien beruht, bietet das Verfahren der Röntgendensitometrie durch die überlegenen Qualitäten des Röntgenfilms erhebliche Vorteile.

Infolge der besonderen Eigenschaften des Röntgenfilms (Doppelfunktion als Detektor und Speicher eines Meßsystems für Photonenstrahlung, übersichtliche und direkte Kontrollmöglichkeit des Meßergebnisses, Robustheit und unkomplizierte Verfügbarkeit äußerst konstanter Originaldaten, unübertroffenes räumliches Auflösungsvermögen) wird der Röntgenfilmdensitometrie bei Anwendung einer geeigneten Mathematik der Zusammenhänge zwischen Röntgenstrahlung, durchstrahlter Materie und Filmschwärzung unter den heute gegebenen Verhältnissen einer mikroprozessorgesteuerten elektronischen Bildauswertung die Chance einer zuverlässigen und vergleichsweise billigen Methode eingeräumt.

Literaturverzeichnis

[1] Ackermann L, Mergler H, Schleussner H (1968) Dokumentation des Strahlungs-
       bzw. Dosisbildes. In: Diethelm L, Olsson O, Strnad F, Vieten H,
       Zuppinger A (eds) Handbuch der medizinischen Radiologie. Vol I/1,
       Springer, Berlin Heidelberg New York, pp 209-304
[2] Agna J W, Knowles H C, Alverson G (1958) The mineral content of normal
       human bone. J clin Invest 37: 1357-1361
[3] Allisy A (1956) La mesure des doses de rayons X ou γ a l'aide d'émulsions
       photographiques. J Radiol Electrol 37: 249-252
[4] Aloia J F, Cohn S H, Ross P, Vaswani A, Abesamis C, Ellis K. Zanzi I (1978)
       Skeletal mass in postmenopausal women. Am J Physiol 235: E82-E87
[5] Aloia J F, Ross P, Vaswani A, Zanzi I, Cohn S H (1981) Rates of bone loss
       in postmenopausal and osteoporotic women. Calcif Tissue Int 33
       (Suppl): 144
[6] Angerer E von (1953) Wissenschaftliche Photographie. Akademische Verlags-
       gesellschaft Geest und Portig KG, Leipzig
[7] Babaiantz L (1947) Les ostéoporoses. Radiol clin (Basel) 16: 291-322
[8] Baker S L, Butterworth E C, Langley F A (1946) The calcium and nitrogen
       content of human bone tissue cleaned by micro-dissection. Biochem J 40:
       391-396
[9] Balz G, Birkner R (1956 a) Die Bestimmung des Aluminiumschwächungsgleich-
       wertes von Knochengewebe beim Lebenden. Strahlentherapie 99: 221-226
[10] Balz G, Birkner R, Wachsmann F (1955) Experimentelle Untersuchungen über
       die Absorption von Röntgenstrahlen in verschiedenen Geweben. Strahlen-
       therapie 97: 382-388
[11] Banzer D, Schneider H, Hauser K-P, Knoop F (1974) Radiologischer Nachweis
       der renalen Osteopathie unter Dauerdialyse. Dtsch med Wschr 99: 48-51
[12] Banzer DH, Schneider U, Risch WD, Botsch H (1976) Roentgen signs of
       vertebral demineralization and mineral content of peripheral cancellous
       bone. Am J Roentgenol 126: 1306-1308
[13] Bartelheimer H (1957) Mineralhaushalt und Knochen, Klinik. Fortschr. Röntgen-
       str 86 (Beih 39): 59-64
[14] Becker K (1961 a) Beitrag zur Filmdosimetrie energiereicher Quantenstrahlung.
       I. Theoretische Grundlagen. Fortschr. Röntgenstr 95: 694-703
[15] Becker K (1961 b) Beitrag zur Filmdosimetrie energiereicher Quantenstrahlung.
       II. Experimentelle Ergebnisse. Fortschr Röntgenstr 95: 839-847
[16] Becker K (1962) Filmdosimetrie. Grundlagen und Methoden der photographischen
       Verfahren zur Strahlendosismessung. Springer, Berlin Göttingen Heidel-
       berg
[17] Bergstrom WH (1956) The skeleton as an electrolyte reservoir. Metabolism 5:
       433-437
[18] Birkenhager-Frenkel DH, Schmitz PIM, Breuls PNWM, Lockfeer JHM, v d Heul RO
       (1977) Biological variation as compared to inter-observer variation and
       intrinsic error of measurement, for some parameters within single bone
       biopsies. In: Meunier PJ (ed) Bone histomorphometry. Second International
       Workshop. Armour Montagu, Paris pp 79-87
[19] Biryukov YN, Krasnykh IG (1970) Changes in optical density of bone tissue
       and calcium metabolism in the cosmonauts. Kosmich Biol Med 4: 42-45
[20] Black J, Mattson RU (1982) Relationship between porosity and mineralization
       in the Haversian osteon. Calcif Tissue Int 34: 332-336
[21] Bordier PJ, Tun-Chot S (1972) Quantitative histology of metabolic bone
       disease. J clin Endocr 1: 197-215
[22] Boskey AL, Cohen ML, Bullough PG (1982) Hard tissue biochemistry: A com-
       parison of fresh-frozen and formalin-fixed tissue samples. Calcif Tissue
       Int 34: 328-331

[23] Bouillon R, Bergmann P, Verbank M, Van Baelen H (eds) (1981)
     XVI European Symposium on Calcified Tissues 13 - 17. September 1981
     Knokke/Belgium. Abstracts. Calcif Tissue Int 33 (Suppl)
[24] Bregulla W, Schmidt T (1981) Bedeutung der Seltene-Erden-Folien für die
     Dosisreduzierung in der Röntgendiagnostik. Electromedica 49: 189-193
[25] Broman GE, Trotter M, Peterson RR (1958) The density of selected bones of the
     human skeleton. Am J phys Anthropol 16: 197-211
[26] Bronstein IN Semendjajew KA (1968) Taschenbuch der Mathematik. 8. Aufl.
     Harry Deutsch, Zürich Frankfurt/Main
[27] Brose HL, Molesworth EJ (1937) The absorption of X-rays by the skin. Br J
     Radiol 10: 567-570
[28] Bunsen R, Roscoe HE (1863) Photo-chemical researches Part V. On the direct
     measurement of the chemical action of sunlight. Phil Trans roy Soc 153;
     139-160
[29] Burns CM, Henderson N (1935) The mineral constituents of bone. I. Methods of
     analysis. Biochem J 29: 2385-2395
[30] Burns CM, Henderson N (1936) The mineral constituents of bone. II. The in-
     fluence of age on the mineral constituents of bones from kittens and
     pups. Biochem J 30: 1207-1214
[31] Chalmers J (1973) Distribution of osteoporotic changes in the ageing skeleton.
     Clin Endocrinol Metabol 2: 203-220
[32] Chesnut CH, Nelp WB, Lewellen TK (1976) Quantitation of bone mass in ost-
     eoporosis: recent advances. In: Nielsen SP, Hjørting-Hansen E (eds)
     Calcified Tissues 1975. Fadl, Kopenhagen, pp 370-374
[33] Christiansen C, Rödbro P (1975 a) Estimation of total body calcium from the
     bone mineral content of the forearm. Scand J clin Lab Invest 35: 425-431
[34] Christiansen C, Rödbro P (1975 b) Bone mineral content and estimated total
     body calcium in normal adults. Scand J clin Lab Invest 35: 433-439
[35] Christiansen C, Rödbro P, Nielsen CT (1975) Bone mineral content and esti-
     mated total body calcium in normal children and adolescents. Scand J clin
     Lab Invest 35: 507-510
[36] Clark I, Smith MR (1964) Effects of hypervitaminosis A and D on skeletal
     metabolism. J biol Chem 239: 1266-1271
[37] Cohn SH (1981 a) Non-invasive measurements of bone mass and their clinical
     application. CRS Press, Boca Raton, Florida
[38] Cohn SH (1981 b) Retrospect and prospects. In: Cohn SH (ed) Non-invasive
     measurements of bone mass and their clinical application. CRC Press,
     Boca Raton, Florida, pp 215-223
[39] Cohn SH (1982) Techniques for determining the efficacy of treatment of osteo-
     porosis. Calcif Tissue Int 34: 433-438
[40] Cohn SH, Aloia JF, Letteri JM (1978) Noninvasive measurements of bone mass
     and their clinical significance. Calcif Tissue Res 26: 1-3
[41] Cohn SH, Aloia JF, Vaswani AN, Ellis KJ (1981) A cross-sectional study of
     age-related changes in bone mass in women by neutron activation. Calcif
     Tissue Int 33 (Suppl): 156
[42] Colbert C (1972) The osseous system. An overview. Invest Radiol 7: 223-232
[43] Colbert C, Bachtell RS (1981) Radiographic absorptiometry (photodensitometry).
     In: Cohn SH (ed) Non-invasive measurements of bone mass and their
     clinical application. CRS Press, Boca Raton, Florida, pp 51-84
[44] Currey JD (1969) Mechanical consequences of variation in mineral content of
     bone. J Biomech 2: 1-11
[45] Dalén N (1973) Bone mineral assay. Choice of measuring sites. In: Mazess RB
     (ed) (Second) Int Conf Bone Mineral Measurement. Chicago 1973. DHEW
     Publication No. (NIH) 75-683. US Department of Health, Education, and
     Welfare, Washington D.C., pp 60-64
[46] Dalén N, Alvestrand Å (1973) Bone mineral content in chronic renal failure
     and after renal transplantation. Clin Nephrol 1: 338-346
[47] Dalén N, Jacobsen B (1974) Bone mineral assay: Choice of measuring sites.
     Invest Radiol 9: 174-185

[48] Darby AJ, Meunier PJ (1981) Mean wall thickness and formation periods of trabecularbone packets in idiopathic osteoporosis. Calcif Tissue Int 33: 199-204

[49] Degenhardt H (1981) Filmuniverselle Verstärkerfolien mit Zweibanden-Leuchtstoff Titan 2. Electromedica 49: 154-158

[50] Degenhardt H, Kuhn H, Pfeiler M (1975) Dosiseinsparung und Abbildungsgüte bei Film-Folien-System. Röntgenpraxis 28: 271-278

[51] Deininger HK (1974) Die Angiokinedensitometrie der Niere. Habil.-Schrift Med Fakultät Universität Tübingen

[52] Deitrick JE, Whedon GD, Shorr E (1948) Effects of immobilization upon various metabolic and physiologic functions of normal men. Am J Med 4: 3-36

[53] Delling G (1974) Altersabhängige Skelettveränderungen. Histomorphometrische Untersuchungen an der menschlichen Beckenkammspongiosa. Klin Wschr 52: 318-325

[54] Dequeker J (1972) Bone loss in normal and pathological conditions. Leuven Univ Press, Leuven, Belgium

[55] Dequeker J (1977) Problems in measuring amount of bone: Reproducibility, variability, sequential evaluation. In: Meunier PJ (ed) Bone histomorphometry: Second International Workshop. Armour Montagu, Paris, pp 19-37

[56] Dickerson JWT (1962 a) The effect of development on the composition of a long bone of the pig, rat and fowl. Biochem J 82: 47-55

[57] Dickerson JWT (1962b) Changes in the composition of the human femur during growth. Biochem J 82: 56-61

[58] DIN 1319 Grundbegriffe der Meßtechnik. Deutscher Normenausschuß. 1 Berlin 30

[59] DIN 4512 Photographische Sensitometrie Deutscher Normenausschuß 1 Berlin 30

[60] Donaldson CL, Hulley SB, Vogel JM, Hattner RS, Bayers JH, Mc Millan DE (1970) Effect of prolonged bed rest on bone mineral. Metabolism 19: 1071-1084

[61] Dulce H-J (1980) Biochemische Struktur des Knochens. In: Kuhlencordt F, Bartelheimer H (eds) Klinische Osteologie. (In: Schwiegk H (ed) Handbuch der inneren Medizin, 5. Aufl., Vol 6/1A). Springer, Berlin Heidelberg New York, pp 43-58

[62] Edholm P, Jacobson B (1959) Quantitative determination of iodine in vivo. Acta radiol (Stockh.) 52: 337-346

[63] Eggert J (1960) Lehrbuch der physikalischen Chemie. S. Hirzel, Stuttgart

[64] Erikson U, Helmius G, Hennig K, Johansson L, Enghoff E, Ruhn G (1981) Determination of myocardial blood flow by videodensitometry. Fortschr Röntgenstr 135: 404-406

[65] Erikson U, Ruhn G, Björk L (1980) Videodensitometry in angiography. Medicamundi 25; 4-8

[66] Fassbender CW, Heinzel F, Mohr H (1957) Experimentelle Untersuchungen zur Strahlenschutzüberwachung mit Hilfe der Filmschwärzungsmethode. Fortschr Röntgenstr. 87: 232-239

[67] FDA (1979) Guidelines for the clinical evaluation of drugs used in the treatment of osteoporosis. DHEW Publication No. (FDA) 80-3094. US Department of Health, Education, and Welfare (Federal Drug Administration), Washington D.C.

[68] Fehrentz D, Zunter F (1968) Zur Filmdosimetrie in der Strahlentherapie. Strahlentherapie 135: 301-306

[69] Follis RH (1952) The inorganic composition of the human rib with and without marrow elements. J biol Chem 194: 223-226

[70] Forbes RM, Cooper AR, Mitchell HH (1953) The composition of the adult human body as determined by chemical analysis. J biol Chem 203: 359-366

[71] Frame B, Guiang HL, Frost HM, Reynolds WA (1971) Osteomalacia induced by laxative (phenolphthalein) ingestion. Arch intern Med 128: 794-796

[72] Frieser H (1975) Photographische Informationsaufzeichnung. R. Oldenbourg, München Wien, Focal Press, London New York

[73] Fusi G (1953) Saggio sperimentale sulle prime manifestazioni radiologiche di osteoporosi. Radiol clin (Basel) 22: 123-129

[74] Gerthsen C, Kneser H O (1971) Physik. Springer Verlag, Berlin Heidelberg
       New York
[75] Gierse H (1976) The cancellous structure in the calcaneus and its relation
       to mechanical stressing. Anat Embryol 150: 63-83
[76] Glick PL, Rowe DJ (1981) Effects of chronic protein deficiency on skeletal
       development of young rats. Calcif Tissue Int 33: 223-231
[77] Glocker R, Macherauch E (1971) Röntgen- und Kernphysik für Mediziner und Bio-
       physiker. Thieme, Stuttgart
[78] Goering U, Dümmling K (1968) Sichtbarmachen des Röntgenbildes mit Hilfe von
       Luminescenzschirmen. In: Diethelm L, Olsson O, Strnad F, Vieten H,
       Zuppinger A (eds) Handbuch der medizinischen Radiologie. Vol 1/1. Sprin-
       ger, Berlin Heidelberg New York, pp 143-208
[79] Goldsmith NF, Johnston JO, Ury H, Vose G, Colbert C (1971) Bone mineral esti-
       mation in normal and osteoporotic women. A comparability trial of four
       methods and seven bone sites. J Bone Jt Surg 53A: 83-100
[80] Greening JR (1951) The photographic action of X-rays. Proc Phys Soc (London)
       64B: 977-992
[81] Guerra LE, Amato JA, Maher JF (1979) Inconsistency in radiographic evaluation
       of progressive renal osteodystrophy. Clin Nephrol 11: 307-312
[82] Hardt AB, Jee WSS (1982) Trabecular bone structural variation in biopsy sites
       of the beagle ilium. Calcif Tissue Int 34: 391-395
[83] Haschê E (1939) Über die Messung des Strahlenschutzes auf photographischem
       Wege in Röntgeneinheiten. Fortschr Röntgenstr 60: 74-77
[84] Heintzen P, Bürsch J, Osypka P, Moldenhauer K (1967) Röntgenologische Kon-
       trastmitteldichtemessungen zur Untersuchung der Herz- und Kreislauf-
       funktion (Schluß). Teil IV. Elektromedizin 12: 145-157
[85] Hermanutz KD, Gebhardt M, Meurin G (1976) Zur röntgenologischen Mineral-
       äquivalentbestimmung des Knochens. - Das Problem des Dosisaufbaufaktors
       (build up factor). Fortschr Röntgenstr. 125: 178-180
[86] Herms H-J, Motzkus F (1969) Fortschritte in der Kontrastmittelentwicklung
       durch Brom? Der Radiologe 9; 371-374
[87] Heuck F (1970) Die radiologische Erfassung des Mineralgehaltes des Knochens.
       In: Diethelm L (ed) Skeletanatomie (Röntgendiagnostik). (In: Diethelm L,
       Olsson O, Strnad F, Vieten H, Zuppinger A (eds) Handbuch der medizi-
       nischen Radiologie, Vol IV/1). Springer, Berlin Heidelberg New York,
       pp 106-295
[88] Heuck F, Piepgras U, Vanselow K (1969) Densitometrische Messungen des Blut-
       stromvolumens der Arteria carotis. Radiologe 9: 443-448
[89] Heuck F, Schmidt E (1954) Röntgenologische und chemisch-analytische Unter-
       suchungen des pathologisch veränderten Knochens. Fortschr Röntgenstr 81
       (Beiheft Verh Dtsch Röntgenges Vol 37): 27
[90] Heuck F, Schmidt E (1960 a) Die quantitative Bestimmung des Mineralgehaltes
       des Knochen aus dem Röntgenbild. Fortschr Röntgenstr 93: 523-554
[91] Heuck F, Schmidt E (1960 b) Die praktische Anwendung einer Methode zur quanti-
       tativen Bestimmung des Kalksalzgehaltes gesunder und kranker Knochen.
       Fortschr Röntgenstr 93: 761-783
[92] Heuck F, Vanselow K (1971) Die radiologisch-densitometrische Analyse der
       Blutströmung und Gewebsdurchblutung. Biomed. Technik 16: 51-58
[93] Heuck F, Vanselow K (1980) Röntgenologie, Densitometrie, Neutronen- und
       Photonenaktivierungsanalyse und Ultraschalluntersuchungen. In: Kuhlen-
       cordt F, Bartelheimer H (eds) Klinische Osteologie. (In: Schwiegk H
       (ed) Handbuch der inneren Medizin. 5. Aufl, Vol 6/1A). Springer, Ber-
       lin Heidelberg New York, pp 221-397
[94] Huber P (1967) Die angiographische Beurteilung der Hirndurchblutung; der
       klinische Wert der Densitometrie. Schweiz Arch Neurol Neurochir Psychiat
       100: 1-37
[95] Hübner W, Eisenlohr HH, Jaeger RG (1974) Relativmethoden. In: Jaeger RG,
       Hübner W (eds) Dosimetrie und Strahlenschutz. 2. Aufl. Georg Thieme,
       Stuttgart, pp 188-212

272

[96]   Hulley SB, Vogel J M, Donaldson CL, Bayers JH, Friedman RJ, Rosen SN (1971)
        The effect of supplemental oral phosphate on the bone mineral changes
        during prolonged bed rest. J clin Invest 50: 2506-2518
[97]   Hurter F, Driffield VC (1890) Photo-chemical investigations and a new method
        of determination of the sensitiveness of photographic plates. J Soc
        chem Industry 9: 455-469
[98]   Isherwood I, Rutherford RA, Pullan BR, Adams PH (1976) Bone mineral estimation
        by computer-assisted transverse axial tomography. Lancet 2: 712-715
[99]   Iskrant AP, Smith RW (1969) Osteoporosis in women 45 years and over related
        to subsequent fractures. Publ Hlth Rep (Wash.) 84: 33-38
[100]   Jacobson B (1958) Dichromography - a method for in vivo quantitative analysis
        of certain elements. Science 128: 1346
[101]   Jaeger RG (1959) Dosimetrie und Strahlenschutz. Georg Thieme, Stuttgart
[102]   Jaeger RG, Hübner W (1974) Dosimetrie und Strahlenschutz. Physikalisch-
        technische Daten und Methoden für die Praxis. 2. Aufl. Georg Thieme,
        Stuttgart
[103]   Jensen F (1965) Die Technik der Erzeugung von Röntgenstrahlen. In: Vieten H
        (ed) Physikalische Grundlagen und Technik. (In: Diethelm L, Olsson O,
        Strnad F, Vieten H, Zuppinger A (eds) Handbuch der medizinischen Radio-
        logie. Vol I/2). Springer, Berlin Heidelberg New York, pp 1-84
[104]   Keele DK, Vose GP (1971) Bone density in nonambulatory children. Am J Dis
        Child 121: 204-206
[105]   Kellgren JH, Bier F (1956) Radiological signs of rheumatoid arthritis. Ann
        rheum Dis 15: 55-60
[106]   Kleemann R (1951) Strahlenschutzmessungen mit Hilfe von Filmen. Dissertation
        Erlangen
[107]   Kliegis U, Vanselow K (1983) Influence of time resolution in cine and video
        cardangiography. In: Heuck FHW (ed) Radiological functional analysis
        of the vascular system. Contrast media - methods - results. Springer,
        Berlin Heidelberg New York Tokio, pp 96-102
[108]   Knese K-H (1980) Entwicklungsgeschichte, Anatomie, Histologie. In: Kuhlen-
        cordt F, Bartelsheimer H (eds) Klinische Osteologie. (In: Schwiegk H
        (ed) Handbuch der inneren Medizin. 5. Auf., Vol 6/1A). Springer, Berlin
        Heidelberg New York, pp 3-42
[109]   Knief J-J (1967) Quantitative Untersuchung der Verteilung der Hartsubstanzen
        im Knochen in ihrer Beziehung zur lokalen mechanischen Beanspruchung.
        Methodik und biomechänische Problematik, dargestellt am Beispiel des
        coxalen Femurendes. Z Anat Entwickl-Gesch 126: 55-80
[110]   Kraft A, Nahrstedt U, Widenmann L (1975) Untersuchungen an neuartigen Ver-
        stärkerfolen für die Röntgendiagnostik. Röntgenpraxis 28: 264-270
[111]   Krokowski E (1959) Die Absorption von Röntgenstrahlen im Knochen. Fortschr
        Röntgenstr 91: 76-84
[112]   Krokowski E (1962) Die typische Radiusfraktur. Analyse von 2000 Beobachtungen.
        Schweiz med Wschr 92: 1120-1122
[113]   Krokowski E (1963) Zur Quantitativen Beurteilung von osteoporotischen und
        traumatischen Wirbelfrakturen. Z ärztl Fortbild 52: 413-415
[114]   Krølner B, Nielsen SP, Lund B, Lund BJ, Sørensen OH, Uhrenholdt A (1980)
        Measurement of bone mineral content (BMC) of the lumbar spine. II.
        Correlation between forearm BMC and lumbar spine BMC. Scand J clin Lab
        Invest 40: 665-670
[115]   Kruse H-P, Kuhlencordt F (1980) Osteomalazie. In: Kuhlencordt F, Bartel-
        heimer H (eds) Klinische Osteologie. (In: Schwiegk H (ed) Handbuch der
        inneren Medizin. 5. Aufl., Vol 6/1B). Springer, Berlin Heidelberg
        New York, pp 751-820
[116]   Kuhlencordt F, Kruse H-P (1980) Osteoporose. In: Kuhlencordt F, Bartel-
        heimer H (eds) Klinische Osteologie. (In: Schwiegk H (ed) Handbuch der
        inneren Medizin. 5. Aufl., Vol 6/1B). Springer, Berlin Heidelberg
        New York, pp 675-749
[117]   Kuhn H (1983) Bildrauschen bei Film-Folien-Systemen: seine Ursachen und
        Komponenten. Electromedica 51; 46-51

[118] Kunkle BN, Norrdin RW, Brooks RK, Thomassen RW (1982) Osteopenia with de-
        creased bone formation in beagles with malabsorption syndrome. Calcif
        Tissue Int 34: 396-402
[119] Lachman E (1955) Osteoporosis: The potentialities and limitations of its
        roentgenologic diagnosis. Am J Roentgenol 74: 712-715
[120] Lachman E, Whelan M (1935) The roentgendiagnosis of osteoporosis and its
        limitations. Radiology 25: 165-177
[121] Lale PG (1960) A modified method for personnel monitoring. I. Hemispherical
        filters. II. Automatic dose estimation. Br J Radiol 33: 748-756
[122] Langendorff H, Spiegler G, Wachsmann F (1952) Strahlenschutzüberwachung mit
        Filmen. Fortschr Röntgenstr 77: 143-153
[123] Lauterbur PC (1973) Image formation by induced local interactions: Examples
        employing nuclear magnetic resonance. Nature 242: 190-191
[124] Lindenfelser R, Schoenmachers J, Haubert P, Krönert W (1971) Der spongiöse
        Knochen beim primären Hyperparathyreoidismus. Virchows Arch path Anat
        B 9: 333-342
[125] Lindgren JU, Merchant CR, DeLuca HF (1982) Effect of 1,25-dihydroxyvitamin
        D_3 on osteopenia induced by prednisolone in adult rats. Calcif Tissue
        Int 34: 253-257
[126] Lutwak L, Whedon GD, Lachance PA, Reid JM, Lipscomb HS (1969) Mineral, elec-
        trolyte and nitrogen balance studies of the Gemini-VII fourteen-day
        orbital space flight. J clin Endocr 29: 1140-1156
[127] Mack PB, LaChance PA, Vose GP, Vogt FB (1967) Bone demineralization of foot
        and hand of Gemini-Titan IV, V and VII astronauts during orbital flight.
        Am J Roentgenol 100: 503-511
[128] Mack PB, Vogt FB (1971) Roentgenographic bone density changes in astronauts
        during representative Apollo space flight. Am J Roentgenol 113: 621-633
[129] Madsen M (1977) Vertebral and periphal bone mineral content by photon ab-
        sorptiometry. Invest Radiol 12: 185-188
[130] Manzke E, Chesnut CH, Wergedal JE, Baylink DJ, Nelp WB (1975) Relationship
        between local and total bone mass in osteoporosis. Metabolism 24: 605-615
[131] Marek J, Wellmann O Urbányi L (1934) Chemischer Aufbau der Knochensalze bei
        gesunden und bei rhachitischen Tieren. Hoppe-Seylers Z physiol Chem
        226: 3-17
[132] Mauderli W (1957 a) Dosimetrie von Röntgen- und Gammastrahlen mittels photo-
        graphischer Filme. 1. Teil: Physikalische Grundlagen. Fortschr Röntgen-
        str 86: 634-642
[133] Mayneord WV (1951) Some problems of radiation protection. The Silvanus Thomp-
        son memorial lecture. Br J Radiol 24: 525-537
[134] Mazess RB (1979 a) Measurement of skeletal status by noninvasive methods.
        Calcif Tissue Int 28: 89-92
[135] Mazess RB (1979 b) Non-invasive measurement of bone. In: Barzel US (ed) Osteo-
        porosis II. Grune and Stratton, New York, pp 5-26
[136] Mazess RB (1981 a) Photon absorptiometry. In: Cohn SH (ed) Noninvasive
        measurement of bone mass and their clinical application. CRC Press. Boca
        Raton, Florida, pp 85-99
[137] Mazess RB (1981 b) Total body and regional bone mineral by dualphoton absorp-
        tiometry. Calcif Tissue Int 33: 328
[138] Mazess RB, Cameron JR, Sorenson JA (1970) A Comparison of radiological methods
        for determining bone mineral content. In: Whedon GD, Cameron JR (eds)
        Progress in Methods of Bone Mineral Measurement. US Department of Health,
        Education, and Welfare, Washington D.C., pp 455-479
[139] Mazess RB, Peppler WW, Chesnut CH, Nelp WB, Cohn SH, Zanzi I (1981) Total
        body bone mineral and lean body mass by dualphoton absorptiometry. II.
        Comparison with total body cacium by neutron activation analysis. Calcif
        Tissue Int 33: 361-363
[140] Meema HE, Harrison JE, McNeill KG, Oreopoulos DG (1977) Correlations between
        peripheral and central skeletal mineral content in chronic renal failure
        patients and in osteoporotics. Skeletal Radiol 1: 169-172

[141] Meema HE, Meema S (1969) Cortical bone mineral density versus cortical thickness in the diagnosis of osteoporosis: a roentgenologic-densitometric study. J Amer Geriat Soc 17: 120-141
[142] Meema HE, Meema S (1974) Involutional (physiologic) bone loss in women and the feasibility of preventing structural failure. J Amer Geriat Soc 22: 443-452
[143] Melsen F, Melsen B, Mosekilde L (1978) An evaluation of the quantitative parameters applied in bone histology. Acta path microbiol scand 86: 63-69
[144] Melsen F, Virdik A, Melsen B, Mosekilde L (1977) Some relations between bone strength, ash weight and histomorphometry. In: Meunier PJ (ed) Bone Histomorphometry: Second International Workshop. Armour Montagu, Paris, pp 89-95
[145] Méndez J, Keys A, Anderson JT, Grande F (1960) Density of fat and bone mineral of the mammalian body. Metabolism 9: 472-477
[146] Merz WA, Schenk RK (1970) Quantitative structural analysis of human cancellous bone. Acta anat (Basel) 75: 54-66
[147] Meschan J (1978) Analyse der Röntgenbilder. Vol 1. Skelet, Wirbelsäule. Ferdinand Enke, Stuttgart
[148] Minder W (1955) Röntgenphysik. 2. Aufl Springer, Wien
[149] Mutter E (1963) Kompendium der Photographie Band 1 Die Grundlagen der Photographie. Verlag für Radio-, Foto- und Kinotechnik GmbH, Berlin-Borsigwalde
[150] Nagel M, Heuck F, Epple E, Decker D (1974) Bestimmung des Knochenmineralgehaltes aus dem Röntgenbild mit Hilfe der digitalen Datenverarbeitung. Fortschr Röntgenstr 121: 604-612
[151] Neuman MW (1982) Blood: bone equilibrium. Calcif Tissue Int 34: 117-120
[152] Neuman WF (1958) The chemical dynamics of bone mineral. University of Chicago Press, Chicago
[153] Neuman WF, Brommage R, Myers CR (1977) The measurement of Ca^{2+} effluxes from bone. Calcif Tissue Res 24: 113-117
[154] Neuman WF, Diamond AG, Neuman MW (1980) Blood: bone disequilibrium. IV. Reciprocal effects of calcium and phosphate concentrations on ion fluxes. Calcif Tissue Int 32: 229-236
[155] Neuman WF, Neuman MW (1953) The nature of the mineral phase of bone. Chem Rev 53: 1-45
[156] Neuman WF, Neuman MW, Myers CR (1979) Blood: bone disequilibrium. III. The linkage between cell energetics and Ca^{2+} fluxes. Am J Physiol 236 C: 244-248
[157] Newton-John HF, Morgan DB (1970) The loss of bone with age, osteoporosis, and fractures. Clin Orthop 71: 229-252
[158] Nichols Jr G, Nichols N (1956) The role of bone in sodium metabolism. Metabolism 5: 438-446
[159] Nilsson BE, Westlin NE (1973) Bone mass and colle's fracture. In: Mazess RB (ed) Int Conf Bone Mineral Measurement. DHEW Publication No. (NIH) 75-683. US Department of Health, Education, and Welfare, Washington D.C., pp 362-368
[160] Oeser H, Krokowski E (1963) Quantitative analysis of inorganic substances in the body. A method using X-rays of different qualities. Br J Radiol 36: 274-279
[161] Olah AH (1974) Histomorphometrie des Knochens. Verh dtsch Ges Path 58: 104-113
[162] Omnell K-Å (1957) Quantitative roentgenologic studies on changes in mineral content of bone in vivo. Acta radiol (Stockh.) Suppl 148: 1-86
[163] Osypka P, Heintzen P (1967) New applications of television techniques for quantitative measurements in radiology and cardiology. Dig 7th Int Conf med biol Eng, Stockholm, pp 108-110
[164] Paschke K-G, Maurer H-J (1969) Schwärzungsmessungen von Kontrastmitteln bei Röntgenstrahlung verschiedener Energien. Fortschr. Röntgenstr. 110; 262-266
[165] Pesch H-J, Kahle M, Prestele H, Schorn B, Schuster W (1979) Hydroxylapatitgehalt von Lendenwirbelkörpern und Schenkelhals. Fortschr 130: 491-496

[166] Pfeiler M (1981) Neuere Entwicklungen der Computertomographie (unter Einbe-
ziehung computertomographischer Nicht-Röntgenverfahren). Röntgenpraxis
34: 3-13
[167] Piepgras U (1971) Die Messung der Hirndurchblutung mit einer angiokinemato-
graphisch-densitometrischen Methode. Ann Univ sarav Med 8: 76-134
[168] Priboth W, Börnert D, Fritzsche H (1966) Zur Methode der röntgenologisch-
photometrischen Bestimmung des Aschegehaltes im Knochen beim Rind. Zbl
Vet-Med 13 A: 628-644
[169] Proppe D, Vanselow K (1981) Bestimmung physikalischer Parameter der Röntgenstrahlung und der durchstrahlten Materie aus dem Röntgenfilm. Biomed.
Technik 26: 3-8
[170] Proppe D, Vanselow K (1983) Problems of Choise of Reference System for Quantitative Radiological Circulation Analysis. In Heuck FHW (Ed) Radiological
Functional Analysis of the Vascular System. Springer Verlag Berlin Heidelberg New York pp 50-62
[171] Pullan BR, Roberts TE (1978) Bone mineral measurement using a EMI-scanner und
standard methods: a comparative study. Br J Radiol 51: 24-28
[172] Quintar H (1963) Die praktische Anwendung einer röntgenologischen Methode
zur quantitativen Bestimmung des Kalksalzgehaltes am Radius. Dissertation
Kiel
[173] Radiochemical Manual (1962) Part 1: Physical Data Radiochemical Centre Amers-
ham, Buckinghamshire
[174] Rassow J (1974) Systematische Fehler bei der radiologischen Mineralgehaltsbestimmung des Knochens. Fortschr Röntgenstr 121: 77-86
[175] Rauber AA (1876) Elasticität und Festigkeit der Knochen. Engelmann, Leipzig
[176] Rehbach R (1977) Messung des Mineralsalzgehaltes am Kalkaneus mit der ^{125}J-
Absorptionsmethode und dem röntgenologischen Verfahren nach Heuck.Disser-
tation, München
[177] Reich NE, Seidelmann RE, Tubbs RR, MacIntyre WJ, Meaney RF, Alfidi JR, Pepe
RG (1976) Determination of bone mineral content using CT scanning. Am J
Roentgenol 127: 593-594
[178] Ringe J-D (1983) Klinische Bedeutung der direkten Messung des Knochenmineralgehalts. ^{125}J-Photonenabsorptionsmessungen an 1252 Fällen. Fortschr Med
101: 186-190
[179] Ringe J-D, Kuhlencordt F (1980) Ostitis fibrosa generalisata . In: Kuhlencordt
F, Bartelheimer H (eds) Klinische Osteologie (In: Schwiegk H (ed) Handbuch der inneren Medizin. 5. Aufl., Vol 6/1B). Springer, Berlin Heidelberg New York, pp 821-901
[180] Risch WD, Banzer DH, Schneider U (1977) Radiometrische Untersuchungen der
Knochendichte beim Mamma-Karzinom. 58. Tag. Dtsch Röntgen-Ges Münster.
Werres, Recklinghausen, p 20
[181] Robinson RA (1964) Observations regarding compartments for tracer calcium in
the body. In: Frost HM (ed) Bone Mineral Dynamics. Little & Brown, Boston
pp 423-439
[182] Robinson RA, Elliott SR (1957) The water content of bone. I. The mass of water,
inorganic crystals, organic matrix, and "CO_2 space" components in a unit
volume of dog bone. J Bone Jt Surg 39 A: 167-187
[183] Robinson RA, Watson ML (1955) Crystal-Collagen relationship in bone as ob-
served in the electron microscope. III. Crystal and collagen morphology
as a function of age. Ann NY Acad Sci 60: 596-628
[184] Rogers HJ, Weidmann SM, Parkinson A (1952) Studies on the skeletal tissues.
2. The collagen content of bones from rabbits, oxen and humans. Biochem
J 50: 537-542
[185] Rossi RP, Hendee WR, Ahrens CR (1976) An evaluation of rare earth screen/film
combinations. Radiology 121: 465-471
[186] Rowland RE (1966) Exchangeable bone calcium. Clin Orthop 49: 233-248
[187] Rowland RE, Jowsey J, Marshall JH (1959) Microscopic metabolism of calcium in
bone. III. Microradiographic measurements of mineral density. Radiat Res
10: 234-242
[188] Ruiz-Gijon J (1941) Über die chemische Zusammensetzung der Knochen bei Hunger-
zuständen. Biochem Z 308: 59-63

[189] Rustgi SN, Siegel JA, Braunstein M, Craven JD, Greenfield A (1980) Accuracy
      of bone mineral data. Am J Roentgenol 135: 275-277
[190] Rutishauser W (1969) Kreislaufanalyse mittels Röntgendensitometrie. Ein neues
      Indikatorverdünnungsverfahren. In: Kappert A, Senn A, Waibel P, Widmer
      LK (eds) Aktuelle Probleme in der Angiologie. Vol 6. Hans Huber, Bern
      Stuttgart Wien
[191] Sabatier J-P, Héron J-F, Petiot J-F, Sabatier N, Dronne J-J (1982) Clinical
      usefulness of a bone mineral measurement method on the femoral shaft.
      Calcif Tissue Int 34: 21-28
[192] Saechtling H (1974) Kunststoff-Taschenbuch. 19. Aufl. Carl Hanser, München
      Wien, pp 384, 388 ff
[193] Scarpale PJ, Neuman WF (1976) The blood: bone disequilibrium. II. Evidence
      against the active accumulation of calcium or phosphate into the bone
      extracellular fluid. Calcif Tissue Res 20: 151-158
[194] Schad N (1970) Concentration of contrast material in angiography during phased
      and contionuous injection. Am. J. Roentgenology 109; 25-36
[195] Schlungbaum W (1979) Medizinische Strahlenkunde. 6. Aufl. Walter de Gruyter,
      Berlin New York
[196] Schmid J (1963) Kalktherapie bei Osteoporose. Schweiz med Wschr 93: 1815-1820
[197] Schneider U, Banzer D, Bange M (1976) Comparison of bone mineral content (BMC)
      in different skeletal sites. Am J Roentgenol 126: 1312-1313
[198] Schoknecht G (1963) Absorptionsmessungen an Röntgenkontrastmitteln mit mono-
      chromatischer Strahlung. Biophysik 1; 114-122
[199] Schulz H (1980) Quantitative Knochenmineralgehaltsbestimmung mit der Quotien-
      tendensitometrie bei Patienten unter antikonvulsiver Langzeittherapie.
      Diss. Med. Fak Univ. Kiel
[200] Shimmins J. Smith DA, Aitken M, Anderson JB, Gillespie FC (1972) The accuracy
      and reproducibility of bone mineral measurements in vivo. Clin Radiol
      23: 47-51
[201] Smith DA, Anderson JB, Shimmins J, Spiers CF, Barnett E (1970) Mineral and
      density changes in bone with age in normal and pathological states. In:
      Whedon GD, Cameron JR (eds) Progress in Methods of Bone Mineral Measure-
      ment. US Department of Health, Education, and Welfare, Washington D. C.,
      pp 177-189
[202] Smith DA, Nordin BEC (1964) The effect of calcium supplements on spinal density
      in osteoporosis. Proc first Europ Bone Tooth Symp. Pergamon Press, Ox-
      ford London New York Paris, pp 411-418
[203] Smith DM, Johnston CC, Yu P-L (1972) In vivo measurement of bone mass. Its
      use in demineralized states such as osteoporosis. J Amer med Ass 219:
      325-329
[204] Smith FW, Hutchison JMS, Mallard JR, Johnson G, Redpath TW, Selbie RD, Reid A,
      Smith CC (1981) Oesophageal carcinoma demonstrated by whole-body nuclear
      resonance imaging. Br med J 282:510-512
[205] Smith RW Jr, Frame B (1965) Concurrent axial and appendicular osteoporosis:
      its relationship to calcium consumption. New Engl J Med 273: 73-78
[206] Spiers FW (1946) Effective atomic number and energy absorption in tissues.
      Br J Radiol 19: 52-63
[207] Spinks TJ, Joplin GF, Evans JMA, Pennock J, Doyle FH, Ranicor ASO (1982) Long-
      term measurement of skeletal and lean body mass in Paget's disease of
      bone treated with synthetic human calcitonin. Calcif Tissue Int 34:
      459-464
[208] Stadelmann H (1960) Kombinationsfilter zur Unterdrückung der Energieabhän-
      gigkeit von Dosisfilmen. Dissertation Erlangen
[209] Stegemann H, Jung GF (1960) Über die anorganische Knochensubstanz nach For-
      mamidaufschluß. Hoppe-Seylers Z physiol Chem 320: 272-276
[210] Stieve F-E (1966) Kontrast und Schärfe im Röntgenbild der Lunge. In Stieve
      F-E Bildgüte in der Radiologie. Gustav Fischer, Stuttgart pp 217-246

[211] Strüter H-D, Rassow J (1969) Über ein Verfahren zur quantitativen Bestimmung des Mineralsalzgehaltes der Knochen mit radioaktiven Isotopen. I. Mitteilung: Einisotopenmethode. Fortschr Röntgenstr 110: 499-506
[212] Thurn P, Bücheler E (1979) Einführung in die Röntgendiagnostik. 6. Aufl. Georg Thieme, Stuttgart
[213] Torres A, Moya M (1982) A new method for the assessment of bone mass in renal osteodystrophy. Usefulness of computerized tomography in hemodialysis patients. Nephron 30: 231-236
[214] Trotter M, Broman GE, Peterson RR (1959) Density of cervical vertebrae and comparison with densities of other bones. Am J phys Anthropol 17: 19-25
[215] Trotter M, Peterson RR (1955) Ash weight of human skeletons in per cent of their dry, fat-free weight. Anat Rec 123: 341-358
[216] Trotter M, Peterson RR (1962) The relationship of ash weight and organic weight of human skeletons. J Bone Jt Surg 44 A: 669-681
[217] Turner ML, Dalinka MK (1979) Osteomalacia: uncommon causes. Am J Roentgenol 133: 539-540
[218] Turnland J, Argen S, Briggs GM (1979) Effect of glucocorticoids and calcium intake on bone density and bone, liver and plasma minerals in guinea pigs. J Nutr 109: 1175-1188
[219] Uehlinger E (1958) Zur Diagnose und Differentialdiagnose der Osteoporose. In: Schweiz med Jahrbuch. Schwabe, Basel, pp 39-48
[220] Ullmann J, Brown S, Silverstein A, Vogel J (1973) Bone mineral computation with a rectilinear scanner. In: Mazess RB (ed) Int Conf Bone Mineral Measurement. DHEW Publ. No. (NIH) 75-683. US Department of Health, Education, and Welfare, Washington D.C., pp 130-141
[221] Valvo (1963) Handbuch Spezialröhren I. Valvo GmbH, Druck Photocopie GmbH, Hamburg
[222] Vanselow K, Heuck F (1964) Theoretische Untersuchungen über eine Meßmethode zur quantitativen Bestimmung des Wasser-Luft-Verhältnisses des Lungengewebes. Fortschr Röntgenstr 100: 441-453
[223] Vanselow K, Heuck F, Piepgras U (1968) Theoretische Grundlagen einer Methode zur Messung der Gewebsdurchblutung am nicht narkotisierten Menschen. Fortschr. Röntgenstr. 108: 529-536
[224] Vanselow K (1973) Fehlerquellen in der Densitometrie. In Heuck F (Hsrg) Densitometrie in der Radiologie. Georg Thieme, Stuttgart pp 66-84
[225] Vanselow K, Heuck F (1975) Neue Grundlagen und Theorien zur Verbesserung der Angio-Cine-Densitometrie. I. Das physikalische Prinzip der Quotienten-Densitometrie. Fortschr Röntgenstr 122: 453-456
[226] Vanselow K, Heuck F (1975a) Neue Grundlagen und Theorien zur Verbesserung der Angio-Cine-Densitometrie III Das zeitliche Auflösungsvermögen der Quotienten-Cine-Densitometrie. Fortschr. Röntgenstr. 123: 358-363
[227] Vanselow K, Heuck F (1975b) Vergleichende Untersuchungen der physikalisch-technischen Grenzen der Video- und Cine-Densitometrie. Biomed. Technik 20: 86-91
[228] Vanselow K, Heuck F, Deininger HK (1975) Neue Grundlagen und Theorien zur Verbesserung der Angio-Cine-Densitometrie IV Der Einfluß einer nicht-kontinuierlichen, pulsierenden Strömung auf das Meßergebnis der Angio-Cine-Densitometrie. Fortschr. Röntgenstr. 123: 468-475
[229] Vanselow K, Proppe D (1983) Problems of Different Methods of Radiographic Absorptiometry of Circulation. In Heuck FWH (Ed) Radiological Functional Analysis of the Vascular System. Springer Verlag Berlin Heidelberg New York pp 69-78
[230] Vieth G (1974) Meßverfahren der Photograhie. R. Oldenbourg, München Wien
[231] Vinz H (1970) Untersuchungen über die Dichte, den Wasser- und den Mineralgehalt des kompakten menschlichen Knochengewebes in Abhängigkeit vom Alter. Gegenbaurs morph Jb 115: 273-283
[232] Visser WJ, Niermans HJ, Roelofs JMM, Raymakers JA, Duursma SA (1977) Comparative morphometry of bone biopsies obtained by two different methods from the right and the left iliac crest. In: Meunier PJ (ed) Bone Histomorphometry:Second International Workshop. Armour Montagu, Paris pp 79-87

[233] Vogel JM (1973) Bone mineral changes in the Apollo astronauts. In: Mazess RB (ed) Int Conf Bone Mineral Measurement. DHEW Publication No. (NIH) 75-683. US Department of Health, Education, and Welfare, Washington D.C., pp 352-361

[234] Vogel JM, Anderson JT (1972) Rectilinear transmission scanning of irregular bones for quantification of mineral content. J nucl Med 13: 13-18

[235] Vogel JM, Whittle MW (1976a) Bone mineral changes: The second manned Skylab mission. Aviat Space Environ Med 47: 396-400

[236] Vogel JM, Whittle MW (1976b) Bone mineral changes in the Skylab astronauts. Am J Roentgenol 126: 1296-1297

[237] Vogl T, Frey KW, Rohloff R, Dörfler H (1981) Ergebnisse der Bestimmung des Mineralsalzgehaltes am peritheren Skelett bei Patienten mit Diabetes mellitus. Fortschr Röntgenstr 135: 38-40

[238] Vogt FB, Meharg LS, Mack PB (1969) Use of a digital computer in the measurement of roentgenographic bone density. Am J Roentgenol 105: 870-876

[239] Vogt JH (1949) Investigations on the bone chemistry of man. I. Ash content of the spongy substance of the iliac crest. Acta med scand 135: 221-230

[240] Vose GP (1969) Estimation of changes in bone calcium content by radiographic densitometry. Radiology 93: 841-844

[241] Vose GP (1974) Review of roentgenographic bone demineralization studies of the Gemini space flights. Am J Roentgenol 121: 1-4

[242] Vose GP, Hurxthal LM (1969) X-ray density changes in the human heel during bed rest. Am J Roentgenol 106: 486-490

[243] Vose GP, Keele DK (1970) Hypokinesia of bedfastness and its relationship to X-ray determind skeletal density. Tex Rep Biol Med 28: 123-131

[244] Vose GP, Kubala AL (1959) Bone strength - its relationship to X-ray - determined ash content. Hum Biol 31: 261-270

[245] Vose GP, Mack PB (1963) Roentgenologic assessment of femoral neck density as related to fracturing. Am J Roentgenol 89: 1296-1301

[246] Vrana E, Schmidt T (1980) Strahlenbelastung der Patienten bei der Computertomographie. In: Messerschmidt O, Olbert F (eds) Nichtionisierende Strahlung: Anwendungen, Wirkungen, Schutzmaßnahmen. Strahlenbelastung bei speziellen diagnostischen und therapeutischen Eingriffen. Strahlenexposition bei der Computertomographie. (In: Strahlenschutz in Forschung und Praxis. Vol XX). Georg Thieme, Stuttgart New York, pp 157-176

[247] Wachsmann F (1951) Dosisbelastung des Patienten bei röntgendiagnostischen Untersuchungen. Fortschr Röntgenstr 75: 728-733

[248] Wachsmann F (1959) Allgemeine Methodik der Röntgentherapie von Hautkrankheiten. In: Marchionini A, Schirren CG (eds) Strahlentherapie von Hautkrankheiten. (In: Marchionini A (ed) Handbuch der Haut- und Geschlechtskrankheiten. Ergänzungswerk, Vol 5/2). Springer, Berlin Göttingen Heidelberg, pp 181-288

[249] Wachsmann F (1968) Strahlenschutzdosimetrie. In: Diethelm L, Olsson O, Strnad F, Vieten H, Zuppinger A (eds) Handbuch der medizinischen Radiologie. Vol I/1. Springer, Berlin Heidelberg New York, pp 559-617

[250] Wachsmann F, Dimotsis A (1957) Kurven und Tabellen für die Strahlentherapie. S. Hirzel, Stuttgart, p 53

[251] Wagner G (1959) Die Epilationsbestrahlung. In: Marchionini A, Schirren CG (eds) Strahlentherapie von Hautkrankheiten. (In: Marchionini A (ed) Handbuch der Haut- und Geschlechtskrankheiten. Ergänzungswerk, Vol 5/2). Springer, Berlin Göttingen Heidelberg, pp 655-746

[252] Weidman SM, Rogers HJ (1950) Studies on the skeletal tissues. 1. The degree of calcification of selected mammalian bones. Biochem J 47: 493-497

[253] Weidman SM, Rogers HJ (1958) Studies on the skeletal tissues. 5. The influence of age upon the degree of calcification and the incorporation of ^{32}P in bone. Biochem J 69: 338-343

[254] Weissenberg K (1916) Über die Bedeutung des Einfallswinkels der Röntgenstrahlen. Fortschr Röntgenstr 24: 378-390

[255] Whedon GD (1980) Changes of bone and calcium metabolism caused by space flight.
      In: Kuhlencordt F, Bartelheimer H (eds) Klinische Osteologie. (In:Schwiegk
      H (ed) Handbuch der inneren Medizin. 5. Aufl., Vol 6/1B). Springer,
      Berlin Heidelberg New York, pp 1245-1253
[256] Whedon GD, Neumann WF, Jenkins DW (eds) (1966) Progress in Development of
      Methods in Bone Densitometry. NASA SP-64. National Aeronautics and Space
      Administration, Washington D.C.
[257] Whitehouse WJ (1977) Cancellous bone in the anterior part of the iliac crest.
      Calcif Tissue Res 23: 67-76
[258] Wilsey RB, Strangways DH, Corney GM (1956) Experiments in the photographic
      monotoring of stray X-rays. Part I. General considerations. The choice
      of film-calibrating radiations in Roentgen therapy at 220 KVp and 1000
      KVp. Radiology 66: 408-417
[259] Wilson CR (1973) Prediction of femoral neck and spine bone mineral content
      from the BMC of the radius or ulna and the relationship between bone
      strength and BMC. In: Mazess RB (ed) Int Conf Bone Mineral Measurement.
      DHEW Publication No. (NIH) 75-683. US Department of Health, Education,
      and Welfare, Washington D.C., pp 51-59
[260] Witt RM (1973) Bone standards for the intercomparison and calibration of
      photon absorptiometric bone mineral measuring systems. In:Mazess RB (ed)
      Int Conf Bone Mineral Measurement. DHEW Publication No. (NIH) 75-683.
      US Department of Health, Education, and Welfare, Washington D.C., pp
      114-122
[261] Woodard HQ (1962) The elementary composition of human cortical bone. Hlth
      Phys 8: 513-517
[262] Wray JB, Sugarman ED, Schneider AJ (1963) Bone composition in senile osteo-
      porosis. A preliminary report. J Amer med Ass 183: 118-120
[263] Zanzi I, Colbert C, Bachtell R, Thompson K, Aloia J, Cohn S (1978) Comparison
      of total-body calcium with radiographic photodensitometry of appendi-
      cular bone. Am J Roentgenol 131: 551
[264] Zwicker H, Gebhardt M (1974) Systematische Fehler bei der Bestimmung des
      Knochenmineraläquivalents durch Absorptionsmessung monochromatischer
      Strahlen. Fortschr Röntgenstr 121: 87-89

11. <u>Verzeichnis der Tabellen und Gleichungen</u>

Band 34: C. E. M. Dietrich, P. Walleitner, Warteschlangen-Theorie und Gesundheitswesen. VIII, 96 Seiten. 1982.

Band 35: H.-J. Seelos, Prinzipien des Projektmanagements im Gesundheitswesen. V, 143 Seiten. 1982.

Band 36: C. O. Köhler, Ziele, Aufgaben, Realisation eines Krankenhausinformationssystems. II, (1-8), 216 Seiten. 1982.

Band 37: Bernd Page, Methoden der Modellbildung in der Gesundheitssystemforschung. X, 378 Seiten. 1982.

Band 38: Arztgeheimnis – Datenbanken – Datenschutz. Arbeitstagung, Bad Homburg, 1982. Herausgegeben von P. L. Reichertz und W. Kilian. VIII, 224 Seiten. 1982.

Band 39: Ausbildung in der Medizinischen Informatik. Proceedings, 1982. Herausgegeben von P. L. Reichertz und P. Koeppe. VIII, 248 Seiten. 1982.

Band 40: Methoden der Statistik und Informatik in Epidemiologie und Diagnostik. Proceedings, 1982. Herausgegeben von J. Berger und K. H. Höhne. XI, 451 Seiten. 1983

Band 41: G. Heinrich, Bildverarbeitung von Computer-Tomogrammen zur Unterstützung der neuroradiologischen Diagnostik. VIII, 203 Seiten. 1983.

Band 42: K. Boehnke, Der Einfluß verschiedener Stichprobencharakteristika auf die Effizienz der parametrischen und nichtparametrischen Varianzanalyse. II, 6, 173 Seiten. 1983.

Band 43: W. Rehpenning, Multivariate Datenbeurteilung. IX, 89 Seiten. 1983.

Band 44: B. Camphausen, Auswirkungen demographischer Prozesse auf die Berufe und die Kosten im Gesundheitswesen. XII, 292 Seiten. 1983.

Band 45: W. Lordieck, P. L. Reichertz, Die EDV in den Krankenhäusern der Bundesrepublik Deutschland. XV, 190 Seiten. 1983.

Band 46: K. Heidenberger, Strategische Analyse der sekundären Hypertonieprävention. VII, 274 Seiten. 1983.

Band 47: H.-J. Seelos, Computerunterstützte Screeninganamnese. IX, 221 Seiten. 1983.

Band 48: H.-E. Wichmann, Regulationsmodelle und ihre Anwendung auf die Blutbildung. XVIII, 303 Seiten. 1984.

Band 49: D. Hölzel, G. Schubert-Fritschle, Ch. Thieme, Klinikübergreifende Tumorverlaufsdokumentation. XI, 269 Seiten. 1984.

Band 51: L. Gutjahr, G. Ferber, Neurographische Normalwerte. XI. 322 Seiten. 1984.

Band 52: Systemanalyse biologischer Prozesse, 1. Ebernburger Gespräch. Herausgegeben von D. P. F. Möller. IX, 226 Seiten. 1984.

Band 53: W. Köpcke, Zwischenauswertungen und vorzeitiger Abbruch von Therapiestudien. V, 197 Seiten. 1984.

Band 54: W. Grothe, Ein Informationssystem für die Geburtshilfe. VIII, 240 Seiten. 1984.

Band 55: K. Vanselow, D. Proppe, Grundlagen der quantitativen Röntgen-Bildauswertung. VII, 280 Seiten. 1984.